**Theory and Models
for Cyber Situation
Awareness**

网空态势感知
理论与模型

刘鹏
[美]苏西尔·贾约迪亚 (Sushil Jajodia)　◎ 主编
[美]克利夫·王 (Cliff Wang)
奇安信集团战略研究中心　译

U0332418

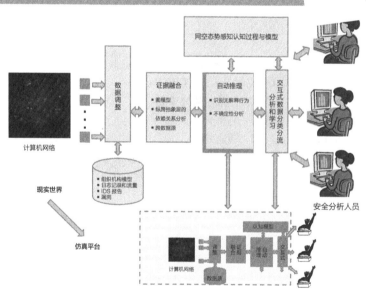

人民邮电出版社

北　京

图书在版编目（CIP）数据

网空态势感知理论与模型 / 刘鹏，（美）苏西尔·贾
约迪亚（Sushil Jajodia），（美）克利夫·王
（Cliff Wang）主编 ; 奇安信集团战略研究中心译. --
北京 : 人民邮电出版社，2020.5（2022.6重印）
ISBN 978-7-115-53099-8

Ⅰ．①网… Ⅱ．①刘… ②苏… ③克… ④奇… Ⅲ.
①互联网络－网络安全－研究 Ⅳ．①TP393.08

中国版本图书馆CIP数据核字(2020)第010301号

版权声明

- ◆ 主　　编　刘　鹏
　　　　　　　〔美〕苏西尔·贾约迪亚（Sushil Jajodia）
　　　　　　　〔美〕克利夫·王（Cliff Wang）
　　　　译　　　奇安信集团战略研究中心
　　　　责任编辑　陈聪聪
　　　　责任印制　王　郁　　焦志炜
- ◆ 人民邮电出版社出版发行　　北京市丰台区成寿寺路 11 号
　　邮编　100164　电子邮件　315@ptpress.com.cn
　　网址　http://www.ptpress.com.cn
　　北京天宇星印刷厂印刷
- ◆ 开本：720×960　1/16
　　印张：16.75　　　　　　　　　　　2020 年 5 月第 1 版
　　字数：240 千字　　　　　　　　　2022 年 6 月北京第 6 次印刷
　　著作权合同登记号　图字：01-2019-4805 号

定价：69.00 元
读者服务热线：(010)81055410　印装质量热线：(010)81055316
反盗版热线：(010)81055315
广告经营许可证：京东市监广登字 20170147 号

内 容 提 要

本书是一本网空态势感知普及类图书，总结了近期关于网空态势感知的研究进展。全书围绕以下主题进行组织：以人员为中心的计算机辅助网空态势感知；计算机和信息科学方面最近关于网空态势感知取得的进展；学习和决策方面最近关于网空态势感知取得的进展；认知科学方面最近关于网空态势感知取得的进展。

本书适合对网络安全相关人员以及对态势感知感兴趣的读者阅读。

译者简介

奇安信集团战略研究中心是为集团科学决策提供辅助参考的研究智库之一，致力于成为"产业发展洞察者、行业机会挖掘者、技术趋势先知者"，重点开展宏观产业趋势、行业应用机会、创新技术应用、产业生态构建等研究。参与本书翻译的主要译者是李忠宇和乔思远，他们的从业经验如下。

李忠宇，奇安信集团战略研究中心成员，资深网空安全产业专家，虎符智库专家。他拥有 CISP、NPDP 等多项认证，具备丰富的网安产品规划、产品管理等经验，专注于国内外网空安全产业发展、新安全产品、安全技术应用等内容研究。

乔思远，奇安信集团战略研究中心成员，信息安全密码学博士，虎符智库专家。他负责 5G 安全工作组，开展 5G 安全、物联网安全、密码应用及区块链安全等网络安全相关前沿技术应用研究。

译 者 序

态势感知的概念最早在 1988 年由美国空军提出，它是为分析空战环境信息、快速判断当前及未来形势，以做出正确反应来提升空战能力而进行的研究课题。飞行员通过将从环境中获取的样本数据与存储在他们长期记忆中的知识结构进行匹配，从而产生了态势感知。美国空军首席科学家，曾任 SA Technologies 公司总裁兼 CEO 的 Mica R. Endsley 在 1995 年正式给出了态势感知的通用化定义：态势感知是"在一定的时间和空间内对于环境要素的观察、对其意义的理解以及对其未来状态的预测"。

20 世纪 90 年代态势感知概念被引入网络空间领域，态势感知被应用于网空领域以促进安全分析是一个自然而关键的步骤。网空安全本质上是网络空间中攻击者与防御者之间的战斗。然而，这场战斗本质上是不公平的：许多攻击信息可能永远对防御者隐藏，而许多防御信息是可被检测到的，也是攻击者可获得的。也就是说，攻防之间存在信息不对称的问题。要赢得如此具有挑战性的战斗，防御者必须具备从有限的安全数据中有效挖掘出有用信息的能力。正如本书在概览部分中所阐述的：网空态势感知可被视为三阶段的过程，具体包括态势观察、态势理解和态势预测。态势观察是指获取复杂组织体的网络中相关要素的状态、属性和动态。态势理解包括分析人员对所获得信息进行的组合、关联和解释。态势预测包括在态势观察和态势理解阶段所获得知识的基础上做出预测的能力。

目前，在大型企业或复杂组织体的网络环境中，网空安全运行中心可收集各类安全数据，安全人员使用多种工具对海量安全数据进行分析，试图发现与隐匿攻击相关的信息，但现有工具依然无法提供关键的网空态势感知能力，如创建问题解决工作流或流程的能力、查看网空防御全局情况的能力、管理不确定性的能力、基于不完整或者受干扰信息进行推理分析的能力、在海量信息中快速锁定关键线索的能力、战略规划的能力以及预测攻击者可能采取的后续动作的能力等。

本书是一部关于网络空间（网空）安全态势感知关键能力建设的专题学术

论文合集，介绍了国外网空态势感知关键能力的研究进展，内容覆盖了网空安全计算机与信息科学、学习与决策科学、认知科学领域多学科专家对网空态势感知的研究成果及前沿观点，提供了面向实践的多种研究模型、实验数据及研究经验总结，对国内网空态势感知领域的产、学、研相关读者都具备非常重要的参考价值。

本书第一部分（概览）首先阐述了以人员为中心的计算机辅助网空态势感知的思想理念，网空态势感知的研究价值、研究目标和原则、研究方法，以美国陆军研究办公室（ARO）资助的项目为例，帮助读者对网空态势感知体系有整体认知。

本书第二部分从计算机与信息科学层面展开针对网空态势感知整合框架的深度研究，通过整合一系列技术及自动化工具，提升网空态势感知能力；同时针对网络安全领域的网空态势可视化技术进行了经验总结，并且围绕企业级网空态势感知领域做了深入研究。

本书第三部分从学习与决策层面，一方面阐述了使用多代理认知建模框架（网络战博弈模型）进行网空安全场景模拟，采用模拟方法来探索关于模拟群体实力与资产多样性以及网空安全防御成本的多种假设情景，从而揭示网空防御动态决策的过程。另一方面，针对网空防御态势分析中分析人员数据分类分流操作轨迹进行研究，通过机器学习的方式，打造针对数据分类分流操作的自动化工具，尝试减少分析人员在认知任务分析数据采集研究中的工作负荷。

本书第四部分从网空安全的认知科学层面，以社会-网络系统的研究为视角，帮助读者透彻理解态势感知和集体归纳对网空防御和安全的意义。传统上从计算技术的角度来定位和开发网空安全所产生的解决方案未能考虑其背后许多与人相关的认知和社会因素，而这些因素是至关重要的。作者呈现了网空态势感知背后的认知探索，涉及将理论基础、模型与模拟和问题界定等理论元素，与对实践行动的人种志方法研究、知识的抽取、设计的分镜和技术的原型验证等实践元素，紧密地联系在一起，提供了将个体认知处理拓展至协同团队合作和集体归纳的基础，从而支撑在社会－网络系统中获得就绪度和可恢复能力的目标。

本书由本人负责组织翻译，主要译者还有奇安信集团战略研究中心的李忠宇、乔思远，他们是网空安全领域的高级研究人员，更是在网空安全态势感知领域深耕多年的一线技术专家。同时，我们要郑重感谢一位笔名是"轴可"的网络空间安全领域资深专家，轴可老师为本书译稿做了通篇的审校工作。

在审校工作中，轴可老师逐字逐句地审校译稿，详细批注了每条修订建议，翻译小组成员都切身感受到轴可老师严谨的学术作风和深厚的专业素养，轴可老师的修订建议让翻译小组的成员都受益匪浅，特此感谢！

根据第一次印刷出版后收集的反馈，本书作为学术性较强的论文集，书中一些关键理念和跨学科概念，读者在阅读过程中还存在难以理解的地方。针对这个情况，我们发现轴可老师之前对译文的详细批注可能对读者理解原文有很大帮助。故在本书第二次印刷时，我们在译文中增加了审校者的批注说明，把审校者对网空态势感知领域多年的产业实践思想融入到批注里面，以此帮助读者更好地理解图书内容。

为确保翻译质量，战略研究中心的本书翻译成员在繁忙的工作之余，利用大量休息时间熟读英文原作，在熟读英文原作的基础上尽最大努力将其翻译成通俗易懂的中文。即便如此，碍于技术理解深度和英语水平有限，本书在翻译过程中难免有疏漏之处，也欢迎读者朋友们批评指正。

此外，在本书翻译过程中，奇安信集团吴云坤总裁、李虎博士及李凯等专家给予了非常大的支持和帮助，在此一并致谢！

陈华平

北京

2019 年 10 月 8 日

致　谢

　　我们非常感谢为本书做出贡献的所有人，很高兴能够在此对各位作者的贡献致以谢意。特别感谢斯普林格（Springer）出版社的副总裁阿尔弗雷德·霍夫曼（Alfred Hofmann）、助理编辑安娜·克莱默（Anna Kramer）、编辑助理克里斯汀·赖斯（Christine Reiss）和英格丽德·拜尔（Ingrid Beyer）对这个项目的支持。

刘鹏（Peng Liu）

苏西尔·贾约迪亚（Sushil Jajodia）

克利夫·王（Cliff Wang）

2017 年 5 月

前　言

成书动因

本书旨在总结网空态势感知（SA）领域的研究进展。来自网空安全、认知科学和决策科学领域的多学科领先研究人员，对网空态势感知的发展提出了他们的观点。

当前，在安全事件发生时，网空安全运行中心①提出了 3 个主要问题：发生了什么？为什么会发生？应当如何应对？对前两个问题的解答形成了网空态势感知的核心本质。能否恰当地解答最后一个问题，则在很大程度上取决于企业所具有的网空态势感知能力。

从"由数据到决策"的角度来看，网空态势感知可被视为对特定数据进行分类分流处理的系统的主要输出结果。由于监控企业网络的传感器设备种类繁多，因此网空安全运行中心将会收集到来自这些不同类型数据源的大量数据。通常这些数据对应着正常的运行状态。然而，在大量的正常操作数据中，可能潜藏着与隐匿攻击相关的信息。攻击数据的信噪比通常非常低，要想通过数据分类分流分析来回答前两个问题，就如同大海捞针一样困难。

虽然已经开发了许多工具来帮助安全分析人员获得更好的态势感知状态，但现有工具还不足以为网空安全运行中心提供如下所列迫切需要的网空态势感知能力。

- 能力 1：创建问题解决工作流或流程的能力。
- 能力 2：查看网空防御全局情况的能力。
- 能力 3：管理不确定性的能力。

---

① 原文为 "Cyber Operation Center"，其中 Cyber 常被简单翻译为 "网络"，而考虑到本书覆盖领域的广泛性，更明确翻译为 "网络空间"（简称 "网空"）。"Operation Center" 常被翻译为 "运营中心"，但考虑到运营涉及更多管理层面的含义，因此翻译为范畴与本文更接近的 "运行" 概念。此外，直接翻译为 "网空运行" 会产生一种歧义，和传统的 NOC（Network Operation Center）混淆起来，好像主要工作是网络运维保障。从上下文来看，cyber operation 在美国是有了新的具有军事意味的含义，直接翻译就是 "网空作战"，也可以翻译为 "网空行动"，包含 "网空渗透利用（CE）" "网空攻击破坏（CA）" 和 "网空安全防御（CD）"。结合本文强调防御的特点，可以综合翻译为 "网空安全运行中心"。——审校者注

- 能力 4：基于不完整或受干扰信息进行推理分析的能力。
- 能力 5：在海量信息中快速锁定关键线索的能力。
- 能力 6：战略规划的能力。
- 能力 7：预测攻击者可能采取的后续动作的能力。

近期，在发展这些迫切需要的网空态势感知能力方面取得了一系列研究进展。本书正是对这些研究进展做出的概要性介绍。

关于本书

本书大致可被分为以下 4 个部分。

第一部分：概览

- 以人员为中心的计算机辅助网空态势感知

第二部分：计算机与信息科学

- 一个网空态势感知的整合框架
- 经验总结：网络安全领域的网空态势感知可视化
- 企业级①网空态势感知

第三部分：学习与决策

- 网空防御决策的动态过程：使用多代理认知建模来理解网络战
- 对网空防御态势分析中分析人员数据分类分流操作的研究

第四部分：认知科学

- 网空安全的认知科学：一个推进社会–网络系统研究的框架
- 团队协作对网络安全态势感知的影响

---

① "Enterprise" 一词长期被习惯地翻译为具有商业机构感觉的 "企业"，但是其实际含义还包括其他复杂的组织或机构，例如美国军方就经常使用 "DoD Enterprise" 来表示整体美国国防部层面，使用 "企业" 翻译经常会造成歧义误导。根据国际系统工程协会专家的建议，应当将其翻译为 "复杂组织体"，特别是在涉及系统工程和 Enterprise Architecture（复杂组织体架构）等领域。综合平衡约定俗成的习惯性与严谨的学术性考虑，在本书翻译中采用混合模式，面对纯产品、技术与信息化层面的语境时依旧翻译为 "企业"，而在面对工程、体系和架构的语境时翻译为 "复杂组织体"。——审校者注

资源与支持

本书由异步社区出品，社区（https://www.epubit.com/）为您提供相关资源和后续服务。

配套资源

本书提供如下资源：

● 书中彩图文件。

要获得以上配套资源，请在异步社区本书页面中单击 配套资源 ，跳转到下载界面，按提示进行操作即可。注意：为保证购书读者的权益，该操作会给出相关提示，要求输入提取码进行验证。

提交勘误

作者和编辑尽最大努力来确保书中内容的准确性，但难免会存在疏漏。欢迎您将发现的问题反馈给我们，帮助我们提升图书的质量。

当您发现错误时，请登录异步社区，按书名搜索，进入本书页面，单击"提交勘误"，输入勘误信息，单击"提交"按钮即可，如下图所示。本书的作者和编辑会对您提交的勘误进行审核，确认并接受后，您将获赠异步社区的 100 积分。积分可用于在异步社区兑换优惠券、样书或奖品。

扫码关注本书

扫描下方二维码，您将会在异步社区微信服务号中看到本书信息及相关的服务提示。

与我们联系

我们的联系邮箱是 contact@epubit.com.cn。

如果您对本书有任何疑问或建议，请您发邮件给我们，并请在邮件标题中注明本书书名，以便我们更高效地做出反馈。

如果您有兴趣出版图书、录制教学视频，或者参与图书翻译、技术审校等工作，可以发邮件给我们；有意出版图书的作者也可以到异步社区在线提交投稿（直接访问www.epubit.com/selfpublish/submission 即可）。

如果您所在的学校、培训机构或企业想批量购买本书或异步社区出版的其他图书，也可以发邮件给我们。

如果您在网上发现有针对异步社区出品图书的各种形式的盗版行为，包括对图书全部或部分内容的非授权传播，请您将怀疑有侵权行为的链接发邮件给我们。您的这一举动是对作者权益的保护，也是我们持续为您提供有价值的内容的动力之源。

关于异步社区和异步图书

"异步社区"是人民邮电出版社旗下 IT 专业图书社区，致力于出版精品 IT 技术图书和相关学习产品，为作译者提供优质出版服务。异步社区创办于 2015 年 8 月，提供大量精品 IT 技术图书和电子书，以及高品质技术文章和视频课程。更多详情请访问异步社区官网 https://www.epubit.com。

"异步图书"是由异步社区编辑团队策划出版的精品 IT 专业图书的品牌，依托于人民邮电出版社近 30 年的计算机图书出版积累和专业编辑团队，相关图书在封面上印有异步图书的 LOGO。异步图书的出版领域包括软件开发、大数据、AI、测试、前端、网络技术等。

异步社区

微信服务号

目　　录

目录

目录

概　览

以人员为中心的计算机辅助网空态势感知

Massimiliano Albanese[1], Nancy Cooke[2], González Coty[3],

David Hall[4], Christopher Healey[5], Sushil Jajodia[1], Peng Liu[4],

Michael D. McNeese[4], Peng Ning[5], Douglas Reeves[5],

V.S. Subrahmanian[6], Cliff Wang[7], John Yen[4]

[1] 美国乔治梅森大学，[2] 美国亚利桑那州立大学，

[3] 美国卡耐基梅隆大学，[4] 美国宾夕法尼亚州立大学，

[5] 美国北卡罗莱纳州立大学，[6] 美国马里兰大学帕克学院，

[7] 美国陆军研究办公室

摘要： 本文将对在较广泛的网空安全领域中新兴的网空态势感知研究方向进行综述，并至少从高阶层面探讨如何获取网空态势感知状态。论述将围绕以下问题展开——什么是网空态势感知？为什么需要研究该问题？研究目标是什么？有哪些具有启发意义的科学原则？为什么应当采用多学科研究方法？如何采用端到端的整体研究方法？未来有哪些研究方向？

1 什么是网空态势感知

在任务保障的上下文中，网空安全运行工作会引出网空态势感知的核心问题，特别是在大型企业等复杂组织体的环境中。一般地，态势感知过程可分为 3 个阶段，具体包括态势观察①、态势理解和态势预测。态势观察是指获取复杂组织体的网络中相关要素的状态、属性和动态。态势理解是指安全分析人员对所获得

---

① 也常有文献翻译为"觉察"，但是该词语带有"看出"的含义（比如"觉察出危险"），这就包含了"理解"甚至"预测"阶段的含义，可能引起混淆。结合 Mica R. Endsley 提出的经典框架，以及认知科学领域的相关知识，翻译为"观察"。——审校者注

信息进行的组合、关联和解释。态势预测是指在态势观察和态势理解阶段所获得信息的基础上做出预测的能力。

图 1 展示了在以大型企业为代表的复杂组织体中开展的网空安全运行工作。基本上，当遇到攻击方发起的网空攻击活动时，网空安全运行工作将会主要围绕 3 个问题展开。

- 发生了什么?
- 为什么会发生?
- 应当如何应对?

在作者看来，前两个问题组成了网空态势感知的"核心"，而网空态势感知能力对解答最后一个问题（"应当如何应对?"）具有关键的使能作用。换言之，网空态势感知的目的是获得感知以意识到所发生的情况或攻击方的行为、网空攻击造成了什么影响，以及当前情境是如何被判定的。此处，影响至少包括两个方面：损害评估和任务影响评估。安全分析人员为了弄清楚当前态势演化的趋势，必须识别出被攻击利用的漏洞。而很多情况下，被攻击利用的漏洞同时包含与企业网络相关的已知漏洞和未知漏洞。

图 1　确保任务可靠性的网空安全运行工作

从"由数据到决策"的角度来看，网空态势感知可以被视作一个特定的数据分类分流系统。如图 2 所示，图 1 中的每一个传感器都可被视作一个数据源。

因为存在着大量不同种类的传感器，所以实际上也会有很多不同种类的数据源。在此，我们大致将数据源分为以下类别。

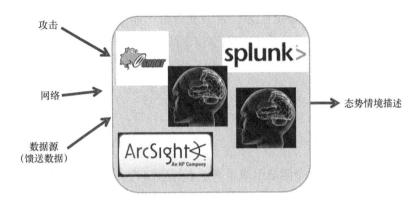

图 2　网空态势感知作为一个数据分类分流系统

A 类：带内数据

- A1：静态数据。此类数据很少被更新。网络拓扑、命名数据、路由表、漏洞扫描数据（如 Nessus 报告）、攻击图和某些主机配置数据等都属于这一类。
- A2：动态数据。该类别包括数据流和动态更新数据。每一个数据项都显式或隐式地关联至一个时间戳。这些时间戳能够清晰地体现出网空态势感知的状态化特性。

  A2.1：原始数据（如流量抓包转存数据、操作系统审计日志和防火墙日志等）。

  A2.2：IDS（入侵检测系统）告警（如 Snort 告警、Tripwire 告警等）。

  A2.3：企业信息系统的非攻击性行为数据（如操作系统层的依赖图等）。

- A3：安全分析人员之间的沟通交流数据。这一类别中的数据包括由分析人员手动生成的安全事件[①]报告。

[①] 原文为 incident，通常翻译为"事件"，容易与同样被翻译为事件的 event（具有中性意味）混淆，因此在此将 incident 翻译为安全事件。——审校者注

B 类：带外情报

此类数据是指来自外部的情报馈送数据。在这里用"外部"一词是为了表明：首先，企业自身和其他伙伴机构［如 CERT（Computer Emergency Response Team，计算机应急响应小组）和其他兄弟机构等］之间存在信息共享机制；其次，带内数据并不会被用于生成此类情报馈送数据。

如图 2 所示，我们将 A 类和 B 类数据都作为分类分流系统（位于图 2 的中心位置）中的输入数据，而将所描述的态势情境作为分类分流系统的主要输出数据。要注意的是，这个数据分类分流系统还会生成其他的输出信息和作用效果，如新的经验和新的 SIEM（安全信息与事件管理）规则。

我们认为数据分类分流系统是一个"人员 – 信息"混合系统。一方面，系统的"人员"部分，包含人员（安全分析人员）的大脑智力，以及人员间基于智力的互动。这里的"大脑"不只是一个信息处理单元，同时也是一个具有记忆能力（如记忆领域知识和过往经验）与学习能力的认知神经网络。另一方面，系统的"信息"部分包含了具有无穷可能性的软件、硬件和 HCI（人机交互）设计。安全分析人员现在已经在使用告警关联工具和 SIEM 系统，而且未来几乎肯定会出现智能软件代理（software agent）和机器人系统。

如参考资料[29]中所定义的，数据分类分流系统是一个动态的"人员 – 信息"混合系统。在 t 时间点，该动态系统的状态包括以下元素[29]。

- 发生在企业网络中的每个攻击链上的一系列攻击活动。
- （当下已经）收集到来自多个传感器的数据源。
- （当下已经）被安全分析人员检测到的一组安全事件。对于这些安全事件，需要描述所涉及的网络事件以及这些事件间的时间关系和因果关系。
- 安全分析人员所理解的与该网络和 t 时间点所发生攻击活动相关的领域知识，以及他们在数据分析方面的经验知识。
- 每位安全分析人员在 t 时间点的心智模型。每种心智模型包含一套关于可能攻击活动的假设，以及这些假设之间的关系。
- 安全分析人员在 t 时间点进行的一系列数据分类分流操作。如参考资料[29]中所定义，数据分类分流操作主要包括数据过滤、数据检索、生成假设，以及对假设进行确认或否定。

从性能效果角度来看，在一定程度上，通过将所描述的态势情境（见图 2）与实际的态势情境进行比较，可以评价网空态势感知的性能效果。由于很多时候企业对实际情况只能做到部分了解，因此只能根据估测的实际情况来完成这种比较工作。

2 研究的必要性

为什么要研究网空态势感知？一方面，现实中的网空安全运行中心急需提升安全分析人员的工作表现成效；另一方面，现有的网空安全研究，尤其是关于入侵检测和响应的研究，无法满足实际网空安全运行工作的需求。

就第一个方面而言，在美国有超过 20 家计算机网络防御服务提供商（CNDSP），它们都依赖安全分析人员完成安全运行工作。目前，这些服务提供商面临以下难题。

- 安全分析人员的工作表现水平参差不齐。
- 由于不同职能领域之间存在"壁垒"，安全分析人员难以获知全局情况。
- 安全分析人员需要借助更好的分析方法和工具来提升工作表现。

至于第二个方面，我们已经发现在目前可用的入侵检测和响应工具的工作能力与所需的网空态势感知能力之间仍然存在着较大的差距。

虽然已经开发出了很多工具，包括漏洞扫描器、事件日志记录工具、流量分类工具、入侵检测系统、告警关联工具、检测特征生成工具、静态和动态污点分析工具、入侵根源回溯工具、完整性检查工具、静态分析工具、错误查找工具、攻击图工具、符号执行工具、沙箱工具和虚拟机监控工具等，但这些现有的工具仍不足以为网空安全运行中心（如 CNDSP）提供如下迫切需要的态势感知能力。

- 能力 1：创建问题解决工作流或流程的能力。
- 能力 2：查看网空防御全局情况的能力。
- 能力 3：管理不确定性的能力。
- 能力 4：基于不完整或受干扰信息进行推理分析的能力。
- 能力 5：在海量信息中快速锁定关键线索的能力。
- 能力 6：战略规划的能力。
- 能力 7：预测攻击者可能采取的后续动作的能力。

以能力 1 为例，对于不同的攻击链或攻击行动，网空安全运行中心通常需要不同的问题解决工作流。一个具有可执行性的问题解决工作流必须清晰地告知安全分析人员应当在何时使用哪些工具针对哪些数据源采用哪些分析方法。从数学角度看，问题解决工作流是由安全分析人员的多种数据分类分流操作组成的偏序集合[①]。

虽然目前有许多入侵检测和诊断工具，但仍未开发出能够根据不同的攻击行动自动生成相应的差异化问题解决工作流的通用工具包。将一组工具都放到一个"篮子"里，并不能让这些工具做到相互"学习"并理顺问题解决工作流之间的"关系谜题"。事实上，现实的网空安全运行中心在面对未曾遇见的新型攻击而变得迷茫时，将会高度依赖于人工安全分析人员，以及他们的专业知识和经验，从而动态地生成合适的问题解决工作流来加以应对。

3 研究目标和科学性原则

基于现有入侵检测和响应工具的工作能力与所需网空态势感知能力之间所存在的差距，网空态势感知领域的主要研究目标应包括以下内容。

目标 A：形成对以下问题的深入理解。

- 为什么资深安全分析人员和初级安全分析人员在工作表现成效上存在如此大的差距？如何能够消除这一差距？
- 为什么拥有许多工具却无法有效地提高工作表现成效？
- 需要具有哪些模型、工具和分析方法才能有效提升工作表现成效？

目标 B：开发出在网空态势感知系统设计、实施和评价方面的新范式。

科学研究障碍。在实现这些研究目标时，应特别注意以下科学研究的障碍。

- 传感获得的数据量巨大的信息，与很多安全分析人员目前无法有效利用这些信息的实际情况之间所存在的矛盾。
- 人类认知的神经元级速度，与信息传感的芯片级速度之间的不匹配。
- 对"全局情况感知"的需求，与"烟囱"式相互孤立的传感机制之间所

---

① 在数学中，特别是序理论中，偏序集合是指配备了部分排序关系的集合。——审校者注

存在的矛盾（这在很大程度上是各个网空安全运行中心在实践中所处的状态）。除了"烟囱"式的相互孤立传感机制，现实中人员之间也存在"烟囱"式相互孤立的情况，因为各组织之间通常倾向于不共享信息，而且组织内的各个安全分析人员往往也倾向于彼此不共享信息。

- 对于"知晓我情"[24]的概念，研究人员和网空安全运行中心尚未能够做到充分关注。
- 缺乏实际情况的信息，与对科学合理模型的需求之间所存在的矛盾。
- 未知的敌方意图，与众所周知的漏洞类别之间所存在的矛盾。

一方面，上述科学研究障碍给学术界带来了严峻的挑战。另一方面，这些障碍也带来了许多激动人心的研究机会。一旦越过这些科学研究障碍，可望实现的科学研究进展包括以下内容。

- 理解安全分析人员在网空态势感知的认知与决策方面的特性。
- 为能够利用人类认知过程特质的新型网空态势感知系统设计提供启发。
- 打破纵向（区隔之间）和横向（抽象层次之间）的"烟囱"式孤立情况。
- 推动围绕任务保证的分析方法（如资产映射、损害、影响、缓解、恢复）的进步发展。
- 发现在态势情境了解方面存在的盲点。
- 将对敌方意图的分析作为网空态势感知分析方法中不可或缺的一个部分。

原则。要取得这些潜在的科学研究进展，我们认为应遵循以下科学性原则。

原则 1 网空安全研究领域出现了一个新的发展趋势：从定性研究方法发展到定量研究方法；从数据匮乏的研究模式发展到数据充裕的研究模式。

由于存在大量被传感收集的网空安全信息可供利用，因此我们能够通过建模与分析来了解己方任务和敌方活动。这就要求能够在充斥着巨大不确定性和不可信赖性的环境中，对横跨区隔和纵跨抽象层次的多样化异质数据进行创造性的"任务感知"分析①。

原则 2 网空态势感知工具应在设计阶段考虑到人类在认知和决策方面的特点。

---

① 原文为"mission-aware analysis"，实际含义比较丰富，是指在进行分析工作的过程中，需要能够意识到分析内容与任务的关系，并在此基础上得出分析结果。——审校者注

4 多学科研究方法的必要性

我们认为，要克服前文提出的科学研究障碍，有效的研究策略是采取多学科研究方法。特别是我们发现有几个基本的网空态势感知研究问题是无法通过单一学科研究方法来系统地解答的。比如，下面列出的 3 个问题都是重要的研究问题，但如果将其研究限制在某个单一学科领域内，则无法充分地回答这些问题。

- 问题 1：资深安全分析人员和初级安全分析人员之间存在哪些区别？
- 问题 2：需要怎样的分析方法和工具来有效提升工作表现成效？
- 问题 3：如何开发出更好的工具？

以问题 1 为例。如图 3 所示，可以对资深安全分析人员与初级安全分析人员所做的扫描分析行为之间存在的差异进行分析，并从 3 个不同的角度来组织分析方向。

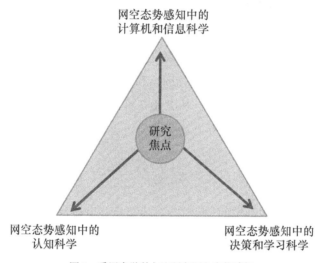

图 3 采用多学科方法研究网空态势感知

（1）从计算机安全和信息科学的角度来看，资深安全分析人员与初级安全分析人员之间的差异可能包括以下几个方面。

- 资深安全分析人员可能会使用初级安全分析人员不使用的工具。
- 资深安全分析人员更深入地了解工具的内部工作机制。
- 资深安全分析人员可以创建出一套新的工具链，以诊断分析出未曾遭遇过的攻击行动，而初级安全分析人员则无法做到这一点。

（2）从认知科学的角度来看[8]，资深与初级安全分析人员之间的差异可能包括以下几个方面。

- 资深和初级安全分析人员有不同的认知过程和心理状态，即使是对相同的攻击战役行动进行诊断分析，情况也是如此。
- 资深安全分析人员的推理过程更加细致缜密，而且也更不容易出错。
- 资深和初级安全分析人员有不同的团队认知行为。

（3）从决策和学习科学的角度来看，资深与初级安全分析人员之间的差异可能包括以下几个方面。

- 对相同的攻击行动，资深和初级安全分析人员在进行诊断分析时会"编织"出不同的假设"网络"①。
- 资深和初级安全分析人员在进行入侵检测分析时，具有不同的基于实例的学习行为。

因此，本文作者聚焦 2009～2015 年进行的名为"以人员为中心的计算机辅助网空态势感知"的 MURI②（Multi-disciplinary University Research Initiative，多学科大学研究倡议）研究项目，从上述 3 个角度来进行整合研究，而非侧重其中任何一个角度进行深度研究。

5 端到端的整体方法

正如参考资料[24]中指出的，网空态势感知是一个涉及相互依赖操作的过程。当网空态势感知系统被视为数据分类分流系统时，如图 2 所示，数据分类分流系统将使用混合式的数据分类分流处理过程来生成指定形态的输出数据。

因此，在这个 MURI 项目中，我们采用了端到端的整体方法来解决网空态势感知的问题。

---

① 此处并不是指现实存在着一种网络，而是采用比喻的形式来描述随着分析过程而形成的一系列相互关联的假设。——审校者注

② MURI 的全称是 Multi-disciplinary University Research Initiative（多学科大学研究计划）是由美国国防部资助的基础科学研究计划。——审校者注

如图4所示，所建议的端到端的整体方法如同一枚具有两个面的"硬币"。

- "硬币"的一个面是生命周期，展现了网空态势感知各个阶段的操作任务，包括（在计算机网络中的）传感阶段、数据调整结合与关联阶段、信息聚合与融合阶段、自动化推理分析阶段、人机交互阶段（安全分析人员与自动化推理分析功能之间的交互）。
- "硬币"的另一个面是计算机辅助认知能力，包括开发特定于网空态势感知的认知能力模型，以及易于与认知能力结合的网空态势感知工具。

要对"硬币"进行"双面"研究，需要测试平台（安全分析人员操作任务环境的复制环境）来帮助我们。

- 了解网空安全分析背后的认知科学。
- 了解合作协同背后的认知科学。
- 提供进行比对研究所需的实际情况。
- 以"人在环中"的操作方式来测试技术解决方案。

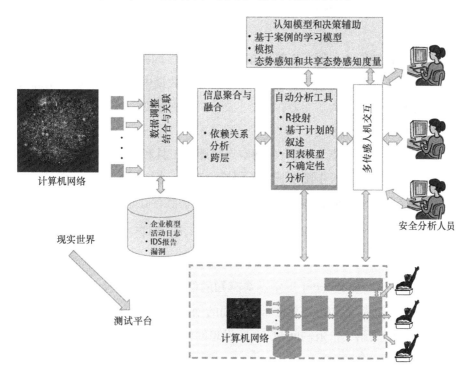

图4 网空态势感知的端到端的整体方法

上述方法中计算机辅助认知能力那一"面"的目标，是通过认知性的操作任务分析、模拟，安全分析人员认知能力与决策机制建模分析，以及其他相关研究发现来在认知领域获取新的深入见解。

上述方法中生命周期那一"面"的目标，是利用计算机辅助认知能力那一"面"所获得的深入见解，开发出计算机辅助网空态势感知的新范式。这种新范式包括新的分析方法和更好的工具，能够让安全分析人员与工具系统协调一致地开展工作，并能够消除存在于安全分析人员认知能力同网空态势感知传感器和工具之间的差距。

6 本 MURI 项目的网空态势感知愿景

项目所采用的端到端整体方法，得益于我们在着手启动这个 MURI 项目时确定的网空态势感知愿景所带来的启发。

该愿景的第一部分指出，当前的网空态势感知实践存在两个根本性的限制问题。

- 人类认知能力与网空态势感知工具和算法之间存在巨大差距：网空态势感知工具收集的关于态势情境的"原始"数据中所包含的信息量比安全分析人员的"认知能力吞吐量"高出几个数量级，并且缺少从数据到决策的关键"连接"。
- 存在重大"盲点"：现有的网空态势感知工具和系统（包括审计工具、漏洞扫描器、攻击图工具、入侵检测系统、损害评估工具和取证工具）在其对网络空间整体状况的"视野"中仍然存在重大"盲点"。

该愿景的第二部分指出了如何在这个 MURI 项目中解决这两个限制问题，重点如下。

- 该项目将通过特定于网空态势感知的信息与知识融合、认知能力自动化、人工智能和可视化分析等方面的创新来构建原先缺失的连接环节，从而解决第一个限制问题。一个设想的研究方向是将人类智能与人工智能进行整合。

- 该项目将通过打破横向和纵向的"烟囱"式孤立情况，来解决第二个限制问题。设想的技术包括纵跨抽象层次的依赖关系分析与知识融合、横跨区隔的依赖关系分析与知识融合、实现不确定性分析和管理的概率图模型，以及实现"知晓我情"与"知晓攻击行动敌情"的知识整合。

7　本 MURI 项目的主要研究方向

在这个 MURI 项目的网空态势感知愿景的指引下，该项目遵循以下研究方向。

（1）研究方向 1：认知能力的自动化。

- 开发能够表现出智能行为的交互式网空态势感知系统。
- 研究特定于网空态势感知的认知行为。
- 追踪安全分析人员的数据分类分流操作行为和推理过程。
- 开发能够实现基于经验的自动化态势识别与预测的技术。
- 开发能够帮助安全分析人员获得网空态势感知的智能代理技术：智能代理应该能够学习安全分析人员的数据分类分流操作行为和推理过程。
- 对特定于网空态势感知的认知能力吞吐量进行评估。
- 发现基于团队的网空态势感知中存在的瓶颈。

（2）研究方向 2：实现对"盲点"的监控。

- 进行纵跨抽象层的依赖关系分析和影响评估（如参考资料[16,17]）。
- 进行横跨区隔的依赖关系分析和影响评估。
- 进行跨数据源的安全相关事件的关联。
- 进行基于博弈论的分析。
- 应用大数据分析和机器学习技术。

（3）研究方向 3：态势知识融合。

- 开发用于态势知识展现和管理的网空态势知识参考模型[7]。
- 构建概率图模型以开展不确定性分析和管理。

（4）研究方向 4：可视化分析。

- 开发适用于网空态势感知的可视化分析方法。

8 本 MURI 项目的主要研究成果

8.1 方向 1 的研究成果

8.1.1 网络防御认知科学研究的方法论

本 MURI 项目团队遵循基于实况实验室（living lab）的研究方法。该研究方法涉及一种起始并结束于现实世界的循环式研究方法论。该团队通过访谈领域专家、查看文档和文献，以及观摩网空安全演习来理解网络安全分析人员的操作任务。这些信息被用于创建一套实验环境版本的网空安全分析人员操作任务集合[20]。

我们开发了包含网络攻击的一系列场景，并因此能够了解这些场景中可用于进行比对分析的"实际真实"情况。我们招募人员参与测试，并使用测试平台上的操作任务对他们进行训练。有些场景要求参与人员具有信息安全保障相关的工作背景。试验平台具备分别对个人和团队的工作表现成效和认知能力进行测量的能力，并且能够对试验平台上的态势情境进行操控。在该试验平台上的研究发现，可以通过以用户为中心的工具、算法或模型的形式将结果反馈到现实工作环境中。

8.1.2 构建面向网空态势感知的"人员-信息"混合型数据分类分流系统

许多著名公司、政府组织和军事部门都投入了大量资金来建设网空防御体系。通常，它们会成立安全运行中心（SOC），进行全天候监控、入侵检测和诊断分析（对实际发生的情况）。安全运行中心通常会采用多种自动化的安全工具，如流量监测设备、防火墙、漏洞扫描器、入侵检测/防御系统（IDS / IPS）。此外，安全运行中心非常依赖网空安全分析人员对安全工具所生成的数据进行的调查分析，以识别出其中的真实"信号"，并"连点成线"，以解答有关网空态势情境的更高阶问题。比如，网络是否正在遭受攻击？攻击者做了什么？攻击者下一步可能会做什么？安全运行中心无法做到完全自动化，因为在许多情况下，即使借助先进的关联性诊断分析技术，安全工具也无法"理解"复杂的网空攻击策略。具体而言，安全分析人员需要开展一系列的分析活动，包括数据分类分流、事态升级分析、关联分析、威胁分析、事件响应以及取证分析。

我们的 MURI 项目团队构建了一个新型的"人员–信息"混合型数据分类分流系统（如参考资料[5,27,28]）以实现网空态势感知。数据分类分流包括检查各种数据源（如 IDS 告警、防火墙日志、操作系统审计跟踪记录、漏洞报告和网络抓包转存数据）的详细信息、剔除误报、对相关的迹象标识[①]进行分组，以便对不同的攻击行动（攻击的计划布局）加以区分。数据分类分流为后续的详细调查分析打下了基础，以最终生成有置信度的攻击事件报告。这些攻击事件报告将被作为进一步决策的主要依据，进而对当前安全配置做出调整并采取行动来对抗攻击活动。数据分类分流是实现网空态势感知的过程中最基础但也是最耗时的阶段。虽然安全信息与事件管理（SIEM）系统在产生更强大的数据分类分流自动化处理能力方面已经取得了重大飞跃，但 SIEM 系统是非常昂贵的，而且每个组织都会需要使用定制的 SIEM 系统。此外，SIEM 系统在使用中仍然需要大量的手动操作。

我们希望能够利用人工智能技术大幅降低数据分类分流自动化处理的成本，并从安全分析人员的工作经验和数据分类分流分析操作历史记录中自动学习如何进行自动化的数据分类分流。为此，我们利用一种计算机辅助的认知过程追踪方法，在资深安全分析人员进行数据分类分流时记录他们的操作行动。我们开发了一个包含 3 个步骤的方法，用于从这些操作追踪记录数据中自动学习数据分类分流的自动化机制。

- 步骤 1。我们使用一种新定义的特征约束图（CC-Graph）来展现所采集的安全分析人员的数据分类分流操作追踪记录，以及这些分类分流操作的时间和逻辑关系。
- 步骤 2。我们发掘出一系列实用的 SIEM 规则要素。我们对特征约束图进行分析，以找出关键的数据特征约束条件。这些关键约束条件进一步与数据源进行关联，以识别它们之间存在的"在……之前可能发生"关系。这些关键约束条件及其具有的"在……之前可能发生"关系代表了各种攻击模式，被称为"攻击路径模式"。每一个形式化表达的攻击路径模式都具有明确的语义，定义了与多步骤攻击活动相对应的一

---

① "Indicator"通常被翻译为"指标""指示器"或"信标"，但是都容易引起歧义。考虑到在上下文场景中存在着"痕迹"与"迹象"的含义，提出"迹象标示"这一翻译方法。——审校者注

类网络连接①。安全分析人员可以对这些攻击路径模式进行复查、修改和扩展。

- 步骤 3。类似于向 SIEM 系统中添加规则一样，我们直接使用形式化表达的攻击路径模式来构建一个有限状态机，来进行自动化数据分类分流。

我们采用"人在环中"控制形式的案例研究来对我们的研究方法进行评价。我们为该研究工作招募了 30 名专业安全分析人员，要求他们完成一项网空攻击分析任务，并追踪他们在分析任务中所进行的操作。通过从中选取的几组追踪记录，可以发现每组追踪记录都有自己的一套规则集合，利用这些规则集合可以构建一套数据分类分流状态机。通过将状态机的数据分类分流结果与对应场景的"实际真实"情况进行比较，可以计算出误报率和漏报率，进而对状态机的工作表现成效做出评价。结果表明，所有状态机都能够在几分钟内处理完规模相当大的数据集。

8.1.3　对网空防御分析中团队沟通和协调的观察

在这个 MURI 项目中，我们的团队观察了几次网空防御演习，并对那些为国防部和产业界提供网空安全服务的机构进行了调研（如参考资料[12]中提到的研究）。这些实地研究中获得的认知，不仅促成了试验平台的开发工作，引出了与网空防御工作中团队合作有关的各种研究问题，同时还凸显了一些被普遍观察到的问题。比如，我们发现在美国国防部机构和产业界都存在"烟囱"式的相互孤立情况，而且美国国防部机构尤为明显。我们还观察到，所有部门的安全分析人员都不会主动发起协同合作或向彼此分享信息。对安全分析人员的这些调研数据，使我们能够对产业界和军队部门的网空防御组织结构进行建模。这些模型揭示了在军事化环境和产业环境中，各自的组织结构在网空安全运行方面存在既显著又微妙的差异。

实地观测和对安全分析人员的调研，促进了被称为 CyberCog 的"人在环中"控制形式的测试平台的开发。该测试平台用于对两个相互关联的检测发现分析任务中的团队合作情况进行实验室测试，包括分类分流分析和关联分析。测试发现，在分类分流分析过程中，团队合作与信息共享可以显著降低安全分析人员的工作量。我们也发现，如果安全分析人员在处理自己不确定的告警/事件时，能够与合

---

① 按照相关文献中的描述，简单来看，攻击路径模式由一系列具有时间顺序关系的网络连接所决定，其中网络连接对应着一个或多个攻击步骤。——审校者注

适的安全分析人员进行工作交接与协同配合，以利用各自独特的专业知识，而不是尝试独自对所有告警进行推理和分析，则能够在分类分流分析工作方面取得更好的表现成效。当然，如果对所有的告警都进行协作分析，也可能不利于高效工作。试验中我们还发现了团队在进行关联分析时存在认知偏差的证据[13]。通过协同合作，将来自各个团队成员的全新信息汇集在一起，对于相关性分析来说是至关重要的。然而，试验中也发现各团队会反复讨论并汇集那些对于多数团队成员来说已经是具有共识的信息，导致所做出的决策并非最优决策。

我们发现，必须使用以操作人员为中心的协同工具推动团队工作，以便规避或降低网空防御团队中的认知偏差（如上述信息汇集偏差和确认偏差）[19]。我们需要精心设计团队培训方法，以帮助安全分析人员决定何时适合与团队成员开展协作、与谁协作以及何时适合单独进行分析。

8.1.4　在使用 CYNETS 的网空安全模拟中记录人类认知行为

我们建立了一个名为 CYNETS（如参考资料[9]）的模拟器，可以在执行网空态势感知操作任务时记录人类的认知行为。我们进行了大量的控制论团队模拟（Cybernetic Team Simulation，CYNETS），并招募学生作为受试人员。在模拟过程中，受试人员的网空态势感知操作任务如下：他们被授予远程访问两台服务器的权限，以防御所模仿的真实"红队"的攻击者。他们还会随时接到动态发布的其他任务——典型的系统管理操作、账户创建和数据库更新等。这些典型的管理操作包括列举和保护具有管理访问权限的账户（从默认口令进行改口令操作），对软件进行识别与补丁更新，修改软件配置以关闭不需要的服务等。在演习期间，受试人员需要识别出哪里（配置、补丁、账号、服务）出现了错误，确认攻击者是否利用了这些漏洞来攻击控制系统，并且在定位到攻击者已经获得的访问权限时关闭其访问权限。

数据创建。实验模拟数据是在实验室环境中产生的，具体而言，是通过在实验室中模拟某个虚构企业"ABC"在网络上活跃的计算机活动而生成的。在 24 小时的周期内，通过多次登录和登出计算机系统，在服务器的 Windows 安全日志中创建实际日志条目。呈现给受试人员的数据集里存在一定正常范围内的干扰，但通常仅限于成功登录、成功登出和不成功登录等几类情况。在所呈现的身份认证数据中，嵌入了经过一连串登录失败尝试并最终成功登录的记录。

此外，在同样的 24 小时周期内，将一些病毒复制到计算机中，允许防病毒程序对这些文件进行检测并采取适当的措施——删除或隔离带有恶意代码的文件。与反病毒定义包的更新记录在一起，这两种类型的记录都会在反病毒数据中呈现。

最后一组数据是补丁管理数据。在这种情况下，我们创建了一系列正常进行补丁更新的记录。

方法。招募了 3 个三人小组。每个人在模拟过程中被随机分配一个角色：（ⅰ）Windows 身份认证分析人员（WAA）；（ⅱ）反病毒分析人员（AVA）；（ⅲ）Windows 系统更新分析人员（WUA）。当第一个训练场景结束后，将使用美国航空航天局任务负荷数量表（NASA-TLX）[11]和态势感知评价技术（Situational Awareness Rating Technique，SART）[23]对受试人员进行问卷调查，以定量分析他们各自的态势感知情况。

问卷调查完成后，受试人员将进入第二个训练场景，并在完成后进行另一次个人态势感知情况的问卷调查。两个训练场景都完成之后，受试人员可以得到关于每个场景以及对应的正确响应方式的快速简报。接下来，再重复第一个训练场景，在完成后进行相同的个人态势感知问卷调查，但这次在调查内容中增加了共享态势感知清单（SSAI）[22]。接着让受试人员完成第二个训练场景，并进行相同的个人态势感知和共享态势感知清单问卷调查。

结果。这项模拟对 3 个小组进行测试以评估可行性，并收集了上述工作表现成效计量数据。模拟中一切运作正常，受试人员能够承担个人和团队的网空安全分析人员职责，在他们的操作任务中完成对常规活动与威胁活动的识别确定。

意义。CYNETS 能够对现实世界进行比例模拟，代表了一个充满挑战的网空运行环境的发展过程。这个模拟运行环境，不仅能够模拟真实世界的威胁评估，还能够对跨个人职能与团队合作职能的分布式认知能力进行评估。

8.1.5 使用基于实例的学习理论对网空攻击的检测发现进行认知建模

基于实例的学习理论（IBLT）将决策作为一个动态过程，在这个过程中，安全分析人员会在信息受限和存在不确定性的情况下与环境进行交互，并且必须依靠自己的经验做出决策。在这条工作线上，我们应用 IBLT 来实现网空态势感知。

网络攻击会导致重要工作被打断。弄清楚防御方行为（对威胁的经验和容忍程度）与攻击对抗行为（攻击策略）可能会如何影响威胁检测，具有重要的意义。在这项工作[6]中，我们使用了认知建模来对这些因素进行预测。在 IBLT 的基础上，不同的模型类型代表着防御方面对不同的攻击对抗行为的应对情况。可以根据安全分析人员对威胁的经验将防御方模型分为易于遭遇威胁型（威胁占 90%，非威胁占 10%）和不易遭遇威胁型（威胁占 10%，非威胁占 90%）；根据对威胁的容忍程度可将其分为风险规避型（模型在每 8 个事件中察觉到 1 个威胁后即宣布遭受到网空攻击）和风险倾向型（模型在每 8 个事件中察觉到 7 个威胁后才宣布遭受到网空攻击）；通过考虑不同的攻击策略对攻击对抗行为进行模拟可将其分为耐心型（威胁在后期出现）和急切型（威胁在前期出现）。

对于急切型的攻击策略，风险规避型的容忍程度模型与易遭遇威胁型的经验模型的组合，比起风险倾向型的容忍程度模型与不易遭遇威胁型的经验模型的组合，具有更好的检测发现能力。但是这一情况不适用于耐心型的攻击策略。在模型预测的基础上，可以根据防御方之前的与威胁相关的经验以及其对威胁的容忍程度这两项因素对探测发现的精准度进行预测，但同时考虑进攻方行为的特质也很重要。

8.2　方向 2 的研究结果

8.2.1　以任务为中心的网空态势感知框架

这个 MURI 项目的团队为网空态势感知提出了一个以任务为中心的框架，这么做的主要动因源于攻击图的局限性。首先，攻击图不能够为每一种攻击模式提供对可能性或者对复杂组织体或任务所造成影响的评估机制。其次，告警关联的规模可扩展性问题也尚未得到妥善解决。

建议的解决方案（如参考资料[2]）是一种全新的框架，可用于实时分析海量的原始安全数据。它在设计中包含了对安全分析人员可能提出的问题做出自动应答的能力，这些问题可能涉及当前的态势情境、攻击的影响与演化、攻击者的行为、取证分析、可用信息与模型的质量，以及对未来攻击的预测。在实践中，该框架可以为安全分析人员提供关于网空态势情境的一个高阶视图。

此框架的主要组件如下。第一，我们引入了**广义依赖关系图**的概念，它可以描绘网络组件间是如何相互依赖的。第二，我们通过**时间跨度分布**这一概念来延展对攻击图的传统定义，用于对所了解的攻击者行为概率分布情况进行编码。第三，我们引入了**攻击场景图**的概念，它结合了依赖关系图和攻击图，将已知漏洞与最终可能受影响的任务或服务联系起来。第四，我们为检测和预测工作都提出了高效的算法，事实表明它们可以很好地扩展用于具有大型图模型和存在大量告警的情况。第五，基于按需生成部分攻击图的方法，我们开发了一种能够高效评估零日漏洞风险的方法。第六，要回答安全分析人员可能提出的问题，就一定要通过定义安全度量指标来定量描述防御系统的若干方面，如面对零日攻击时的健壮性。因此，我们基于攻击图开发了一套能够度量全网网空安全风险的指标：我们将网络多样性作为一项安全度量指标进行调查研究，并且评估了网络多样性会如何影响在面对零日攻击时网络的健壮性。

8.2.2 自动解释安全告警

在以企业为代表的复杂组织体的真实环境中，安全负责人常常被其收到的大量告警所困扰。帮他们解答到底发生了什么情况，将会对其工作带来非常大的帮助。我们提出了**超图告警机制（HAM）**的全新概念，展示了如何自动化地从一组 Snort 规则中学习到一套超图告警机制。然后我们展示了如何对复杂图形的可达性，进行适当修改以便解决时间约束和超图结构方面的问题，进而对安全分析人员所面对的某个告警组合做出适当的解释。

在超图告警机制的框架中（如参考资料[3,4,15]），我们假定 Snort 规则被用于产生告警。一个超图告警机制由特定类型的节点（node）和特定特殊类型的超边（hyper-edge）所组成。

- 一个节点是一个二元组(m, a)，表示以下的事实情况：Snort 系统对在企业网络上的机器 m 产生了告警 a。
- 超边是三元组 $e =(H, n, \delta)$，其中 H 是一个节点的组合；n 是一个具体的节点；$\delta_{\{e\}}$ 是一个映射，将每一个节点 $n' \in H$ 关联至一个非负实数。

直观上看，超边 e 表示 H 中的所有事件或多或少都会趋向于一起发生，而 H 中事件发生的时间点与 n 发生的时间点之间存在着一个时间延迟。对于某一给定的事件 $n' \in H$，$\delta_{\{e\}}(n')$ 表示 n' 事件发生的时间点与 n 事件发生的时间点之间存在的时间量。

我们为超图告警机制开发了一个形式化的理论模型，给定过去产生告警的历史记录，该模型不仅可以解释当前机器上的告警，还能够适用于其他机器。我们还开发了一种算法，将现有的 Snort 规则和企业网络拓扑一起作为输入，然后自动生成一系列的超图告警机制。

我们还研究了以下问题。给定某一组实际发生过的告警 $A=\{a_1,\cdots,a_k\}$，对这组告警的最佳解释是什么？解释 E 是具有各种不同属性的一组超边。为了解决这个问题，我们为某一组给定告警的解释设置了一个形式化定义。我们定义了几个度量指标来对每个解释进行评价。我们还将这些度量指标与美国国家标准与技术研究院（NIST）的国家漏洞数据库以及 MITRE 的常见弱点评分系统进行关联。使用这些度量指标，我们开发了一种初步的算法，能够通过利用度量指标之间的前缀顺序关系或通过帕累托（Pareto）最优性，根据所有不同的度量方法找到一组最佳解释。

8.2.3　基于国家漏洞数据库的补丁部署博弈分析

如今，大多数复杂组织体的安全负责人在内部需要管理大量的软件。由于时间和成本的限制，他们通常只对被认为最易遭受攻击（如基于 NIST 的国家漏洞数据库）的软件进行补丁修复。

本文提出的博弈论分析方法[21]的目标是预测攻击者的行为并做出准备，从而利用这些信息给防御方带来对抗优势。我们提出了一个基于施塔克尔贝格（Stackelberg）博弈游戏的框架。根据该框架，防御者（复杂组织体的安全负责人）可以选择一组可用于修复漏洞的补丁程序，从而在其费用和时间成本限制范围内，将攻击者采用破坏最大化策略可能造成的预期损害降到最低。

通过博弈论分析，我们能够从理论上证明攻击者采取最佳策略（从攻击利用哪些已知漏洞的角度来看）将很容易穿透此类防御。我们引入了一个攻击者最佳策略的形式化概念，来表明攻击者要找到最优化的策略其实并不容易，并且开发了一个适用于攻击者的算法。

此外，我们还提出了以下问题：给定一组公开信息，如对漏洞进行补丁修复的成本（任何人都可以容易地做出推断），攻击者会采用什么策略来将其可造成的预期破坏最大化？掌握这一点后，防御者可以提出可最大限度地减少攻击者可能造成的预期损害的防御策略。我们允许防御方做两件事：(i) 停用某些产品（如这些产品存在严重的漏洞），以减小攻击的影响；（ⅱ）对某些漏洞进行补丁修复。第一个做法将会对复杂组织体的生产力产生影响，而第二个会增加时间和费用成本。我们将防御方的最优策略定义为帕累托优化问题，进而展现如何为防御方找到最优的策略组合。攻击方的目标是找到预期影响最大化的攻击活动方式，防御方的目标是采取措施将攻击方所能造成的最大影响降至最低，我们通过研究得出了一些与这两个目标相关的复杂结果。

我们在 4 个真实的漏洞依赖关系图（攻击图的更通用版本）上对自己的算法进行了测试。结果表明，我们的算法在真实网络上可以在合理的时间内完成计算，并为复杂组织体的安全负责人提供不同的操作选择，从而最大限度地提高生产力并最大限度地降低预期的攻击影响。在我们的原型实现中，即使在大型漏洞依赖关系图包含3万条边的情况下，所有计算的正常运行时间都在可接受范围内，并且在保障复杂组织体生产力的目标与降低攻击影响的目标之间进行取舍平衡也是可以接受的。

8.2.4　通过大规模半监督学习为安全增强型 Android 系统实现自动化策略分析与完善

在这项工作中，我们重点关注对访问控制系统所生成的审计日志的自动化分析。对于很多用户而言，几个月或几年内，此类日志记录的条目数可能达到数百万或更多。通过此类自动化分析，我们希望能够得到的输出结果是一种安全策略，可以由某种形式的强制访问控制机制来进行解析和实现强制执行。

由 SELinux 强制执行的强制访问控制（MAC），相较于自主访问控制（DAC）有许多优势。但是，由于难以对安全策略进行创建、理解、优化和维护，因此通常会关闭强制访问控制机制，或者仅仅使用一些较弱的通用策略，但这无法有效防止滥用操作。理论上，如果可以预先识别出每个可安装软件可能执行的所有非恶意访问操作，则可以据此推导出一个适当的安全策略，允许且仅允许进行这些非恶意的访问操作。但遗憾的是，这是一个不现实的目标。

然而，还是有一种现实的方法。在一段足够长的时间内，通过对大量用户的访问操作进行记录，可以采集到实际使用中所需的大多数访问操作，然后对这些信息进行处理，可以推导出相应的安全策略。但必须先解决以下几个问题。

（1）是否能够将正常用户和软件执行的操作，与恶意软件执行的操作区分开来？

（2）能否自动生成允许正常访问并阻止恶意访问的安全策略，而且所生成的策略既具有人工可读性，同时也能够被高效地强制执行？

（3）这种方法是否能通过规模扩展以处理更长时间段内采集到的来自数百万用户的信息？

（4）安全分析人员是否认为这种自动生成的安全策略与人工编写的策略相比，质量相当或更好？

我们使用 Android 智能手机上的一个演示系统来对此问题进行研究。通过与三星的合作，我们获得了从几百万用户（经其许可后）那里收集的丰富的用户访问操作数据集。我们提出并评估了一种自动创建安全策略的方法，此类安全策略可以由 Android 设备的强制访问控制层（SEAndroid）来强制执行。这个方法能够解决上述研究问题，但存在一些局限性。

半监督学习是一种机器学习机制，它的训练基于标记数据（由监督学习使用）和未标记数据（由无监督学习使用）。通常在标记数据不足且收集成本偏高，而同时存在大量可用的未标记数据时，才使用半监督学习。半监督学习工具通过将未标记数据的特征与标记数据进行关联，可以推断出具有强关联性的未标记实例的标记。通过这样的标记机制，可以对标记数据集的规模进行扩充，用于进一步重新训练并提高学习的准确性。半监督学习适用于信息提取和知识库的构建。我们假设安全策略开发和完善过程与半监督学习过程类似。安全分析人员将他们对各种访问模式的知识编码到策略中，并通过检查分析审计日志来完善这些知识。由于人工通常很难及时准确地完成上述手工的策略开发与完善过程，因此安全策略通常会被设置得过于宽松。半监督学习可以将这一过程自动化，并在政策优化中实现规模可扩展性。

机器学习的输入是现有的安全策略（如果存在）和用户设备上的一系列访问事件记录。每个访问事件条目都标示出了主体（进程或应用程序）、对象（文件或系统资源），以及主体在该对象上请求的执行操作类型。要注意的是，审核日志可能同时包含恶意软件、非恶意软件与用户的访问尝试。显而易见的是，非恶意访问比恶意访问尝试更多，而通过自动化方法能够对恶意访问的独特特征进行学习。

这里提出的方法使用了 3 种机器学习算法，考虑到了知识库和审计日志的不同视角。这些算法的输出被反馈到一个将新知识进行组合并添加到知识库的组合器中。该学习过程将进行多次迭代，直到不能再从当前的审计日志输入中提取出任何新知识为止。最后，策略生成器输出对安全策略的完善及改进建议。该方法在 SEAndroid 平台上进行了测试，输入数据集包含超过 14 MB 的被拒绝访问事件，以及包含 5000 多个安全规则的初始安全策略。结果显示，该方法将 200 多种当前 SEAndroid 策略允许的访问类型识别为恶意访问。这些访问中很多已经被确认为从未被识别（因此没有被防范）的 Android 设备攻击行为。

8.3 方向 3 的研究成果

使用贝叶斯网络实现网空态势感知

我们探索了两种使用贝叶斯网络（BN）实现网空态势感知的方法（如参考资料[26]）：（ⅰ）构建跨层的贝叶斯网络，推断出云环境中企业网络"岛屿"之间的隐蔽连接"桥梁"；（ⅱ）使用贝叶斯网络实现自动化的异构证据融合，以检测发现零日攻击的路径。

推断云环境中的隐蔽连接"桥梁"

在云环境中实现网空态势感知，是一个非常重要的新兴研究领域。企业等复杂组织体已开始将部分 IT 系统（如 Web 服务器、邮件服务器等）从传统基础设施环境迁移到云计算环境中。而公有云则可以为许多企业提供虚拟的基础设施。除了一些公共服务，企业网络①就像是云环境中的孤立的岛屿：应当禁止从外部网络连接到受保护内部的网络。因此，对应于企业网络中多步骤攻击利用序列的攻击路径，也应该被限制在该"岛屿"内部。但是，随着企业网络被迁移到云端，并使用虚拟机取代了传统物理主机，在孤立的企业网络"岛屿"之间可能会构建一些隐蔽连接的"桥梁"。通过这些"隐形桥梁"，原先限制在企业网络内部的攻击路径，能够跨越至云环境中的另一个企业的网络。换句话说，这些"隐形桥梁"是在云环境中不同网络之间存在的隐蔽信息隧道，而且安全传感器无法监测到这些隧道的存在，因此应该禁止此类隧道的存在。"隐形桥梁"主要通过攻击，利用对于漏洞扫描器来说是未知的漏洞而得以构建。孤立的企

---

① 可以理解为多租户云环境中一个租户的网络。——审校者注

业网络"岛屿"被这些隐蔽隧道连接在一起,通过这些隧道可以非法获取、传递或交换信息(数据、命令等)。

在这项工作中,我们构建了跨层的贝叶斯网络,以推断云环境中企业网络"岛屿"之间的"隐形桥梁"。我们取得了如下的主要成果。第一,我们发现可以通过公有云环境的两个独特功能来构建"隐形桥梁":(i)允许云用户创建并与其他用户共享虚拟机镜像(VMI);(ii)不同租户拥有的虚拟机可以共存于同一台物理主机上。第二,我们通过在 MulVAL(一种攻击图生成工具)中制定新的交互规则来构建云环境级别的攻击图。云环境级别的攻击图可以发现由于"隐形桥梁"而发生的潜在攻击活动,并揭示之前可能被单个的企业网络层级攻击图所遗漏的隐藏的可能攻击路径。第三,我们基于所构建的云环境层级的攻击图,通过识别出 4 种类型的不确定性,构建了跨层的贝叶斯网络。只要提供来自其他入侵步骤的支撑证据,跨层的贝叶斯网络就能够推断出"隐形桥梁"的存在。贝叶斯网络有两个输入:网络部署模型(网络连接、主机配置和漏洞信息等)和证据。贝叶斯网络的输出是特定事件发生的概率,如建立"隐形桥梁"的概率,或 Web 服务器被攻击控制的概率。

在我们的评估试验中,考虑了 3 个主要的企业网络,假设为 A、B 和 C。A 网络和 B 网络都被部署在云环境中,而 C 网络则部分被部署在云环境中,部分被部署在传统基础设施上(如服务器位于云端,而工作站位于传统网络中)。攻击活动包含由攻击者执行的 7 个步骤。在这种情况下,建立了两个"隐形桥梁":一个是通过对未知漏洞进行攻击而建立的从互联网到 A 网络的"隐形桥梁";另一个是利用虚拟机并存在于 B 网络和 C 网络之间建立的"隐形桥梁"。这一攻击路径跨越了位于同一个云环境中的 3 个企业网络,并延伸到 C 的传统网络。我们构建了一个具体的跨层贝叶斯网络,并考虑到了"隐形桥梁"的存在,所用的云环境级别的攻击图有能力揭示出潜在的隐藏攻击路径。我们进行了 4 组模拟试验,每组都有一个特定的目的。结果表明:(i)"隐形桥梁"存在的概率最初非常低,随着收集的证据越来越多,该概率从 34% 增至 88%;(ii)贝叶斯网络可以将全部证据结合起来并给出相对正确的答案;(iii)在证据顺序不断变化的情况下,贝叶斯网络仍然可以给出可靠的结论。

检测发现零日攻击路径

由于大型企业网络中的网空态势感知是通过对多个数据源的综合分析而获

得的，因此证据融合是一项至关重要的网空态势感知能力。在研究文献中，已经存在各种同质证据的融合技术（如告警关联）。但自动化的异构证据融合仍是一个未得到充分研究的领域。在实践中，异构证据的融合主要依赖于安全分析人员使用手工制定的 SIEM 规则，而且制定高质量 SIEM 规则的成本非常高。

在这项工作中，我们迈出了第一步，使用贝叶斯网络进行证据融合，以检测发现企业网络中的零日攻击路径。对零日攻击的检测发现，这是尚待解决的具有挑战性的网空态势感知问题。零日攻击通常是由于存在未知漏洞而变得可能。攻击者与防御者之间存在的信息不对称关系，使得零日攻击极难被发现。基于特征的检测方法假定每个漏洞都有一个可用的检测特征，因此无法对未知漏洞进行检测。基于异常的检测方法有可能检测到零日攻击，但这个方法的误报率很高。

考虑到对单个零日漏洞攻击利用行为的检测极其困难，一个更可行的策略是对零日攻击路径进行识别。在现实网络世界中，攻击行动由一系列串接在一起的攻击行为组成，这些行为形成了攻击路径。每个攻击链都是攻击利用行为的偏序集合，其中每个行为都攻击利用了某个漏洞。零日攻击路径是包含一个或多个零日漏洞攻击利用行为的多步骤攻击路径。处理零日攻击路径的关键见解，来自对其连锁效应的分析。通常情况下，零日攻击链不太可能是"100%零日"，即攻击链中的每个攻击利用行为都是对零日漏洞的攻击利用。因此，防御方可以假设：（i）攻击链中的非零日攻击利用行为是可被检测的；（ii）这些可检测到的攻击利用行为与攻击链中的零日攻击利用行为具有某些连锁关系。因此，将一个路径上检测到的非零日攻击利用片段连接起来，是发现同一攻击链上零日攻击利用片段的有效方法。

告警关联与攻击图都是生成潜在攻击路径的可行方法，但它们在揭示零日攻击路径方面的作用仍然非常有限。其主要原因是它们只能进行同质证据融合，而在异质证据融合方面能力非常有限。一个重要的研究发现是，零日攻击路径的检测发现需要进行异质证据融合，而同质证据融合则是完全不足够的。

我们发现，贝叶斯网络确实可以包含防御方所掌握的关于零日攻击路径的所有类型的信息；我们还观察到，基于贝叶斯网络的方法是具有弹性的。只要获得关于零日攻击的新知识，就可以将其包含到贝叶斯网络中。如若发现存在错误的知识，也可以轻松地将其从中删除。基于这些观察，我们开发了一种新技术——使用贝叶斯网络进行异质证据融合，以检测发现企业网络中的零日攻击路径。我们提出通过引入对象实例图在系统对象层级构建贝叶斯网络。我们设计、使用并评估了一个名为 ZePro 的系统原型，它可以有效地自动识别出零日攻击路径。

8.4 方向 4 研究成果

使用系综集合方法实现基于 Web 的 Snort 告警数据可视化

我们首先开发了一个网络流（NetFlow）可视化工具[10]。该工具将相关联的网络流与 Snort 告警数据可视化为图表形式（如条形图和散点图），选用这种简单设计的原因是能够得到安全分析人员的充分认可与理解，而且这个方法已经被安全分析人员有效用于完成此类分析任务。基于旨在符合安全分析人员工作流与心智模式的建构工具模型，每个安全分析人员都可以很好地控制图形轴上的数据属性，以及在图形的不同位置上应聚合哪些数据。

接下来，我们扩展了对如何在可视化工具中应用系综集合可视化技术的研究。系综集合可视化，主要研究对非常巨大的数据集进行可视化的问题，组成这些数据集的"成员"代表着事件或在数据中片段式重复出现的事件。在物理科学界，系综集合通常被用于对仿真数据进行编码，其中每个成员都代表着具有特定输入参数的一次仿真运行。在网空安全的环境中，系综集合可以是一批网络数据，其中每个成员代表特定类型的疑似攻击，或代表与某一特定类型的活动存在相关性的一批网络流量数据。

然后，在最初的基于图表的网络流可视化工具的基础上，我们开发了一个基于 Web 的应用程序原型，将网络流与 Snort 告警表示为系综集合①成员，然后用系综集合可视化方法来呈现这些数据。该过程涉及两个重要的挑战：（i）设计一种表示网络安全数据的方法，须符合系综集合可视化技术对"系综集合成员"输入的要求；（ii）以现有的系综集合可视化方法为基础，采用视觉方式呈现网络流与 Snort 告警数据，从而有效地支持网络安全分析人员的工作。

为应对这些挑战，我们开发了以两种不同方式在时变性系综集合成员中识

---

① 在统计物理中，系综（ensemble）代表一定条件下一个体系的大量可能状态的集合。但是在可视化领域，通常将 ensemble 简化翻译为集合。考虑到本文的上下文语境，对上述两种翻译方式进行综合，将 ensemble 翻译为系综集合。——审校者注

别出模式的方法。这使得系综集合方法更适用于网空态势感知领域，因为对网络数据的分析无一例外地都需要对时间维度进行考虑。这些方法都通过扩展被整合进我们基于系综集合的网络分析框架。

9   结论

网空态势感知是网空安全这一广泛研究领域中的一个新兴分支。在本文中，我们对该技术进行了概括描述，并至少在一个较高阶的层面探讨了如何获得网空态势感知。本文论述了网空态势感知的概念、对其进行研究的原因、研究目标、科学性原则以及研究方法等。

我们要感谢美国陆军研究办公室（ARO）对这个 MURI 项目所做出的资助。该项研究工作被 ARO 授予的编号为 W911NF-09-1-0525。

参考资料

[1]   Albanese,M.,Cam,H.,Jajodia,S.: Automated cyber situation awareness tools for improving analyst performance. In: Pino,R.E.,Kott,A.,Shevenell,M.(eds.) Cybersecurity Systems for Human Cognition Augmentation. Advances in Information Security,vol. 61,pp. 47–60. Springer,Cham(2014)

[2]   Albanese,M.,Jajodia,S.,Noel,S.: Time-efficient and cost-effective network hardening using attack graphs. In: Proceedings of the 42nd Annual IEEE/IFIP International Conference on Dependable Systems and Networks(DSN 2012),25–28 June, Boston,Massachusetts, USA(2012)

[3]   Albanese,M.,Molinaro,C.,Persia,F.,Picariello,A.,Subrahmanian,V.S.: Finding unexplained activities in video. In: Proceedings of 2011 International Joint Conference on Artificial Intelligence,accepted for both a talk and poster presentation,Barcelona,July 2011

[4]   Albanese,M.,Molinaro,C.,Persia,F.,Picariello,A.,Subrahmanian,V.S.: Discovering the top-k unexplained sequences in time-stamped observation data. IEEE Trans. Knowl. Data Eng. 26(3),577–594(2014)

[5]   Chen,P.-C.,Liu,P.,Yen,J.,Mullen,T.: Experience-based cyber situation recognition using relaxable logic patterns. In: The 2nd IEEE International Conference on Cognitive Methods in Situation Awareness and Decision Support (CogSIMA 2012),New Orleans,LA,6–8 March 2012(2012)

[6]   Dutt,V.,Ahn,Y.,Gonzalez,C.: Cyber situation awareness: modeling detection of cyber attacks with instance-based learning theory. Hum. Factors 55(3),605–618 (2013)

[7]   Dai,J.,Sun,X.,Liu,P.,Giacobe,N.: Gaining big picture awareness through an interconnected cross-layer situation knowledge reference model. In: ASE International Conference on Cyber Security,Washington DC,14–16 December(2012)

[8]   Gardner,H.: The Mind's New Science: A History of the Cognitive Revolution. Basic Books,New York(1987)

[9]   Giacobe,N.A.,McNeese,M.D.,Mancuso,V.F.,Minotra,D.: Capturing human cognition in cyber-security simulations with NETS. In: 2013 IEEE International Conference on Intelligence and Security Informatics(ISI),4–7 June 2013,pp. 284–288(2013)

[10]   Healey,C.G.,Hao,L.,Hutchinson,S.E.: Visualizations and analysts. In: Erbacher, R.,Kott, A.,Wang,C.(eds.) Cyber Defense and Situational Awareness. Advances in Information Security,vol. 62,pp. 145–165. Springer,Cham(2016)

[11]   Hart,S.G.,Staveland,L.E.: Development of NASA-TLX(Task Load Index): results of empirical and theoretical research. Adv. Psychol. 52,139–183(1988)

[12]   Jariwala,S.,Champion,M.,Rajivan,P.,Cooke,N.J.: Influence of team communication and coordination on the performance of teams at the iCTF competition. In: Proceedings of the 56th Annual Conference of the Human Factors and Ergonomics Society,Human Factors and Ergonomics Society,Santa Monica(2012)

[13]   Jariwala,S.,Champion,M.,Rajivan,P.,Cooke,N.J.: Influence of team communication and coordination on the performance of teams at the iCTF competition. In: Proceedings of the 56th Annual Conference of the Human Factors and Ergonomics Society,Human Factors and Ergonomics Society,Santa Monica(2016)

[14]   Zhao,M.,Grossklags,J.,Liu,P.: An empirical study of web vulnerability discovery ecosystems. In: ACM CCS(2015)

[15]   Molinaro,C.,Moscato,V.,Picariello,A.,Pugliese,A.,Rullo,A.,Subrahmanian, V.S.: PADUA: a parallel architecture to detect unexplained activities. ACM Trans. Internet Technol. 14,3(2014)

[16]   Natrajan,A.,Ning,P.,Liu,Y.,Jajodia,S.,Hutchinson,S.E.: NSDMine: automated discovery of network service dependencies. In: Proceedings of the 31st Annual International Conference on Computer Communications(INFOCOM 2012),25–30 March 2012,Orlando,Florida(2012)

[17]   Peddycord III,B.,Ning,P.,Jajodia,S.: On the accurate identification of network service dependencies in distributed systems. In: Proceedings of the USENIX 26th Large Installation System Administration Conference(LISA 2012),San Diego, CA,9–14 December(2012)

[18]   Rimland,J.,Ballora,M.: Using complex event processing(CEP) and vocal synthesis techniques to improve comprehension of sonified human-centric data. In: Proceedings of the SPIE Conference on Sensing Technology and Applications,vol. 9122,June 2014

[19]   Rajivan,P.,Cooke,N.J.: A methodology for research on the cognitive science of cyber defense. J. Cognit. Eng. Decis. Making Special Issue on Cybersecurity Decision Making(2016)

[20]   Rajivan,P.,Shankaranarayanan,V.,Cooke,N.J.: CyberCog: a synthetic task environment for studies of cyber situation awareness. In: Presentation and Proceedings of 10th International Conference on Naturalistic Decision Making (NDM),May 31-June 3,Orlando,FL(2011)

[21]   Serra,E.,Jajodia,S.,Pugliese,A.,Rullo,A.,Subrahmanian,V.S.: Pareto-optimal adversarial defense of enterprise systems. ACM Trans. Inf. Syst. Secur. 17(3)(2015)

[22]   Scielzo,S.,Strater,L.D.,Tinsley,M.L.,Ungvarsky,D.M.,Endsley,M.R.: Developing a subjective shared situation awareness inventory for teams. In: Proceedings of the Human Factors and Ergonomics Society Annual Meeting,vol. 53,no. 4,pp. 289–293. SAGE Publications,Los Angeles(2009)

[23]   Taylor,R.M.: Situational awareness rating technique(SART): the development of a tool for

aircrew systems design. In: Situational Awareness in Aerospace Operations (AGARD-CP-478),pp. 3/1–3/17,Neuilly Sur Seine,NATO –AGARD, France(1990)

[24] Tadda,G.P.,Salerno,J.S.: Overview of cyber situation awareness. In: Jajodia, S.,Liu,P.,Swarup, V.,Wang,C.(eds.) Cyber Situational Awareness. Advances in Information Security,vol. 46,pp. 15–35. Springer,Heidelberg(2009)

[25] Wang,R.,Ning,P.,Xie,T.,Chen,Q.: MetaSymploit: day-one defense against script-bases attacks with security-enhanced symbolic analysis. In: Proceedings of 22nd USENIX Security Symposium(Security 2013),August 2013

[26] Xie,P.,Li,J.H.,Ou,X.,Liu,P.,Levy,R.: Using bayesian networks for cyber security analysis. In: Proceedings of IEEE DSN-DCCS(2010)

[27] Zhong,C.,Kirubakaran,D.S.,Yen,J.,Liu,P.,Hutchinson,S.,Cam,H.: How to use experience in cyber analysis: an analytical reasoning support system. In: Proceedings of IEEE Conference on Intelligence and Security Informatics(ISI)(2013)

[28] Zhong,C.,Samuel,D.,Yen,J.,Liu,P.,Erbacher,R.,Hutchinson,S.,Etoty,R., Cam,H.,Glodek,W.: RankAOH: context-driven similarity-based retrieval of experiences in cyber analysis. In: Proceedings of IEEE CogSIMA Conference(2014)

[29] Zhong,C.,et al.: Studying analysts data triage operations in cyber defense situational analysis. In: Liu,P.,Jajodia,S.,Wang,C.(eds) Theory and Models for Cyber Situation Awareness. LNCS,vol. 10030,pp. 128–169. Springer,Cham(2017)

计算机与信息科学

一个网空态势感知的整合框架

Sushil Jajodia，Massimiliano Albanese

美国乔治梅森大学安全信息系统中心

摘要： 在本文中，我们提出了一个框架，该框架整合了一系列技术和自动化工具，旨在大幅度加强网空态势感知过程。这个框架结合了我们开发的理论和工具，能够自动高效地回答安全分析人员[①]可能在网空态势感知领域中提出的一些基本问题。本文中的大部分研究内容都是作者在多学科大学研究倡议项目中的工作成果。该项目由美国陆军研究办公室赞助。作者在本文中提出了学术界在这一领域面临的关键挑战，并描述了我们在克服这些挑战方面取得的主要成果。

1 引言

在通常情况下，网空态势感知过程可以看作包含态势观察、态势理解和态势预测 3 个阶段。态势观察提供环境中相关元素的状态、属性和动态信息。态势理解包括人们如何组合、解释、存储和留存信息。态势预测对环境（态势情境[②]）中的元素在不久的将来的状态做出预测，涉及在通过感知和理解所获得知识的基础上进行预测的能力。

为了做出合理的决策，安全分析人员需要了解当前的态势情境、攻击的影响和演化、攻击者的行为、可用信息和模型的质量，以及当前态势情境未来可能的合理走向。他们可能会问的一些问题包括：是否存在持续进行中的攻击活动？如果存在，攻击者在哪里？可用的攻击模型是否足以用于理解所观察到的

---

① 此处翻译为"分析人员"，更加体现出运行操作层面的特点。——审校者注
② 由于在日常语境中"态势"存在着宏观的含义，直接这么翻译可能会造成错误理解（地图炮类型的"宏观态势"）。因此，翻译为"态势情境"（其实两部分都是 situation 的中译），这样可以在不改变原义的情况下摆脱宏观的歧义，而凸显出符合态势感知理论的中观特点。——审校者注

态势情境？是否能预测攻击者的行动目标？如果可以预测，怎样才能够阻止攻击者达成行动目标？

在本文中，我们将描述几种能够辅助形成特定类型网空态势感知并加以利用的技术、机制和工具。该框架采用自动化方式来解决许多传统上需要由安全分析人员和其他人员大量参与的问题，旨在加强传统的网空防御过程。理想情况下，我们设想从当前的"人在环中"（人工干预）模式的网空防御方法，演进成"人在环上"（人工指导）模式的方法，其中安全分析人员只需要负责对自动化工具生成的结果进行检查验证或清理修改，而不是被迫对大量日志条目和安全告警进行梳理[①]。

本文其余部分结构如下：第 2 节将讨论网空态势感知过程，第 3 节将给出我们贯穿本文使用的一个启发案例，第 4 节将介绍我们提出的网空态势感知框架，第 5 节将详细讨论我们的研究进展和重要成果，第 6 节将给出结论。

2　网空态势感知过程

安全分析人员——或网空防御分析人员——在与维持企业等复杂组织体安全相关的所有操作运行方面都扮演着重要角色。安全分析人员还负责对威胁环境进行研究，以关注该组织将会面对的新出现的威胁。然而，考虑到自动化领域的现有发展水平，IT 安全在操作运行方面仍然是非常耗时的，这导致在大多数现实场景中安全分析人员无法面向外部威胁环境关注对新出现的威胁的防御。因此，我们设想的场景，即由自动化工具替代安全分析人员对大量数据进行收集和预处理，将会是一个非常值得期待的场景。理想情况下，这样的工具应该能够自动回答安全分析人员可能提出的关于当前态势情境、攻击活动的影响和演化、攻击者的行为、可用信息和模型的质量以及当前态势情境的合理可能的未来走向等方面的绝大多数问题。下文中，我们将定义一系列的基础问题，而作为一个有效的网空态势感知框架必须能够对这些问题做出回答。对于每组

---

① 这项工作在一定程度上得到了美国陆军研究办公室（MURI 项目授予编号 W911NF-09-1-0525 和 W911NF-13-1-0421）与美国海军研究办公室的支持（资助授予编号 N00014-15-1-2007）。
©施普林格国际出版公司 2017 年
P. Liu 等（编）：网络定位意识，LNCS 10030，第 29—46 页，2017。
DOI: 10.1007 / 978-3-319-61152-5_2

问题，我们都列出了其对应的网空态势感知过程输入与输出内容，并简要解释了通过回应每一组问题所能获得的态势感知的生命周期。

（1）**当前的态势情境**。是否存在持续进行中的攻击活动？如果存在，入侵行动处于什么阶段，以及攻击者在哪里？

要回答这组问题，意味着需要能够对持续进行中的入侵行动进行有效检测，并识别出可能已经被攻击控制的资产。关于这些问题，一方面，网空态势感知过程的输入由 IDS 日志、防火墙日志和来自其他安全监测工具的数据所表示。另一方面，网空态势感知过程的输出是当前侵入活动的详细描绘。随着入侵者不断侵入系统，如果不及时采取行动或不频繁更新，这种类型的网空态势感知很快就可能不再适用。

（2）**影响**。攻击活动如何对组织和工作任务产生影响？我们能否对损害进行评估？

要回答这组问题，意味着要具备对持续进行中的攻击活动到目前为止所造成的影响进行准确评估的能力。在这种情况下，网空态势感知过程就需要掌握组织机构的资产情况，以及对每个资产价值的评估度量。基于这些信息，网空态势感知过程的输出就是对持续进行中的攻击活动到目前为止所造成的损害的预估。因为损害情况会随着攻击活动的进展而变得愈加严重，所以与前一组问题类似，这类网空态势感知必须得到频繁更新，才能持续保证其有效性。

（3）**演化**。态势情境会如何演化？我们能够跟踪到所有的攻击活动步骤吗？

要回答这组问题，意味着一旦检测到持续进行中的攻击活动，就要有能力对这些攻击活动进行监测。在这种情况下，网空态势感知过程的输入是回答上述第一组问题所形成的态势感知（状态），而输出的结果则是对攻击活动进展过程的细致理解。开发这种能力，能够有助于解决在上文中所强调的关于"有效期"的制约因素，并能够对通过回答前两组问题所产生的态势感知（状态）进行更新。

（4）**行为**。预期中，攻击者会有怎样的行为？攻击者的策略是什么？

要回答这组问题，意味着为了理解攻击者的行动目标与策略，需要具备对攻击者行为建模的能力。理想情况下，这组问题所对应的网空态势感知过程的输出是攻击者行为的一系列形式化模型（如博弈论模型、随机模型）。攻击者的行为可能会随着时间的推移而改变，因此这些模型需要适应不断变化的对抗环境。

（5）**取证**。攻击者是如何达到当前态势情境的？攻击者试图达到什么目标？

要回答这组问题，意味着为了理解攻击活动是如何发起和演化的，需要具备在攻击事件发生后分析日志记录并与观察结果进行关联的能力。虽然并非绝对必要，但结合回答第四组问题所形成的态势感知（状态），将有益于对应本组问题的网空态势感知过程。在这种情况下，网空态势感知过程的输出包括对那些使攻击活动的发生成为可能的弱点与漏洞的详细理解。这些信息可以帮助安全工程师和管理员对系统配置进行防护加固，以防止类似安全事件在未来再次发生。

（6）**预测**。我们能否预测当前态势情境的合理可能未来走向？

要回答这组问题，意味着需要预测攻击者可能采取下一步行动的能力。对于这组问题，网空态势感知过程的输入，表现为回答第一组（或第三组）以及第四组问题所形成的态势感知（状态），即对当前态势情境（及其演化情况）的理解，以及对攻击者行为的理解。输出的是在未来会成为现实的可能替换场景。

（7）**信息**。我们可以依赖哪些信息源？我们能否对它们的质量进行评估？

要回答这组问题，意味着需要具备对所有其他分析任务所依赖的信息源质量进行评估的能力。关于这组问题，网空态势感知过程的目标是细致了解如何在处理信息时对所有的不同信息源进行加权衡量，从而回答总体网空态势感知过程旨在回答的所有其他各组问题。通过对每个信息源做出可靠性评估，能够使自动化工具为发现的每个结果附上置信度评分。

从我们的讨论中可以清晰地发现，其中一些问题是紧密相关的，而且对其中一些问题做出回答的能力，可能取决于回答其他问题的能力。正如我们前面所讨论的，预测攻击者可能采取下一步行动的能力，取决于对攻击者行为建模的能力。一个会影响网空态势感知过程所有其他方面的横向问题是规模可扩展性。考虑到回答所有这些问题会涉及庞大的数据量，我们需要定义的方法不仅应当有效，而且在计算上也应当高效率。在大多数情况下，如果不能及时做出决定，那么可能更应当在合理的时间内确定一套合适的行动方案，而不是执着于寻找最佳的行动方案。

综上所述，网空防御背景下的态势感知过程需要生成一个知识体并对其进行维护，该知识体为网空防御过程的所有主要功能提供信息，并经由这些主要功能（反馈）而得到增强[1]。态势感知是由不同的机制和工具所生成的，同时也被这些机制和工具所使用，目的在于回答安全分析人员在执行工作任务时经常会提出的上述 7 组问题。

3 启发案例

我们将图 1 所示的网络作为一个启发案例，并将会在本文中经常提到这个网络。该网络提供两种面向公众的服务，即在线购物服务和移动端订单跟踪服务，它由被防火墙分隔开的 3 个子网组成。在前两个子网里实现了上述两种服务，其中每个子网都包含一个可从互联网访问的主机。在第三个子网里实现了核心业务逻辑，并包含一个中心数据库服务器。攻击者如果想从主数据库服务器窃取敏感数据，就需要突破多个防火墙，并在到达目标主机之前获得多个主机上的特权权限。

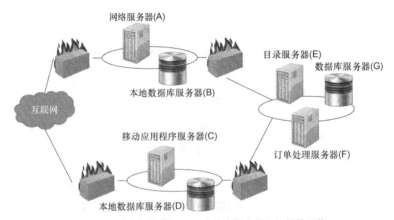

图 1 启发案例：提供两种面向公众服务的组织结构网络

由于攻击者可以利用网络配置和漏洞之间复杂的相互依赖关系来渗透看似戒备森严的网络，在对网络漏洞进行深入分析时必须考虑攻击者的攻击利用行为针对的不仅仅是孤立漏洞，而可能是漏洞组合。因此，为了研究任何企业网络中所存在漏洞的全貌，我们将大量使用攻击图的形式，通过对攻击者能够在网络进行渗透的路径进行列举，揭示出潜在的威胁[8]。

图 1 所示网络对应的攻击图如图 2 所示。这张攻击图显示，一旦移动端应用服务器（主机 h_C）上的漏洞 V_C 被攻击利用，我们可以预期攻击者会进一步攻击利用主机 h_D 上的漏洞 V_D 或主机 h_F 上的漏洞 V_F。然而，攻击图本身并不能回答以下重要问题：哪个漏洞有最大的可能性被攻击利用？哪种攻击模式对网络所提供的两个服务的影响最大？我们如何缓解风险？我们的框架正是被设计用于有效率地回答这些问题。

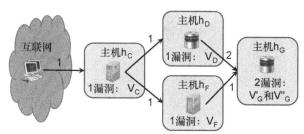

图 2　启发案例中网络对应的攻击图

4　网空态势感知框架

本文所提出的网空态势感知框架如图 3 所示。我们首先对网络拓扑结构、已知漏洞、可能的零日漏洞（必须假设其存在）及它们之间的相互依赖关系进行分析。漏洞通常是相互依赖的，这使得传统的点到点漏洞分析无效。我们基于拓扑的漏洞分析方法能够生成精确的攻击图，展现出网络中所有可能的攻击路径。

视抽象程度而定，攻击图中的一个节点可能代表子网络、单个主机或单个软件应用程序中的一个可利用漏洞（或者是一个可利用漏洞组合）。图中的边则代表漏洞之间的因果关系。比如，从节点 V_1 到节点 V_2 的一条边表示在攻击利用了 V_1 之后可以进一步攻击利用 V_2。

我们还会进行依赖关系分析，以发现服务和/或主机之间的依赖关系，并推导生成依赖关系图，由此对这些组件的相互依赖关系进行编码。对于评估由持续进行中的攻击活动所造成的当前损害（比如，由于攻击活动而被中断的服务的价值或效用），以及对于评估未来的攻击活动损害（比如，如果不采取行动，未来将会被中断的额外服务的价值或效用）而言，依赖关系分析都是至关重要的。事实上，在复杂的企业中，许多服务都可能会依赖于其他服务或资源的可用性。因此，它们可能因为所依赖的服务或资源被攻击控制而受到间接影响。

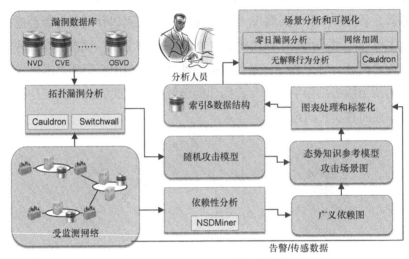

图 3 本文所提出的网空态势感知框架

图 1 所示网络对应的依赖关系如图 4 所示。从图中可以看出，在线购物和移动端订单跟踪这两种服务分别依赖于主机 h_A 和 h_C。主机 h_A 依赖于本地数据库服务器 h_B、主机 h_E 和主机 h_F，主机 h_C 依赖于本地数据库服务器 h_D 和主机 h_F。同样，h_B、h_D、h_E 和 h_F 依赖于数据库服务器 h_G，而 h_G 看来是最关键的资源。

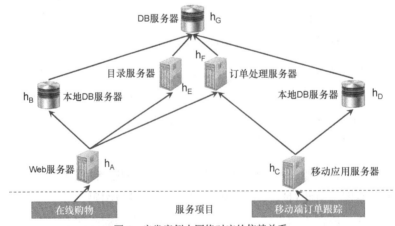

图 4 启发案例中网络对应的依赖关系

通过将依赖关系图与攻击图中包含的信息引入被称为攻击场景图的模型中，针对当前态势情境的每个可能的未来结果，我们可以计算出持续进行中的攻击活动可能造成的未来损害的估算值。在实践中，所提出的攻击场景图消除了已知的漏洞（最低抽象层级）与任务或服务可能因为攻击利用此类漏洞而最终遭受的影响（最高抽象层级）之间在语义上存在的差距。图 1 所示网络对应的攻击场景如图 5 所示。在这个图中，左边是一个攻击图，它对系统中的所有漏洞及漏洞间关系进行建模；而右边是一个依赖关系图，它体现了服务和主机之间所有的显式和隐式依赖关系。从攻击场景图中节点到依赖关系图中节点的边体现出哪些服务或主机将直接受到一次成功的漏洞攻击的影响，并在边上标注相应的风险暴露因素，代表着一旦出现漏洞攻击利用后受影响资产所遭受的损害比例。

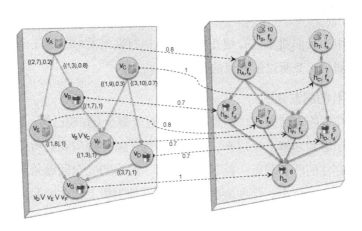

图 5　启发案例中网络对应的攻击场景示例

为了实现对多种攻击类型的并发监测，我们开发了基于图的全新数据结构，以及能对大量告警和事件数据进行实时索引的索引结构。我们还开发了高效的算法在这些数据结构上开展分析，以帮助对关于当前网空环境及其演化的问题做出自动回答。

此外，以上所描述的这些全新能力，已经被用于开发出一套附加的能力与工具，包括但不限于：基于拓扑的漏洞分析[6]、网络加固[3]和零日攻击分析[5]。第 5 节将对其中的一些能力与工具展开讨论。

综上所述，该框架可以为安全分析人员提供网空态势情境的高阶视图。从图 5 中的这个对只包含几个主机与服务的系统进行建模的简单例子可以清楚地看出，即使对于相对较小的系统来说，人工分析也可能会是非常耗时的。相反，图 5 中的图模型为安全分析人员提供了对态势情境非常清晰的视觉化理解，从而使安全分析人员能够专注于因为需要经验和直觉而更加难以自动化实现的更高阶分析任务。此外，还可以在此框架中开发出其他类型的自动化分析流程，从而在这些更高阶任务中支持安全分析人员的工作。比如，根据图 5 的攻击场景示例，我们可以自动生成一个排序列表，在其中列出推荐安全分析人员采取的最佳行动方案（如一系列的网络加固动作），从而在最大程度上减小持续进行中和即将开始进行的攻击行为所造成的影响。

5　研究进展和重要成果

在本节中，我们将重点介绍在研究项目执行期间所取得的主要成果，这些成果促成了对第 4 节所讨论框架的开发工作。

5.1　基于拓扑的漏洞分析

正如前几节所定义的，态势感知意味着对防御者（知晓己情）和攻击者（知晓敌情）的了解和理解。反过来，这意味着要了解并理解我们所要保护的计算基础设施中存在的所有弱点。就其本质而言，网络的安全问题是高度相互依赖的。每个主机易受攻击的程度取决于网络中其他主机上存在的漏洞。攻击者能够以意想不到的方式对漏洞加以组合，从而使他们可以逐渐深入渗透网络并攻击控制关键系统。为了保护关键基础设施网络，我们不仅必须了解系统漏洞的个体，而且还必须了解它们之间的相互依赖关系。虽然我们不能预测攻击活动的来源和发生时间，但通过了解网络中可能的攻击路径，我们可以降低攻击活动的影响。我们需要将原始的安全数据转化为路线图，使我们能够积极主动地针对攻击活动进行准备，管理漏洞风险，并获得实时的态势感知状态。我们不能完全依赖于手工过程和心智模型。相反，我们需要自动化工具来对漏洞依赖关系和攻击路径进行分析与可视化呈现，这样我们就可以了解总体的安全状况，并为完整的安全生命周期提供上下文环境。

有一种面向此类完整安全上下文环境的可行分析方法，被称为基于拓扑的漏洞分析方法（Topological Vulnerability Analysis，TVA）[6]。基于拓扑的漏洞分析方法需要监视网络资产的状态，维护网络漏洞和剩余风险的模型，并将这些模型组合起来，生成能够反映单个漏洞或漏洞组合对总体安全状况所造成影响的模型。这个工具的核心元素是攻击图，它展现出攻击者渗透网络的所有可能方式。采用基于拓扑的漏洞分析方法，能够在总体的网络安全上下文环境中审视漏洞及其对应的防护措施，并通过攻击图对它们之间的相互依赖关系进行建模。这种方法提供了一种独特的新能力，可以将原始安全数据转化为路线图，从而能够积极主动针对攻击活动进行准备、管理漏洞风险并获得实时的态势感知状态。它同时支持进攻性（如渗透测试）和防御性（如网络加固）应用场景。通过基于拓扑的漏洞分析，能够在网络上描绘出攻击路径，进而提供对单个漏洞和漏洞组合会如何影响总体网络安全的具体理解。比如，我们可以：（i）确定风险缓解举措是否会对总体安全产生显著影响；（ii）确定一个新的漏洞将在多大程度上影响总体安全；（iii）分析单个主机的变更将会如何增加企业的总体风险。

TVA 方法被实现为一个安全工具——CAULDRON[7]，它将原始安全数据转化为包含所有可能网络攻击路径的模型。在这个工具的开发过程中，已经解决了几个技术挑战，包括适当的模型设计、有效率的模型填充、有效果的可视化与决策支持工具，以及开发具有规模可扩展性的数学描述和算法。其结果是一个提供真正独特能力的工作软件工具。

图 6 展现了一个三主机网络〔分别称为 user(0)、user(1)和 user(2)〕的简化攻击图。矩形代表攻击者可能攻击利用的漏洞，椭圆形代表攻击利用漏洞所需要的安全条件（先决条件）或作为攻击利用结果而产生的安全条件（后置条件）。紫色椭圆形代表初始条件，这取决于系统的初始配置；蓝色椭圆形代表作为攻击利用结果而创建的中间条件。在本示例中，攻击者的目标是获得主机 2 上的管理权限，这个条件标示为 root(2)。在实践中，为了防止攻击者达成给定的安全条件，防御者必须防止对以攻击者目标条件作为后置条件的所有漏洞进行攻击利用。如，在图 6 的示例中，通过防止对 rsh(0,1)、rsh(2,1)、sshd bof(0,1)和sshd-bof(2,1)漏洞的攻击利用，可以阻止攻击者在标示为 user(1)的主机上获得用户权限。反之，为了防止对漏洞的攻击利用，必须使至少一个先决条件变得无

效。比如，在图 6 的示例中，可以通过使 trust(2,1)或 user(1)条件变得无效，来防止攻击者利用 rsh(1,2)漏洞。

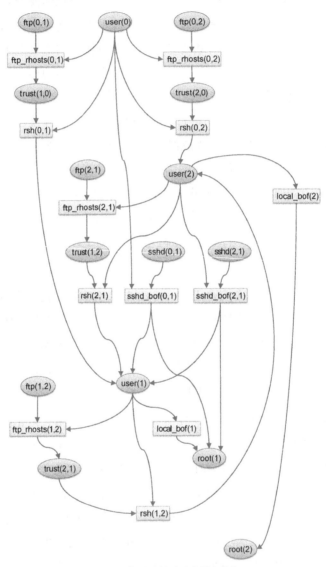

图 6　攻击图示例（见彩图文件）

通过对攻击图的分析，能够提供保证关键系统安全的多套备选保护措施。比如，在图 6 的示例中，为了阻止攻击者达成目标安全条件 root(2)，可以使以下两组初始条件中的一组条件变得无效：{ftp(0,2)，ftp(1,2)}或{ftp(0,2)，ftp(0,1)，sshd(0,1)}。

通过这种独特的新能力，管理员能够确定应该在其环境中应用的最佳保护措施组合。事实上，不同的保护措施可能具有不同的成本或影响，管理员可以根据这些变量来选择最佳选项。

然而，我们必须理解，并非所有的攻击活动都是可以预防的，即使采用了合理的保护措施，通常仍然存在一些残余漏洞。然后，我们依靠入侵检测技术来识别出实际的攻击实例。但是检测过程需要与残余漏洞联系起来，特别是那些位于基于拓扑的漏洞分析所发现的通往关键网络资源路径上的漏洞。如Snort 的工具可以分析网络流量，并实时识别出对未修补漏洞的攻击利用尝试，从而实现及时的响应和缓解工作。一旦发现攻击活动，就需要综合的能力来做出响应。采用基于拓扑的漏洞分析，通过对网络中可能存在的漏洞路径的理解，可以采取措施减少攻击活动所产生的影响。基于拓扑的漏洞分析中的攻击图，可用于进行跨平台和跨网络的网络攻击事件关联和聚合分析。这些攻击图还能够为针对持续进行中攻击活动做出最优化响应的防御行动提供必要的上下文信息。

综上所述，漏洞的拓扑分析对获得态势感知状态，或者更具体地说，对于掌握我们之前定义的"知晓己情"具有重要的作用。如果没有 CAULDRON 这样的自动化工具，则需要由安全分析人员来开展漏洞分析，这将是一项极其烦琐且容易出错的任务。从图 6 的示例中可以看出，即使是一个相对较小的网络，也可能会产生一个大而复杂的攻击图。随着 CAULDRON 等自动化工具的引入，安全分析人员的角色将转向更高阶的分析任务：安全分析人员能够面对一张漏洞路径的清晰图开展工作，而不需要他们去试图对单个漏洞进行分析与关联；安全分析人员需要验证工具发现的情况并按需进行钻取分析，而不需要手动将告警对应到可能的漏洞攻击利用[4]。虽然不会改变安全分析人员的最终任务与职责，但经过调整的工作角色要求他们能够通过培训来使用新的自动化工具并从中获益。最有可能的是，把那些重复性较高且较耗时的任务转为自动化实现，这将能够提高安全分析人员的工作效率，进而只需要较少的安全分析人员来对某些基础设施进行监控。

5.2 零日分析

正如前面所述,攻击者可以利用网络配置与漏洞之间复杂的相互依赖关系来渗透看似戒备森严的网络。除了众所周知的弱点,攻击者可能会攻击利用未知(零日)漏洞,甚至连开发人员也不知道这些漏洞的存在。对网络漏洞的深入分析必须考虑攻击者对漏洞的攻击利用行为不仅有孤立式的,也有组合式的。通过列举攻击者可用于渗透进入网络的潜在路径,攻击图能够揭示此类威胁。这有助于确定给定的一组网络加固措施是否为给定的关键资产提供安全保障。然而,攻击图只能提供定性的结果(安全或不安全),这可能使由此产生的加固建议是无效的或远非最佳的。

为了解决这些局限性问题,基于网络安全度量的传统方法,通常会根据每个漏洞的已知事实情况,将数字评分指派至漏洞,以表征漏洞的相对可利用性或被攻击利用的可能性。然而,由于漏洞未知且缺乏先前的知识或经验,因此这种方法显然并不适用于零日漏洞。事实上,对安全度量指标相关的现有工作的一个主要局限是,由于引入软件缺陷的过程以及发现并攻击利用漏洞的过程都具有可预测性较低的特质,因此零日漏洞是不可测量的[10]。最近的一些研究工作解决了上述局限性问题,提出了一个零日漏洞的安全度量指标,即 k-零日安全阈值(k-zero day safety)[14]。直观地说,这个度量指标基于攻击控制某一给定网络资产所需的独特零日漏洞数量。这个数值越大,表明相对越安全,因为不太可能同时存在大量可用的不同未知漏洞,同时这些漏洞都适用于相同的网络,并且可以被相同的攻击者所利用。然而,正如参考资料[14]中所示,计算 k 的确切取值是一个棘手的问题。Wang 等[14]假设存在一个完整的攻击图,但遗憾的是,在实践中[13],为较大型的网络生成零日攻击图通常是不可行的。这些事实构成了对此度量指标或其他任何基于攻击图的类似度量指标进行应用的主要制约。

为了解决现有方法的局限性问题,我们提出了一组有效率的解决方案[5],以将零日分析实际应用于现实规模的网络。这种方法将按需生成的攻击图与 k -零日安全阈值记录指标的评估结合在一起。首先,起始的问题是对于一个给定的 k 值,确定某个给定的网络资产是否至少是 k -零日安全的,这意味着该资产能够满足一些基准的安全要求①。换言之,为了渗透进入一个系统,攻击者必须能够

---

① 也就是说,需要采取一些安全配置或配置加固措施,减少网络资产上可能存在的零日漏洞数量,使该数量值小于给定的 k 取值。——审校者注

利用相对较多数量的零日漏洞[1]。然后，需要识别出 k 取值的上界，直观地对应于用该度量指标描述的可以达到的最高安全级别[2]。最后，如果 k 取值足够大，则我们可以假设就零日攻击而言，该系统足够安全。另外，我们可以通过有效地重复使用先前步骤计算得到的部分攻击图来计算 k 的确切值。

总之，与我们在第 5.1 节末尾所讨论的内容相类似，本节中呈现的能力对于获得态势感知是非常关键的，并且可以人工实现，也可以自动实现。然而，由于零日漏洞的不确定性特质，人工分析的结果可能比我们在本文中讨论的任何其他能力更容易受到主观解释的影响。同时，由于自动化分析依赖于对零日漏洞存在情况的假定，因此完全依赖于自动分析工具可能不是实现该能力的最佳选择，而"人在环中"模式的解决方案可能会更具有优势。事实上，在参考资料[5]中呈现的解决方案可以被看作是一个决策支持系统，其中安全分析人员可以在整个工作流中发挥作用。

5.3 网络加固

正如前面所讨论的，通过列举攻击者可以用于渗透进入网络的潜在路径，攻击图能够揭示出威胁。攻击图分析经扩展后能够自动生成对网络进行加固的建议，包括通过改变网络配置，使网络能够抵御某些攻击，并防止攻击者达到攻击图的目标。必须考虑对攻击图中的网络条件组合进行加固，这会对攻击图产生移除攻击路径的相应影响。比如，在第 5.1 节中，我们讨论了在图 6 的示例中如何阻止攻击者达成目标安全条件 root(2)，并相应地确定了两种可能的加固解决方案。此外，还可以生成关于某些成本概念的最优加固方案。这种加固方案在防止攻击成功的同时，将相关联的成本最小化。然而，由于加固选项的数量伴随着攻击图的规模增长呈指数增长，实现最优网络加固的通用方案的数量也呈指数增长。

在将网络加固分析应用于实际网络环境时，其算法的规模可扩展性至关重要。由于在降低攻击图操作的复杂性方面取得了进展，因此其在确定的安全区域[13]内可实现平方或线性的规模扩展。然而，许多生成加固建议的方法都在搜索

---

[1] 也就是说，对于攻击者来说，需要尽可能地囤积零日漏洞，使其掌控的可利用零日漏洞数量高于给定的 k 取值。——审校者注

[2] 也就是说，需要通过采取与网络结构和纵深防御相关的安全防护措施，尽可能使 k 取值变得更高，直观来说就是，使攻击者利用零日漏洞打穿防御体系的难度变大。——审校者注

确切的解决方案[15]，这是一个棘手的问题。这一领域的大多数工作面临的另一个局限性来自能够对网络条件单独进行加固的假定。在真实的网络环境中，这种假定并不适用。实际上，管理员可以采取影响整个网络中漏洞的操作动作，如将补丁同时推送至许多系统。此外，不同的操作动作可能会得到相同的加固效果。

总的来说，为了提供切实可行的建议，我们在参考资料[3]中提出的加固策略考虑了上述因素，并且去除了关于独立加固动作的假定。我们将网络加固策略定义为管理员可以采取的一组被允许的原子级操作（如关闭 FTP 服务器、黑名单中列出某些 IP 地址），而这些操作会涉及对工作图中多个网络条件的加固。我们引入了一个形式化的成本模型来考虑这些强化措施的影响。每个加固操作都具有实施成本和生产力损失成本（如在进行加固需要关闭易于遭受攻击的服务时）。该模型能够定义精确反映真实网络环境的加固成本。由于计算获得最低成本加固方案是一个难题，因此我们引入了一种近似算法来计算获得次优加固方案。该算法不仅能够寻找接近最优的方案，还能够在采用某些参数取值的情况下随着攻击图规模增大实现几乎线性的规模扩展，而且通过试验证实了这一点。最后，理论分析表明，最坏情况下的近似比率有一个理论上界。而试验结果表明，在实践中，近似比率远低于这些边界值，也就是说，使用这种方法所发现的解决方案，在成本方面与最优解决方案相差不多。综上所述，对网络加固选项的自动化分析，可以极大地提高安全分析人员的工作表现成效，其方法是及时提供一个推荐策略列表，从而在防止攻击者攻击控制目标系统的同时实现防御者成本的最小化。然后，安全分析人员将只负责对推荐的策略进行验证，并选择看来是最有效的策略，从而同时满足数量上和质量上的要求。比如，通过自动化分析可能会得出这样的结论：极具成本效益的加固解决方案之一，是除其他措施外还需要暂时关闭承载公司网站的服务器。虽然该网站可能没有运行产生收入的服务，对公司声誉的潜在影响可能会使这个加固方案变得缺乏吸引力，因此需要由安全分析人员综合考虑那些自动化工具未能覆盖的因素，然后查看自动化工具输出的结果并选择次优的加固方案。

5.4 基于概率的时间攻击图

实现任何程度的态势感知过程自动化的第一步，都需要开发出对网空攻击及其后果进行建模的能力。该能力对于支持许多附加能力来说是非常关键的，这些附加能力被用于回答本文前面所介绍的关键问题（如攻击者建模、未来场景预测）。

攻击图已被广泛用于攻击模式建模和告警关联。然而，现有的方法通常无法提供对每种攻击模式发生的可能性进行评估的机制，以及无法提供对攻击所造成的对组织或任务影响进行评估的机制。为了解决这一限制问题，我们使用时间跨度分布（timespan distribution）的概念对本文前面讨论的攻击图模型做出扩展，这一概念对攻击者行为的概率知识以及攻击展开的时间约束进行编码。我们假设攻击序列的每一步都是在之前的漏洞攻击利用动作完成执行之后的某个时间窗口内得到完成，而且每一步都被关联至一个概率值。比如，假设攻击者在图 1 中的主机 h_E 上获得了一些权限。使用这些权限，他可以创造出对主数据库服务器上的漏洞进行攻击利用的条件。然而，根据他的技能水平来完成，需要花费的时间不确定。攻击者将有时间对漏洞进行攻击利用，直到漏洞本身得到补丁修复，或者攻击活动被发现。

Leversage 和 Byres[9]描述了如何估算针对某一系统的**攻击控制所需平均时间**，并将其与攻击者的技术水平联系起来。这种方法可以推广应用到估算对单个漏洞进行攻击利用的时间跨度分布。事实上，我们可以假设攻击利用漏洞所花费的时间因为攻击者的技术水平高低而发生变化。此外，一些漏洞比其他漏洞更容易被攻击利用，因此它们会显现出更大的被攻击可能性。直观地说，时间跨度分布指定了一组不相交的时间间隔，决定了给定攻击利用行为在什么时间可被执行，以及在这些时间间隔上的不完全概率分布。

在我们的模型中，为攻击图中的边标记时间跨度分布。比如，在图 5 的攻击图中，从 V_A 到 V_E 和 V_B 的边分别标记为{(2,7),0.2}和{(1,3),0.8}，意味着在利用 V_A 之后，在 2~7 个时间单位后攻击者有 20%的概率会对 V_E 进行攻击利用，以及在 1~3 个时间单位后攻击者有 80%的概率会对 V_B 进行攻击利用。

5.5　依赖图

如今政府或企业网络承载各种各样的网络服务，这些服务常常相互依赖，以提供和支持基于网络的服务和应用。理解这些依赖关系对维护网络及其应用程序的正常运行是非常重要的，尤其是在出现网络攻击和故障的情况下。在配置复杂且动态的典型政府或企业网络中，识别所有这些服务及其依赖关系并非易事。已有一些技术被开发出来用于自动学习这种依赖关系。然而，它们要么过于复杂而无法进行微调，要么充斥着误报和/或漏报情况。

我们开发了一些全新的技术，以及一个名为 NSDMiner（网络服务依赖关系挖掘器）的工具，从被动收集的网络流量[11]中自动发现网络服务之间的依赖关系。NSDMiner 是非侵入性的：它不需要修改现有的软件，也不需要注入网络数据包。更重要的是，NSDMiner 实现了比以前基于网络的方法更高的精度。我们的试验评估使用了从我们的校园网收集的网络流量数据，结果表明 NSDMiner 的表现比两个现有最好的解决方案要好得多。

具体来说，我们开发了 3 个附加的技术，通过被动监测收集并分析网络流量，以自动化地协助识别出网络服务依赖关系，包括一种基于对数的排名（logarithm-based ranking）方案，旨在以更低的误报率来更准确地检测出网络服务的依赖关系；一种用于识别非常用网络服务的依赖关系的推理技术。我们使用采集自大学校园网的真实流量数据对这些技术进行了大量的试验评估。试验结果表明，这些技术提高了网络服务依赖关系自动检测和推理的技术水平。

5.6 其他研究成果

前面介绍的一系列成果，只是本文开头所提到的研究项目的部分工作内容。下面，我们将简要介绍我们所从事的其他研究方向以及在这些研究领域中取得的成果。我们建议读者参阅我们以前刊登的论文以获得更多信息。

我们将网络多样性作为网络的一种安全属性进行了研究[16]。近来，将多样性作为一种安全机制的研究在多个应用领域中日渐活跃，如移动目标防御（MTD）、抗传感器网络中的蠕虫以及提高网络路由健壮性等领域。然而，大多数对多样性进行形式化建模的现有研究工作，都聚焦于运行着软件的不同副本或变体的单一系统。然而，在更高的抽象层面上，作为整个网络的一个全局属性，多样性及其对安全的影响所受到的关注有限。在我们的研究工作中，我们向网络多样性的形式化建模迈出了第一步，将其作为安全度量指标用于对面临潜在零日攻击的网络的健壮性进行评价。具体地说，我们首先根据现有独特资源的有效数量设计了一个由生物多样性启发的度量指标。然后，我们分别基于攻击者的最小工作量和平均工作量提出了两个互补的多样性度量指标。

我们还提出了一个概率框架，用于评估可用攻击模型[2]的完整性和质量，这两个模型都被用于入侵检测层面（如 IDS 检测特征）和告警关联层面（如攻击图）。入侵检测和告警关联技术是在复杂网络中识别安全威胁的两种有效且互补的技术。然而，这两种方法都依赖于能够对正常行为或恶意行为的先验知识进行编码的模型。因此，这些方法无法量化地评价底层模型在多大程度上解释了在网络上观察到的情况。而我们的方法克服了这种局限，使我们能够估算出任意事件序列无法被一组给定的模型解释的概率。我们利用这个框架的重要数学特性来有效率地估算这些概率，并设计快速算法来识别出那些概率高于给定阈值却未被解释的事件序列。这种方法有望识别出零日攻击，因为此类攻击（根据零日的定义）可能不符合所有已知的流量模式。

最后，我们开发了 Switchwall[12]，这是一种基于以太网络的网络指纹技术，用于检测发现对二层/三层网络拓扑的未授权变更、活动的设备以及企业网络的可用性。在初始已知状态下生成网络地图，然后定期进行验证，以完全自动化的方式检测出存在的偏离差异。Switchwall 具有一项优势，就是只使用通用的协议（PING 和 ARP），而不需要新的软件或硬件。此外，采用该技术不需要在之前了解拓扑情况，而且适用于混合速度以及混合产品供应商的网络。Switchwall 还具有识别大范围变化的能力，这通过我们在真实网络和模拟网络上的试验结果得到了验证。

6　结论

如前所述，网空防御环境下的态势感知过程包括态势观察、态势理解和态势预测 3 个阶段。态势感知是在这 3 个阶段中产生的，也在这 3 个阶段中被使用，而且在此过程中网空安全分析人员必须对几个关键问题做出回答。在本文中，我们概述了一种网空态势感知的整合方法，并提出了一个框架——包括几种机制和自动化工具，有助于消除现有可用的低阶数据与安全分析人员的心智模型和认知过程之间的语义差距。

在我们的项目中，我们专注于能够自动回答安全分析人员可能提出的问题的技术与工具，这些问题涉及当前态势情境、攻击活动的影响和演化、攻击者的行为、可用信息和模型的质量以及当前态势情境未来可能的合理走向。

这个框架代表着朝正确方向迈出的重要的第一步，但是为了让系统实现自我意识能力，还有很多研究工作要做。需要进一步研究的关键研究领域包括不确定环境下的对抗建模和推理，而与博弈论和控制理论相关的解决方案是在该领域中具有前景的研究方向。

参考资料

[1]   Albanese,M.,Jajodia,S.: Formation of awareness. In: Kott,A.,Wang,C., Erbacher,R.F.(eds.) Cyber Defense and Situational Awareness. Advances in Information Security,vol. 62,pp. 47–62. Springer,Cham(2014)

[2]   Albanese,M.,Erbacher,R.F.,Jajodia,S.,Molinaro,C.,Persia,F.,Picariello,A., Sperlì,G.,Subrahmanian, V.: Recognizing unexplained behavior in network traffic. In: Pino,R.E.(ed.) Network Science and Cybersecurity. Advances in Information Security,vol. 55,pp. 39–62. Springer,New York(2014)

[3]   Albanese,M.,Jajodia,S.,Noel,S.: Time-efficient and cost-effective network hardening using attack graphs. In: Proceedings of the 42nd Annual IEEE/IFIP International Conference on Dependable Systems and Networks(DSN 2012),Boston, June 2012

[4]   Albanese,M.,Jajodia,S.,Pugliese,A.,Subrahmanian,V.S.: Scalable analysis of attack scenarios. In: Atluri,V.,Diaz,C.(eds.) ESORICS 2011. LNCS,vol. 6879, pp. 416–433. Springer,Heidelberg(2011). doi:10.1007/978-3-642-23822-2_23

[5]   Albanese,M.,Jajodia,S.,Singhal,A.,Wang,L.: An efficient approach to assessing the risk of zero-day. In: Samarati,P.(ed.) Proceedings of the 10th International Conference on Security and Cryptography(SECRYPT 2013),pp. 207–218. SciTePress,Reykjavík(2013)

[6]   Jajodia,S.,Noel,S.: Topological vulnerability analysis. In: Jajodia,S.,Liu,P., Swarup,V.,Wang,C.(eds.) Cyber Situational Awareness. Advances in Information Security,vol. 46,pp. 139–154. Springer,New York(2010)

[7]   Jajodia,S.,Noel,S.,Kalapa,P.,Albanese,M.,Williams,J.: Cauldron: missioncentric cyber situational awareness with defense in depth. In: Proceedings of the Military Communications Conference(MILCOM 2011),Baltimore,pp. 1339–1344, November 2011

[8]   Jajodia,S.,Noel,S.,O'Berry,B.: Topological analysis of network attack vulnerability. In:

Kumar,V.,Srivastava,J.,Lazarevic,A.(eds.) Managing Cyber Threats: Issues,Approaches,and Challenges,Massive Computing,vol. 5,pp. 247–266. Springer,New York(2005)

[9] Leversage,D.J.,Byres,E.J.: Estimating a system's mean time-to-compromise. IEEE Secur. Priv. 6(1),52–60(2008)

[10] McHugh,J.: Quality of protection: measuring the unmeasurable? In: Proceedings of the 2nd ACM Workshop on Quality of Protection(QoP 2006),pp. 1–2. ACM, Alexandria,October 2006

[11] Natrajan,A.,Ning,P.,Liu,Y.,Jajodia,S.,Hutchinson,S.E.: NSDMine: automated discovery of network service dependencies. In: Proceedings of the 31st Annual International Conference on Computer Communications(INFOCOM 2012),Orlando, pp. 2507–2515,March 2012

[12] Nazzicari,N.,Almillategui,J.,Stavrou,A.,Jajodia,S.: Switchwall: automated topology fingerprinting and behavior deviation identification. In: Jøsang,A.,Samarati,P., Petrocchi,M.(eds.) STM 2012. LNCS,vol. 7783,pp. 161–176. Springer,Heidelberg (2013). doi:10.1007/978-3-642-38004-4_11

[13] Noel,S.,Jajodia,S.: Managing attack graph complexity through visual hierarchical aggregation. In: Proceedings of the ACM CCS Workshop on Visualization and Data Mining for Computer Security(VizSEC/DMSEC 2004),pp. 109–118. ACM, Fairfax,October 2004

[14] Wang,L.,Jajodia,S.,Singhal,A.,Noel,S.: *k*-zero day safety: measuring the security risk of networks against unknown attacks. In: Gritzalis,D.,Preneel,B., Theoharidou,M.(eds.) ESORICS 2010. LNCS,vol. 6345,pp. 573–587. Springer, Heidelberg(2010). doi:10.1007/978-3-642-15497-3_35

[15] Wang,L.,Noel,S.,Jajodia,S.: Minimum-cost network hardening using attack graphs. Comput. Commun. 29(18),3812–3824(2006)

[16] Wang,L.,Zhang,M.,Jajodia,S.,Singhal,A.,Albanese,M.: Modeling network diversity for evaluating the robustness of networks against zero-day attacks. In: Kutylowski,M.,Vaidya,J.(eds.) ESORICS 2014. LNCS,vol. 8713,pp. 494–511. Springer,Cham(2014). doi:10.1007/978-3-319-11212-1_28

经验总结：网络安全领域的网空态势感知可视化

Christopher G. Healey[1], Lihua Hao[1], Steve E. Hutchinson[2]

[1] 美国北卡罗来纳州立大学计算机科学系

[2] 美国陆军研究办公室 ICF 国际

  摘要：本文讨论了与网空态势感知和网络安全领域专家协同工作所得的经验总结，以便将可视化能力整合到他们当前的工作流中。通过与网络安全领域专家的紧密合作，我们发现了一组可视化技术必须满足的关键需求，在此前提下这些领域专家才会考虑并加以使用。接下来我们将提供两个能够满足这些需求的可视化示例——一个是灵活的基于 Web 的应用程序，它通过由安全分析人员驱动的相互关联图表和图形来可视化展现网络流量和安全数据；另一个是一组基于系综集的扩展组件，使用已有的和未来的系综集可视化算法来可视化展现网络流量和安全告警。

1 引言

  随着计算机网络的应用持续增长，复杂的网络攻击活动开始出现。网络安全分析已成为计算机科学的一个重要领域，而且近年来数据可视化技术变得越来越重要。为了维护网络系统的安全性和稳定性，安全分析人员持续地收集大量能够代表网络重要特点的数据，然后对这些数据进行分析，以检测出隐藏在流量中的攻击、入侵和可疑活动。可视化被认为是这项工作的一个重要组成部分，因为它使安全分析人员能够以交互的方式对大量数据进行探索和分析，而且与基于文本的传统表现方式相比，它能够更有效率地检测出未预料到的情况[3,13,19]。

在这个 MURI 项目中，我们与来自美国陆军研究实验室的网络安全领域专家合作，探索如何在网络安全环境中使用可视化技术来加强网空态势感知。这项合作产生了许多重要的研究发现。特别地，我们发现，为网络安全分析而设计的可视化技术必须满足许多独特的需求，才能被网络安全分析人员接纳采用。基于这些需求，采用以简单有效形式表现网络数据的可视化技术，可以实现一个能够以高效且时间敏感的方式对网络数据进行探索和发现的强大工具。我们将对这些需求进行详细讨论，然后总结出两种我们开发用于可视化展现网络安全数据的方法：分析人员驱动基于 Web 的图表和图形可视化应用，以及系综集成分析技术。

2 网空态势感知的可视化

可视化研究社区最近将注意力集中在网空安全和网空态势感知领域。早期对网络安全数据进行的可视化分析通常依赖基于文本的方法，即在文本表格或列表中表现数据。不幸的是，这些方法无法很好地进行规模扩展，并且不能完全表现出复杂的网络或安全数据中的重要模式和关系。后续的研究工作中应用了更复杂的可视化方法，如点边图、平行坐标系和树形图，以凸显不同的安全属性、网络流量中的模式和层次化数据关系。由于生成的数据量非常大，因此许多工具采用了一种广为熟悉的信息可视化方法：概览、缩放和过滤，以及按需呈现细节。这种方法首先给出数据的概览，使安全分析人员能够对数据进行过滤和缩放，从而将注意力集中在数据的一个子集上，再按需请求该子集的其他细节信息。当前的安全可视化系统通常采用多种可视化技术，其中每种可视化技术都旨在从不同的角度和不同的细节程度上对系统安全状态的不同方面进行调查分析。

对安全可视化的调研

对网空环境的可视化研究已经达到一定的成熟水平，出现了一系列的调研报告文献。下列文献不仅提供了有用的概述，还提出了按照不同维度对可视化技术进行组织或分类的方法。

Shiravi 等人对网络安全可视化技术的调研报告，为当前的可视化系统提供了一个有用的概述，并对数据源和可视化技术提出了一系列广泛的类别定义[1]。在其中一个坐标轴上，按数据源类型对可视化技术进行细分：网络追踪（数据）、安全相关的事件、用户和资产上下文信息（如漏洞扫描或身份管理）、网络活动、网络事件和日志记录。在另一个坐标轴上，考虑用例：主机/服务器监视、内部/外部监视、端口活动、攻击模式和路由行为。许多技术可以被描述为不同数据源和用例类型组合的示例。作者在他们论文的未来研究方向部分特别强调了态势感知的问题，指出许多可视化系统试图提高重要的态势情境的展示优先级，并采用展现关键事件的方法来对网络中所生成的大量数据进行概括呈现。他们对态势感知和态势评估做出了区分，前者被定义为"一种知识状态"，后者被定义为"获得态势感知的过程"。将原始数据转换成视觉形式，是一种态势评估方法，旨在向安全分析人员展示信息，以加强他们的态势感知（状态）。

Dang, T.K. 和 Dang, T.T.也对安全可视化技术进行了调研，重点关注基于 Web 的环境[3]。他们选择根据系统运行的位置对系统进行分类：客户端、服务器端或 Web 应用程序。客户端系统通常很简单，主要用于保护 Web 用户免受网络钓鱼等攻击。服务器端可视化是为具有一定的技术知识水平的系统管理员或网络安全分析人员设计的。这些可视化通常规模更大且更复杂，注重向安全分析人员展示网络的多个属性的多变量显示。大多数网络安全可视化工具都属于服务器端类别。最后一类系统是面向安全性可视化的 Web 应用程序。这是一个复杂的问题，因为它可能涉及 Web 开发人员、管理员、安全分析人员和最终用户。他们根据主要目标对服务器端可视化进行了细分：网络管理、监测、分析和入侵检测。他还根据可视化算法进行了细分：像素、图表、图形和 3D。他根据数据源进行了细分：网络包、NetFlow 和由应用系统生成的数据。多种技术存在于这些类别的交叉区域。

新的安全与网空态势可视化系统不断地被提出，既有诸如图表和地图[4]、点边图[10]和时间轴[9,11]的简单可视化方法，也有诸如平行坐标系[1,16]、树形图[7,8]和层次可视化[2]的更复杂的表现方式。

虽然安全可视化系统的目标是支持更灵活的用户交互性，以及在各种数据源之间的相互关联，但是其中许多系统仍然迫使安全分析人员从一组相当有限的静态表现形式中做出选择。比如，Phan 等人使用了图表，但是在 x 轴和 y 轴上的属性是固定的[9]。Tableau、ArcSight、SpotFire 或 SAS VA[6,12,14,15]的通用商业化可视化系统提供了一批更灵活的可视化方法，但它们并不提供对可视化方式和人类观察方向的指引，因此安全分析人员只有在掌握可视化专业知识的前提下，才能够有效果地对数据进行表现展示。最后，由于许多系统缺乏可规模扩展的数据管理架构，因此在进行分析和可视化展现之前，必须将整个数据集加载到内存中，这将会增加数据传输成本并限制数据集的大小。

3 可视化设计理念

我们的设计理念基于与不同研究机构和政府机构的网空安全分析师所进行的探讨。绝大多数安全分析师认为，直观来看，可视化技术应该非常有用。然而，在实践中，他们很少通过将可视化整合到工作流中的方式来实现分析工作的显著改进。一个普遍的意见是"研究人员来找我们说，这是一个可视化工具，咱们一起把你的问题适配到这个工具上吧"。但他们真正需要的是一个适应于其所面对问题而定制的工具。这并不是安全领域所特有的现象，但它表明安全分析人员对可视化工具与其现有分析策略之间的偏差可能会更加敏感，因此不太容易接受通用的可视化工具和技术。

然而，这并不意味着可视化研究人员应该简单地向安全分析人员提供他们所要求的东西。分析人员能够给出关于如何可视化展现他们的数据的高阶建议，但是他们没有可视化领域的经验或专业知识，也就无法来设计和评价满足他们要求的具体解决方案。为了解决这些问题，我们启动了与美国陆军研究实验室同事的合作，共同构建可视化系统：（i）满足分析人员的要求；（ii）利用可视化研究社区中已有的知识和最佳实践。

此外，虽然这种方法不是独特的，但它确实提供了一个研究网络安全领域可视化技术的优势和劣势的机会。特别是，我们想知道我们可以将哪些通用技术（如果有的话）作为起点，以及需要对这些技术进行多大程度的修改，才能使它们对分析人员来说变得实用。从这个角度看，我们的方法并没有明确地聚焦于网络安全数据，而是聚焦于网络安全人员。通过支持分析人员在态势感知方面的要求，我们一并实现有效果地可视化展现相关数据的目标。

基于我们的研究探讨，我们对一个成功的可视化工具所应具有的需求做出了定义。有意思的是，这些需求并没有显式地影响设计决策。如，这些需求没有确定我们应该可视化展现哪些数据属性以及应该如何表现这些属性。相反，通过一系列关于现实中分析人员可能（和不太可能）使用哪些功能的高阶建议，隐式地对可视化系统的设计做出约束。我们把这些建议归纳为六大类。

（1）心智模型。可视化技术必须"适应"分析人员用于调查问题的心智模型。分析人员不太可能为了使用可视化工具而改变他们处理问题的方式。

（2）工作环境。可视化必须能够被整合到分析人员当前的工作环境中。比如，许多分析人员使用 Web 浏览器来查看数据，而且这些数据的存储格式取决于所用的网络监测工具。

（3）可配置性。预定义的静态数据表现形式通常是不实用的。分析人员需要在当前正在调查问题的驱动下从不同的角度来查看数据。

（4）可访问性。可视化方式应当是分析人员所熟悉的。具有陡峭学习曲线的复杂表现形式通常不太可能会被选用，除非是在一些能够找到显著成本效益优势的特定情况下。

（5）可扩展性。可视化必须支持对多个数据源的查询和检索，而且每个数据源可能包含非常大量的记录。

（6）整合性。分析人员不会用新的可视化工具来取代他们当前解决问题的策略。相反，可视化必须提供实用的支撑能力以增强这些策略。

4 基于Web的告警可视化

我们的设计所面对的可配置性、可访问性、可扩展性和整合性的需求，要求采用一种可以组合并可视化展现多个大型数据源的灵活用户交互方式。工作环境需求进一步规定了这种交互必须发生在分析人员的当前工作流中。为了实现这一点，我们一开始设计并实现了一个结合 MySQL、PHP、HTML5 和 JavaScript 的可视化系统，通过将聚焦于可疑网络活动分析的分析人员可配置图表组合起来，实现基于 Web 的网络安全可视化。

4.1 Web 可视化

基于我们的整合需求，我们将可视化系统构建为一个使用 HTML5 的 Canvas 元素的 Web 应用程序。这个系统运作得很好，因为它不需要外部插件，并可以在任何现代的 Web 浏览器中运行。

我们使用 2D 图表来可视化展现网络数据。基本图表是一种广为人知和广泛使用的可视化技术[17,18]。这能够支持我们的可访问性的需求，因为：（ⅰ）图表在分析人员见过的其他安全可视化系统中很常见；（ⅱ）图表是一种有效的可视化方法，可用于表现分析人员想要探索的取值、趋势、模式和关系。

有许多基于 JavaScript 的库，可以将数据可视化表现为 2D 图表。比如，HighCharts、Google 图表、Flot 图表和 RGraph。遗憾的是，这些库是为通用信息可视化而设计的，因此它们不支持在多个抽象级别上的分析，也不支持在多个图表之间的相互关联。为了解决这个问题，我们扩展了 RGraph[5]，以生成具有灵活的用户交互、通过 MySQL 检索数据以及具有多个图表之间相互关联能力的安全可视化。

RGraph 不能根据待可视化展现的数据自动选择图表类型。这个能力可能是很有用的；一方面，因为分析人员不希望在图表类型很明显的情况下进行手动选择；另一方面，分析人员不希望被局限于特定的、预定义的可视化形式。为了支持这些相互冲突的要求，我们根据图 1 中的不同用例来对图表进行分类：（ⅰ）饼图和条形图可被用于对单个属性的比例和频率进行比较；（ⅱ）条形图可被用于对次要属性的取值进行比较；（ⅲ）散点图可被用于表现两个属性之间的相关性；（ⅳ）甘特图可被用于对范围值进行比较。一个可视化展现是基于分析目标而被创建的，而不是基于要被数据可视化展现的具体数据。分析人员可以随意更改这个初始选择，而且更重要的是，可以交互式地操控将哪些数据属性分别映射至主维度和次维度。

请求完成后，系统：（ⅰ）生成 SQL 查询并从一个或多个数据源提取目标数据；（ⅱ）初始化背景网格、字形大小、颜色和类型等图表属性；（ⅲ）可视化展现数据。

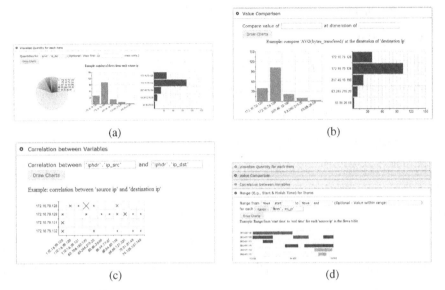

图1 按用例进行分类的图表：（a）饼图和条形图，用于比例分析；（b）条形图，用于一维度的数值比较；（c）散点图，用于相关性分析；（d）甘特图，用于表现至少一维的范围值（见彩图文件）

4.2 图表

在通用的信息可视化工具中，通常要求查看者能够准确地定义他们想要的可视化形式。我们基于以下因素自动选择一个初始的图表类型：（i）关于不同类型图表的优势、局限性和用途的现有知识理解；（ii）分析人员选择用于可视化展现的数据。如果分析人员要求查看单个数据属性的分布情况，系统会推荐使用饼图或条形图。如果分析人员要求查看两个数据属性之间的关系，则系统会建议使用散点图或甘特图。

图表的坐标轴是根据数据属性的特性进行初始化的，比如，条形图的 x 轴上是分类属性，而 y 轴上是聚合计数。如果数据属性是事件时间戳和目的 IP，则将时间属性分配至 x 轴，并将目的 IP 分配至散点图的 y 轴［见图2（a）］。可视化展现跨目的 IP 网络流的开始和结束时间，会生成一个甘特图，其中 x 轴为时间属性，y 轴为目的 IP，以及使用矩形范围符号表示不同的网络流［见图2（b）］。或者，如果选择了诸如源 IP 和目的 IP 的两个属性，则可以将这两个属性分别映射至散点图的 x 轴和 y 轴，并使用数据点来表示在这一对属性取值（IP 地址）之间的网络流［见图2（c）、图2（d）］。

具有相同的 x 和 y 取值的数据元素被分为一组，并显示为（分组中数据元素的）计数。比如，在表现源 IP 和目的 IP 之间网络流量的散点图中，用每个图标的大小来表示两个地址间网络连接的数量 [见图 2 (c)、图 2 (d)]。在甘特图中，每个范围条的不透明度表示了一个具体目的 IP 上在一个时间范围内发生的网络流数量 [见图 2 (b)]。

图 2　散点图和甘特图：(a) 表现不同目的 IP 上网络连接计数随时间变化的散点图；(b) 表现不同源 IP 上网络流的时间范围的甘特图；(c) 将频率计数映射至 "×" 形图标大小尺寸的散点图；(d) 将计数映射至 "·" 形图标大小尺寸的散点图（见彩图文件）

更重要的是，分析人员可以自由地更改任何一个初始选择。系统将采用与自动选择数据属性相类似的处理方法，来理解这些修改操作。这使分析人员能够根据所面对的分析任务、被分配到图表坐标轴上的数据属性的特性以及每个数据点上需要展现的次要数据属性信息等因素，自动选择最合适的图表类型（饼图、条形图、散点图或甘特图）作为起点。

4.3　多个视图的相互关联

分析人员通常会开展一系列的调查，追踪通过关联多个数据源而发掘出新发现，并在多个细节层次上对数据进行探索。这需要多视图的可视化展现，以及灵活的用户交互。通过生成相关联的 SQL 查询语句，以及通过扩展 RGraph 库支持不同图表之间的依赖关系（见图 3），我们实现了多数据源的关联。

当分析人员仔细查看一个图表时，他们将会形成关于网络活动的原因或结果的新假设。相关联图表使分析人员能够立即从当前视图生成新的可视化视图，以探究这些假设。通过这种方式，系统使分析人员能够开展一系列的分析步骤，每一步都建立在先前发现的基础上，并按需要生成新的可视化视图来支持当前的调查工作（见图4）。

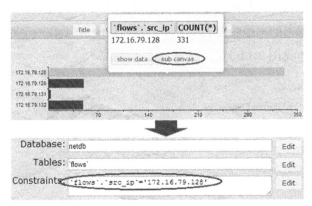

图3 通过新约束条件来创建相关联的图表

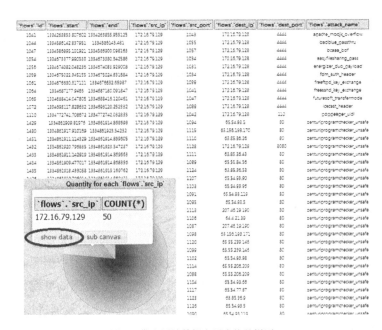

图4 带有原始数据电子表格的饼图

5 分析会话的示例

为了展示基于 Web 的可视化系统，我们获得了 NCSU（北卡罗来纳州立大学）从事网络安全工作的同事所使用的触发监测数据①，将这些数据作为自动入侵检测算法的输入。这为我们提供了一个来自现实世界的数据集，还提供了分别在使用和不使用可视化支撑的情况下对自动化系统的输出结果与分析人员的表现成效进行比较的可能性。在这个示例场景中，由我们的一位 NCSU 同事担任分析人员。可视化起始于抽象层面：告警在不同目的 IP 地址上的分布情况。然后，分析人员对不同假设展开探索，他可以高亮选中并放大至感兴趣的子区域，创建相关联的图表进行钻取查看，并在更详细的层面上分析数据：对指向特定目的 IP 的告警进行可视化分析，并将端口和源 IP 等其他支撑数据导入可视化展现中。通过包含一个新的网络流数据库表，可以将对关注子集的分析拓展至更大的一组数据源——对与所关注告警相关的网络流进行分析。可视化系统能够根据分析人员当前的兴趣和需求，按需生成不同类型的图表，从而支持分析人员。分析人员可以使用视觉化和原始文本的形式查看数据，从而在定性和定量的方面检查当前的关注区域。本示例中使用的数据源如下。

- 事件。每个告警的检测特征 ID 编号和时间戳。
- 网络流。网络流信息，包括源 IP、目的 IP、端口和起止时间。
- iphdr。源和目的 IP 等与 IP 网络包头相关的信息。
- tcphdr。源端口和目的端口的 TCP 相关信息。

分析人员首先选择用于初始可视化展现的数据库和数据表，以及对数据表进行关联并筛选出待探索数据行的约束条件。基于这些数据表和约束条件，分析人员可以确定他想要进行分析的类型，以及想要可视化展现的数据属性。分析人员一开始可以从 iphdr 数据表中选择 ip_dst（目的 IP）字段作为"用于聚合统计"的属性，从而可视化展现每个目的 IP 上的告警数量。据此，可以自动生成一个 SQL 查询语句来提取用于图表的数据。

选择"Draw Charts"（绘制图表）功能将汇聚结果可视化展现为饼图和条形图（见图 5），这能够支持从不同角度对数据进行可视化分析。饼图突出显示了不同目的 IP 上告警的相对数量，而条形图便于按目的 IP 对告警的绝对数量进

---

① 原文为 trap data，其中 trap 应当是来于 camera trap，是指一种用红外线触发相机对野生动物进行监测的方法。考虑到直接翻译为"陷阱数据"容易产生蜜罐等诱捕监测方法的歧义，这里简单翻译为"触发监测数据"。——审校者注

行比较。这两种图表间是相互关联的：在条形图中的高亮（或取消高亮）选中操作将会使饼图中的对应部分被高亮（或取消高亮）显示。

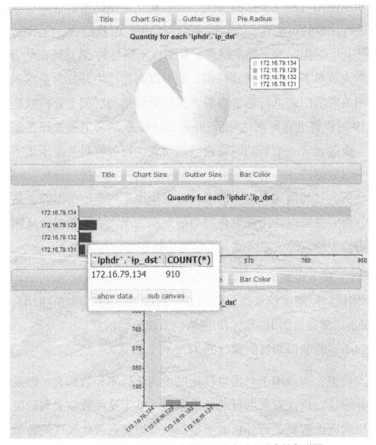

图 5　聚合结果可视化展现为饼图以及水平和垂直的条形图

默认情况下，将会对聚合结果按照不同目的 IP 上的告警数量以反序[①]进行排列，这使分析人员能够将焦点放在告警数量较多的前几行。这是基于一个假设，即分析人员对出现大量流量或告警数量的地址更感兴趣。分析人员也可以反转排序顺序，以搜索低发生概率的事件。

示例中的饼图和条形图表明，大多数的告警（910）发生在目的 IP 172.16.79.134 上。选择"Show Data"（展示数据）将在新窗口中以电子表格形式

①　即从高到低的降序。——审校者注

显示所有 910 行的告警数据［见图 6（a）］。为了进一步分析与此目的 IP 相关的告警，分析人员选择"Sub Canvas"（子画板）功能打开一个采用预定义初始查询信息（数据库、表和约束）的新窗口。添加约束条件 iphdr.ip dst = 172.16.79.134，以将进一步分析的数据查询限制在这个目标目的 IP 上。当分析人员请求继续分析所需的可视化展现时，他可以向数据查询继续添加新的约束条件或数据表。

接下来，分析人员选择在这个目标目的 IP 基础上对不同源 IP 的告警进行可视化展现。他可以通过散点图形式使用目的端口来分析源 IP 和目的 IP 之间的相关性。图 6（b）的散点图中，只有一个与目标目的 IP 相关且存在告警的源 IP，而且大多数告警与发送到端口 21 的网络流量相关，在图中被显示为一个大的"×"符号。

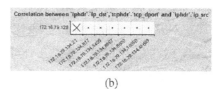

"iphdr"."ip_src"	"iphdr"."ip_dst"	"tcphdr"."tcp_dport"	COUNT(*)	
172.16.79.128	172.16.79.134	21	994	all columns
172.16.79.128	172.16.79.134	617	3	all columns
172.16.79.128	172.16.79.134	5405	5	all columns
172.16.79.128	172.16.79.134	6667	2	all columns
172.16.79.128	172.16.79.134	8000	2	all columns
172.16.79.128	172.16.79.134	10050	2	all columns
172.16.79.128	172.16.79.134	45699	2	all columns

(a)   (b)

图 6　细节分析：（a）原始数据电子表格；（b）与目的 IP（172.16.79.134）相关的源 IP 与目的端口间关系的散点图

通过在甘特图中可视化展现网络流及其相关告警，分析人员可以更仔细地查看与目标目的 IP 上端口 21 相关的流量。用红色印刷绘制一系列相互重叠的网络流，并在网络流集合的开始和结束时间点上绘制端点。告警被展现为覆盖在网络流上的黑色印刷竖条，其位置对应于检测到告警的时间点。图 7（a）展示了大多数分布在两个时间范围内的网络流。通过分别放大每个网络流［见图 7（b）、图 7（c）］，分析人员意识到绝大多数告警发生在左侧的网络流中［见图 7（b）］。此网络流中的告警被认为是可疑的，并被标记以进行更详细的调查。

这个例子展示了我们的系统如何使分析人员能够根据自己的策略和偏好遵循一系列步骤来对告警进行调查。虽然可以通过对原始数据进行过滤来直接"突出显示"这个结果，但我们的同事认为，在 910 行的告警电子表格中，可能难以识别大多数告警发生的具体目的 IP、源 IP 和端口以及时间的范围。可视化技术使分析人员能够一步一步地遵循这个模式，在过程中发现更详细的信息。

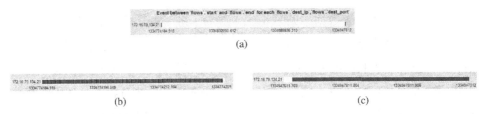

图 7　甘特图，展现目的 IP 和所关注端口上的网络流的告警：（a）两个网络流；（b）放大左侧的网络流，显示出许多告警；（c）放大右侧的网络流，显示出一个告警（见彩图文件）

6　告警的系综集合可视化

近年来发展较快的一个相对较新的研究领域是系综集合分析。在许多学科中，科学家会收集由一系列模拟仿真或试验产生的数据，每次模拟仿真或每个试验的初始条件或参数都略有不同。这些相关数据集的集合，就是一个**系综集合**。这个概念已被广泛用于模拟复杂系统、探索初始条件中的未知因素、调查分析参数敏感性、缓解不确定性（的影响），以及比较模型的结构特点。每个单独的数据集构成了系综集合的一个**成员**。系综集合可视化是可视化研究的一个活跃领域，专门用于大规模系综集合数据集成员内部以及成员之间关系的探索和比较。

虽然乍一看网络安全数据和系综集合数据的差别很大，但它们在所面对分析的挑战和目标方面是相似的。两者都规模很大且时间相关，因此需要时间维度的分析能力以及支持规模扩展能力的方法。系综集合可视化关注的是对相关系综集合成员的比较和聚合，而安全可视化关注的是对网络流量之间相关性的探索研究。虽然对科学研究领域的系综集合和最详细级别的网络安全数据的可视化技术可能会有所不同，但是高阶系统集合概览与高阶框架使分析人员能够快速对所关注或可疑的网络流子集进行识别并钻取分析。如果我们将网络安全数据视为一种类型的系综集合，则有一个重要的机会来将进行中的和未来的系综集合可视化研究成果应用于对网络安全分析的改进。

6.1　网络系综集合数据

为了利用系综集合可视化进行网络安全分析，我们必须解决术语对应的挑战：从安全数据集定义一个网络系综集合，并将数据划分为一系列可以类比为系综集合中成员的相关网络流量。我们主要关注两种常见的网络安全数据类型：告警和网络流。告警数据集包含源 IP、目的 IP、端口、时间、协议、内容消息和分类等属性。网络流数据集包含源 IP、目的 IP、端口、标志、开始时间、结束时间、协议、网络包数量和字节数。如果在网络流的时间范围内检测到告警,并且告警具有相同的源 IP 和目的 IP,则该告警属于这个网络流。在此基础上,我们定义了两种系综集合:告警系综集合和网络流系综集合。

为了满足可配置性的需求,我们提出了一种构造网络安全数据系综集合的通用框架。这使分析人员能够对系综集合的细节进行配置(如果他们选择这样做)。网络系综集合由相关的网络信息流(类似于系综集合的成员)所组成,每组网络信息流代表落在相同大小的时间窗口内的告警或网络流的时间序列。分析这种网络信息流之间的关系(相似性),是网空态势感知的重要目标之一。

具体来说,我们提供了两种方法来确定网络系综集合中的成员。第一种方法是组合数据属性来标识系综集合的成员。如,我们可以指定使用源 IP 和源端口来标识系综集合的成员。现在,来自每个源 IP + 源端口组合的告警或网络流就会形成一个网络系综集合成员。第二种方法是将系综集合的时间窗口划分为若干个较小的时间窗口,每个时间窗口标识出系综集合中的一个成员。如果数据集由 24 小时周期内的网络流量所组成,其中每小时的流量可以代表一个系综集合成员。最后,分析人员可以对存储在每个成员中的数据值进行控制。我们可以通过比较告警数量在时间维度上的变化情况,来分析告警系综集合中成员间的关系。

6.2 告警系综集合

为了构建告警系综集合,分析人员确定包含所关注告警数据的 SQL 数据表、时间维度的数据列、数据表之间的相互关联(如果选择了超过一个数据表),以及形成告警系综集合所需的所有其他约束条件。系统将自动识别出覆盖系综集合的数据的时间窗口。分析人员可以选择一个或多个数据表的列来定义系综集合的成员,或将系综集合的时间窗口平均细分为若干个较小的时间段,每个时间段代表一个成员。

为了分析一个告警系综集合中成员之间的关系,我们将每个成员的时间范围细分为用户指定数目的时间步,并在每个时间步内聚合告警。每个目的 IP + 目的端口的组合可以形成系综集合中的一个成员。将一个给定时间窗口分为 30 个时间步,在每个时间步中计算告警的数量。通过比较告警数量随着时间推移发生的变化,来实现对告警系综集合成员的比较。

6.3　网络流系综集合

网络流系综集合的定义方式类似于告警系综集合。分析人员选择包含数据的 SQL 数据表，定义如何对告警和网络流的信息流进行关联，指定告警和网络流的时间维度数据列，并提供提取待分析数据的所有其他约束条件。网络流具有开始时间和结束时间，并包含许多告警，因此，相对于比较告警数量，比较成对的网络流更加复杂。我们并不进行跨时间步的数据聚合，而是将网络流系综集合中的每个成员视为单个的网络流序列。在使用动态时间规整（DTW）进行比较之前，需要进行成员相似度计算，以对齐成对成员的网络流。

网络流系综集合中的一个成员 m_i 是 l_i 个网络流的序列，表示为 $m_i = (f_{i,1}, f_{i,2}, ..., f_{i,l_i})$。每个网络流都有开始时间 t_s^i 和结束时间 t_e^i，并且包含零个或多个告警。这使得比较网络流的信息流，比聚合告警更加复杂。曼哈顿距离不适用于网络流序列比较，因为序列可能有不同的长度，并且可能没有在时间上对齐。要计算网络流系综集合的成员之间的动态时间规整距离，首先必须计算出成对网络流之间的差异度。用 $dis(f_u, f_v)$ 表示网络流 f_u 与 f_v 之间的差异度。我们提出了一个基于 3 个记录指标计算 $dis(f_u, f_v)$，以对网络流进行比较的简单方法。

持续时间。给定的网络流 f_i 的持续时间 $dur_i = t_e^i - t_s^i$，网络流 f_u 与 f_v 之间的持续时间内的差异度：

$$dis_{dur}^{u,v} = \frac{|dur_u - dur_v|}{\max(dur_u, dur_v)} \tag{1}$$

密度。给定的网络流 f_i 包含 n_i 个告警，f_i 中告警的密度是 $den_i = n_i/dur_i$。网络流 f_u 与 f_v 间的密度差异：

$$dis_{den}^{u,v} = \frac{|den_u - den_v|}{\max(den_u, den_v)} \tag{2}$$

分布。给定网络流 f_i 的开始时间与结束时间为 t_s^i 和 t_e^i，该网络流在时间点 $t_1^i, t_2^i, ..., t_{n_i}^i$ 接收到共计 n_i 个告警，在告警之间的时间间隔序列 $I_i = \{t_s^i - t_1^i, t_2^i - t_1^i, ..., t_e^i - t_{n_i}^i\}$。我们使用告警间隔序列之间的差值 $\sigma_i = \sum_{i=1}^{n_i}(I_i - I_\mu)^2 / n_i$ 来计算网络流 f_u 和 f_v 间的分布差异度：

$$dis_{dis_t}^{u,v} = \frac{|\sigma_u - \sigma_v|}{\max(\sigma_u, \sigma_v)} \tag{3}$$

对这些单个的差异度计量指标可以进行平均或归一化计算，以生成网络流 f_u 与 f_v 间的总体差异度。我们使分析人员能够在进行平均计算时调整权重 w_{dur}、w_{den} 与 w_{dis_t}：

$$dis(f_u, f_v) = w_{dur}dis_{dur}^{u,v} + w_{den_s}dis_{den_s}^{u,v} + w_{dis_t}dis_{dis_t}^{u,v}$$
$$0 \leqslant w_{dur}, w_{den_s}, w_{dis_t} \leqslant 1 \tag{4}$$
$$w_{dur} + w_{den_s} + w_{dis_t} = 1$$

6.4 系综集合成员的可视化展现

系综集合可视化通常包含对一个或多个系综集合成员的详细表现。根据系综集合中所包含成员的类型，这些成员的详细可视化形式可能非常不同。为了保持与现有基于 Web 的网络安全可视化系统的一致性，我们使用 2D 图表来可视化展现网络流量。具体来说，我们生成折线图来可视化展现告警系综集合中的成员，以及生成甘特图来可视化展现网络流系综集合中的成员。

告警系综集合成员的可视化。告警系综集合成员是在每个时间步内聚合计算的告警计数的序列。图 8（a）可视化展现了分析人员为单个关注源 IP 构造的 100 个成员的告警系综集合。目的 IP + 目的端口的组合被用于确定每一个成员。时间在 x 轴上展开，每个时间步的告警数量被绘制在 y 轴上。颜色表示每个告警的父流的目的 IP。图 8（a）突出显示了许多相似的模式：网络流一开始出现大量告警但在结束时只有很少告警；网络流的中间位置附近出现两个告警尖峰，以及一个在中间位置出现许多告警的异常网络流。分析人员选择将告警系综集合的 100 个成员分配给 $k = 20$ 个聚类群组。图 8（b）可视化展现了这 20 个聚类群组，将每个聚类群组在每个时间步上的告警数量进行平均。这种可视化提供了对告警数量随时间变化情况的一般理解。在图形底部被突出显示的紫色线条，表示一个包含 65 个成员的大型聚类群组。对这个聚类群组的成员的后续可视化展现如图 8（c）所示，证实了这 65 个成员的告警数量随时间变化的情况是相似的。

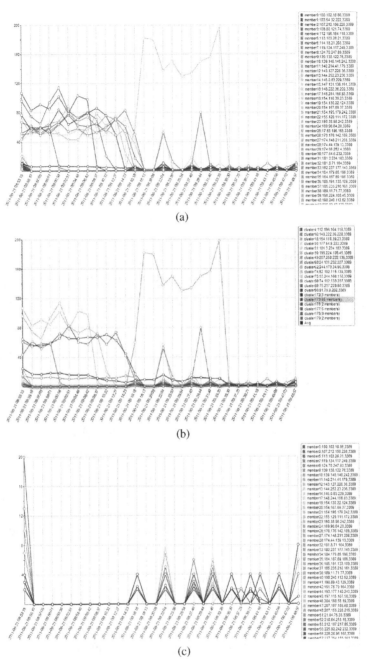

图 8 告警系综集合成员的可视化：(a) 100 个成员的系综集合；(b) 将成员分配至 $k=20$ 个聚类群组的
可视化展现；(c) 可视化展现某个特定的聚类群组中的每一个成员，该聚类群组由 65 个具有相似
告警模式但来自不同网络流的成员所组成（见彩图文件）

网络流系综集合成员的可视化。我们选择使用甘特图来可视化展现网络流的信息流和相关联的告警。x 轴表示时间，y 轴表示成员（如 IP + 端口的组合）。网络流被可视化展现为在网络流的开始和结束时间点具有端点的彩色条。在检测到告警的时间点上，将告警显示为黑色的垂直标记。分析人员根据网络流相似度聚类算法的结果，选择网络流成员组成的聚类群组进行可视化展现。图 9 显示了两个聚类群组，红色和蓝色分别标识了两个聚类群组。其中每个聚类群组有两个网络流系综集合的成员。放大至发生在相似时间但属于不同成员的一组网络流中，会产生详细的可视化展现，显示每个聚类群组中的网络流在持续时间、告警密度和告警分布等方面是相似的。注意，如果没有使用动态时间规整，红色聚类群组中的网络流就不会被认为是相似的，因为它们在不同的时间开始和结束。

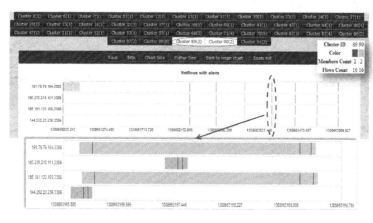

图 9　可视化展现来自两个不同聚类群组的 4 个网络流系综集合成员，
分别以蓝色和红色表示（见彩图文件）

7　实践应用

我们对基于 Web 的系统做出扩展，以支持网络安全系综集合的可视化展现。与前面一样，数据管理工作发生在运行着 MySQL 和 PHP 的远程服务器上。可视化基于使用 HTML5 和 JavaScript 的交互式 2D 图表。我们使用来自计算机科学大楼其中一层的匿名化网络流量，在现实世界告警和网络流的模式下测试我们的系统。

作为我们系统的一个实例，考虑上面讨论的告警系综集合，它检索获取源IP 为 64.120.250.242 的告警数据，并使用目的 IP＋端口的组合，将发送至共同目的 IP 和端口的告警确定为系综集合的一个成员。由于分析人员对带有少量告警的流量不感兴趣，所以他将根据告警的数量对系综集合的成员进行排序，只分析前 100 个成员。系统生成 SQL 查询语句以提取相关数据，并计算成对成员间的差异度。它生成一个差异度矩阵的可视化表现［类似于图 10（b）］，对网络流使用凝聚式聚类算法进行聚类，然后呈现一个描绘了不同数量 k 个聚类群组的总体差异度的折线图。分析人员使用折线图来研究成员间的关系，将 100 个系综集合成员组合进 $k = 20$ 个聚类群组，然后可视化展现最大的聚类群组，这个群组包含 65 个具有相似的告警数量随时间变化的成员［见图 8（c）］。系综集合可视化使检测告警模式中的相似变化的效率更高，而这种变化在对告警信息流的通用可视化中并不那么明显。

图 10（a）将网络流系综集合中的 65 个成员可视化展现为 x 轴上的 65 个单独甘特图和 y 轴上的目的 IP＋目的端口组合。在这个细节级别上，大多数成员的网络流信息流看起来很相似，因此在不放大的情况下很难在视觉上对网络流加以区分。差异度矩阵［见图 10（b）］表明当我们引入网络流数据后，发送到不同目的地址的网络流被相当明显地区分开来（在差异度矩阵中存在着许多暗色单元）。

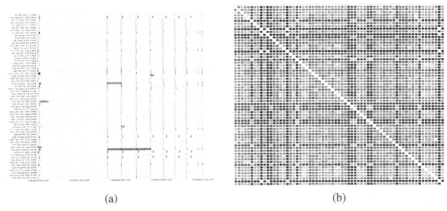

(a)   (b)

图 10　网络流系综集合：（a）在甘特图中可视化展现系综集合的成员；
（b）65 个成员的差异度矩阵（见彩图文件）

为了更深入地了解由 65 个成员组成的聚类群组所涵盖的告警信息流，分析人员通过请求网络流系综集合可视化来考虑网络流的信息流。告警可视化系统导出用于提取 65 个告警系综集合成员的告警的 SQL 查询语句。分析人员使用这些约束条件来检索获取与告警相关联的网络流，用于构成网络流系综集合。系综集合的成员由目的 IP+目的端口确定。在对网络流进行比较的过程中，3 个指标 w_{dur}、w_{den_s} 和 w_{dis_t} 被赋予相等的权重［公式(4)］。通过这种方式，网络流系综集合中的每个成员都与发送到相同目的地址的告警系综集合中的成员相互关联。

根据差异度矩阵，分析人员判断系综集合中差异度小于 0.21 的成员是相似的。这将 65 个成员组合成 $k=38$ 个聚类群组。正如预期的那样，来自相同聚类群组的成员中的网络流是相似的。在图 11 中，一个具有 6 个成员的聚类群组中的网络流具有非常相似的告警密度和分布，以及相对相似的持续时间（如右上角的概览可视化所示）。

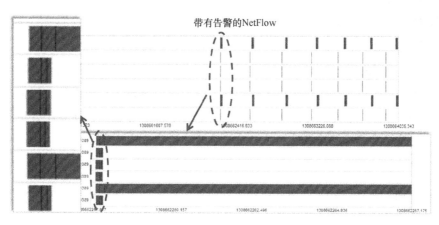

图 11　由网络流系综集合中的 6 个成员组成的聚类群组（对应的网络流具有非常相似的模式）

8　结论

数据可视化将原始数据转换为使观察者能够"看到"数据值及其所形成关系的图像。这些图像使观察者能够运用他们的视觉观察能力来识别数据中的特征，管理歧义，并以算法难以实现的方式来应用领域知识。可视化展现可以被形式化为映射：数据经过一个从数据到特征的映射，生成一个视觉的表达，也就是一个可视化展现，它能够显示出单个数据值及其形成的模式。

许多态势感知工具都使用图表、地图和流程图等可视化技术向分析人员呈现信息。挑战是确定如何最好地将可视化技术整合到网空态势感知领域。许多工具采用一种广为熟悉的信息可视化方法：概览、缩放和过滤，以及按需呈现细节。最近用于安全和态势感知领域的技术包括图表和地图、点边图、时间轴、平行坐标系、树形图和层次可视化。

我们为成功的可视化工具确定了一组初始的需求。它们没有确定我们应该可视化展现哪些数据属性，或者应该如何表示这些属性。**相反，通过一系列关于真实分析人员可能（和不太可能）使用哪些功能的高阶建议，隐式地对可视化系统的设计做出约束。**可视化必须"适应"于分析人员用来调查问题的心智模型。它必须被整合到分析人员当前的工作环境中。预先定义的数据表现形式通常是无用的。分析人员应该熟悉可视化。系统必须支持对多个数据源的查询和检索；可视化必须与现有策略相结合，并提供实用的支持。我们展示了一个原型系统，用于基于这些指导原则分析网络告警，使用基本的图表和图形，以及基于成员间关系对告警与网络流的信息流进行比较与组合的系综集合方法。在这两种情况下，数据检索和数据特征映射都是由分析人员驱动的，确保在可视化展现当前关注数据时，所采用的方式能够准确凸显出他们所希望分析的数据相关性。

参考资料

[1] Bradshaw,J.M.,Carvalho,M.,Bunch,L.,Eskridge,T.,Feltovich,P.J.,Johnson,M.,Kidwell,D.: Sol: an agent-based framework for cyber situation awareness.Künstliche Intellienz 26(2), 127–140(2012)

[2] Cockburn,A.,Karlson,A.,Bederson,B.B.: A review of overview+detail zooming and focus+context interfaces. ACM Comput. Surv. 41(1)(2008). Article 2

[3] Dang,T.K.,Dang,T.T.: A survey on security visualization techniques for web information systems. Int. J. Web Inf. Syst. 9(1),6–31(2013)

[4]   Goodall,J.,Sowul,M.: VIAssist: visual analytics for cyber defense. In: IEEE Conference on Technologies for Homeland Security(HST 2009),Boston,pp. 143–150(2009)

[5]   Heyes,R.: RGraph: HTML5 and JavaScript charts(2017)

[6]   HP ArcSight ESM

[7]   Kan,Z.,Hu,C.,Wang,Z.,Wang,G.,Huang,X.: NetVis: a network security management visualization tool based on Treemap. In: 2nd International Conference on Advanced Computer Control (ICACC 2010),Shenyang,pp. 18–21(2010)

[8]   Mansmann,F.,Fisher,F.,Keim,D.A.,North,S.C.: Visual support for analyzing network traffic and intrusion detection events using TreeMap and graph representations. In: Symposium on Computer-Human Interaction for Management of Information(CHIMIT 2009),Baltimore, article 3(2009)

[9]   McPherson,J.,Ma,K.,Krystosk,P.,Bartoletti,T.,Christensen,M.: PortVis: a tool for port-based detection of security events. In: Workshop on Visualization and Data Mining for Computer Security(VizSEC/DMSEC 2004),Washington,DC,pp. 73–81(2004)

[10]   Minarik,P.,Dymacek,T.: NetFlow data visualization based on graphs. In: Goodall, J.R.,Conti, G.,Ma,K.-L.(eds.) VizSec 2008. LNCS,vol. 5210,pp. 144–151. Springer,Heidelberg (2008). doi:10.1007/978-3-540-85933-8_14

[11]   Phan,D.,Gerth,J.,Lee,M.,Paepcke,A.,Winograd,T.: Visual analysis of network flow data with timelines and event plots. In: Goodall,J.R.,Conti,G.,Ma,K.-L.(eds.) VizSEC 2007,pp. 85–99. Springer,Heidelberg(2008)

[12]   SAS Visual Analytics

[13]   Shiravi,H.,Shiravi,A.,Ghorbani,A.: A survey of visualization systems for network security. IEEE Trans. Vis. Comput. Graph. 18(8),1313–1329(2012)

[14]   Tableau Software

[15]   Tibco Spotfire

[16]   Tricaud,S.,Nance,K.,Saadé,P.: Visualizing network activity using parallel coordinates. In: 44th Hawaii International Conference on System Sciences(HICSS 2011),Poipu,pp. 1–8(2011)

[17]   Tufte,E.R.: The Visual Display of Quantitative Information. Graphics Press,Cheshire(1983)

[18]   Tufte,E.R.: Envisioning Information. Graphics Press,Cheshire(1990)

[19]   Zhang,Y.,Xiao,Y.,Chen,M.,Zhang,J.,Deng,H.: A survey of security visualization for computer network logs. Secur. Commun. Netw. 5(4),404–421(2012)

企业级网空态势感知

Xiaoyan Sun[1]，Jun Dai[1]，Anoop Singhal[2]，Peng Liu[3]

[1] 美国加州州立大学

[2] 美国国家科学技术研究院

[3] 美国宾夕法尼亚州立大学帕克分校

摘要：本文首先对态势感知（SA）的概念及相关文献进行回顾综述，并介绍如何将态势感知应用于网空领域进行企业级网络安全诊断的研究工作。通过研究发现不同技术的个别视角之间存在相互孤立的问题，因此本文引入了一种被称为 SKRM 的网空态势感知模型，该模型能够将这些孤立的视角整合到一个框架中。本文基于 SKRM 模型中的一层，即操作系统层，介绍了一个名为 Patrol 的运行时系统，该系统能够揭示企业级网络中的零日攻击路径。为了克服 Patrol 系统存在的局限性，并实现更好的准确度和效率，本文进一步描述了如何在模型的操作系统层的底层应用贝叶斯网络技术，从而以一种概率的方式揭示零日攻击路径。

1 网空态势感知

完整准确的网空态势感知是安全分析人员很好地保卫网络的必要前提：安全分析人员应该清楚地知道网络中发生了什么，以辅助决策过程。安全分析中的许多工作都是从漏洞分析、入侵检测、损失和影响评估等算法或工具的个别视角进行的。这些分析工具对评估网络状态以及促进安全分析人员的网络安全管理工作，都是很有用处的。以攻击图为例，通过对网络中存在的漏洞进行组合，攻击图可以生成潜在的攻击路径，从而显示攻击者如何对网络进行攻击利用。在没有攻击图的情况下，安全分析人员必须通过分析如 Nessus 的漏洞扫描器所提供的漏洞扫描报告来手动构建可能的攻击场景。如果分析目标是具有数百台机器的大规模企业网络，这将是令人畏惧的分析任务。

虽然诸如攻击图的技术提供了强大手段来表现复杂的安全系统，并在某些方面简化了安全分析人员的工作，但各种技术往往倾向于仅关注其自身的视角。当涉及总体的网空态势感知时，就会产生一些问题。首先，各个技术通常彼此孤立。每个系统都会产生大量的数据，如系统日志、网络流量信息、安全告警，甚至业务交易日志。对于安全分析人员来说，从这么多的数据中找到所需的信息是一个巨大的挑战。其次，对孤立系统生成的信息进行整合与理解也是一个挑战。几乎没有现成的整合框架或模型可被用于工具、算法和技术的耦合，而通过这种耦合能够增强安全分析人员的态势感知能力，并提高安全分析人员处理复杂网络安全问题的有效性。最后，这些技术中很少考虑网空安全分析人员在其中的作用。这是有问题的，因为人是网空态势感知的核心。大多数工具的输出必须在安全分析人员的头脑中得到解释。应明确考虑操作人员的作用，以回答下列问题：应向安全分析人员呈现哪些信息以便其更好地进行理解？安全分析人员是否能够理解这些技术的输出并正确地与所上报事件关联起来？该系统能在多大程度上辅助安全分析人员的认知并增强态势感知？这样的例子不胜枚举。因此，为了实现完整准确的网空态势感知，需要建立能够耦合现有安全技术并考虑安全分析人员作用的整合模型。

1.1　态势感知（SA）

态势感知的定义是从 Dominguez[1]和 Fracker[2]最早在飞机驾驶领域所提出的概念演进而来的。Fracker 将态势感知定义为"飞行员在给定抽象级别上对所关注区域的知识了解"。飞行员通过将从环境中获取的样本数据与存储在他们长期记忆[2]中的知识结构进行匹配，以发展产生态势感知。Endsley 对动态环境中的态势感知做出了一个正式定义："态势感知是指在一定的时间和空间范围内观察环境要素，理解它们的意义，预测它们在不久的将来的状态"。[3]在这个定义中，态势感知被抽象为 3 个层级：观察、理解和预测。

然后，在 Endsley 定义的基础上，出现了态势感知的几种变化定义。Salerno等人的文章[4]引入了一个可以应用于多个领域的态势感知模型。他们将转化大量数据为信息以及理解这些信息的意义的基本过程视为态势感知的关键组成部分。由于大部分态势感知仍然是在操作人员的头脑中完成的，数据和决策支持工具之间仍然存在差距，因此他们将 Endsley 的定义修改为"态势感知是观察……并对其状态进行预测，以使决策优势得以实现"。McGuinness 和 Foy[5]为 Endsley 的定义增加了被称为"解决"的第四个层级。解决层级能够明确指出为了实现所期望的状态而要遵循的路径。解决不是决策，而是提供可用的选项及其对应的结果，从而促进决策。McGuinness 和 Foy 用一个类比来解释态势感知的 4 个层级：观察意味着搞清楚"当前的事实是什么？"；理解是在问"到底发生了什么事？"；预测表明"如果……会发生什么？"；解决是在问"我究竟该怎么办？"。

Alberts 等人[6]非正式地定义了战场环境下的态势感知。他们将态势感知称为"描述在某一特定时间点上对存在部分或全部战斗空间中的态势情境的感知"。在战场上的态势情境方面，他们识别出 3 个主要组成部分：任务和任务的制约因素、相关部队的能力和意图以及环境的关键属性。在感知方面，他们强调先验知识的作用，指出感知是"先验知识与当前现实观察之间复杂互动的结果"。在面对相同的态势情境时，每个人都可以有独特的感知。因此，他们提到专业教育和培训可以用来确保面对相同数据、信息和当前知识的个人能够实现相似的感知。

此外，Endsley[7]还讨论了态势感知在时间方面的特性。识别出了关于时间的 3 个方面：对时间的观察（时间本身），与事件相关的时间动态（如在某个事件发生之前有多少时间可用），以及现实事件动态情境的动态特性（如信息变化的速率）。时间是态势感知理解层级和预测层级的重要组成部分。此外，态势情境的动态特质也要求态势感知不断变化以保持准确。决策者依靠以往的经验来了解不断变化的态势情境，做出决策并采取行动。在 OODA（观察、调整、决策、行动）循环[8]中，决策和行动向环境做出反馈，然后一个新的循环开始了。

1.2　将态势感知应用到网空领域

将态势感知应用于网空领域以促进安全分析是一个自然而关键的步骤。网空安全本质上是网络空间中攻击者与防御者之间的一场战斗。然而，这场战斗本质上是不公平的：许多攻击信息可能永远对防御者隐藏，而许多防御信息是可被检测到的，因此也是攻击者可以获得的。也就是说，双方之间存在信息不对称。要赢得如此具有挑战性的战斗，防御者必须具备从非常有限的安全传感器的数据中有效挖掘出有用信息的能力。分散存在于各种安全文献中的各种分析工具和算法，是人们可以用于从数据中提取信息的工具。然而，研究发现，当人们使用"最佳"（在准确性、效率和成本方面）的工具时，不一定会产生最佳的态势感知。

这是由于目前大多数安全分析方法的设计都没有考虑人的因素。相反，他们的重点通常是技术上的突破，以试图提高分析方法在各种评估指标上的性能表现，包括效率、准确性、开销乃至规模扩展能力。很少有人会关注用户对所生成数据进行观察和理解的程度。此外，许多分析方法也被发现只是基于其个别视角，因而彼此孤立。标准化的工具被锁定于它们自己的视角中，而不能真正帮助安全分析人员对整个场景取得整体全面的理解。

上述个别视角间相互孤立的问题，给人类有限的认知能力带来挑战。当安全分析人员得到丰富的数据，但是由于各自的来源不同而导致这些数据彼此孤立时，丰富的数据就会成为人类认知能力的负担，而不是优势。安全分析人员会发现，被如此分散的数据所淹没时，他们将很难理解任何东西。这就是所谓的人类认知能力障碍，当人们期望用户真正从他们所得到的输出中获益时，需要考虑到这一点。

与传统的安全分析方法相比，网空态势感知考虑了循环中潜在的人类认知能力障碍。也就是说，网空安全态势感知基于所传感到的丰富数据，努力确保安全分析人员能够更有效地观察和理解数据，从而及时做出正确的决策。但是，如何做到这一点呢？答案是整合。为了达到辅助人员的领悟能力并促进其理解能力的目的，预期需要将人员的视角与各种技术的传统个别视角整合到一个宏观的框架中。该整合框架将是一个能够以整合的方式来容纳和提供多学科的理论、算法和工具集的平台。除了入侵分析或事后分析，任务资产损害评估和影响评估等所需的网空安全态势感知能力，只能在整合框架形成之后才逐步出现。

个别的视角。然而，就安全领域而言，这样的整合框架在文献中并不是直接可用的。要构建它，我们首先需要识别出可能整合到框架中的现有的个别视角，并使态势感知能够受益于整体的安全分析。

安全监测。出于不同的目的，企业网络可以运行在多个监测工具的观测下。

这些工具可能包括用于记录网络流量/网络流的 WireShark[13]、Ntop[14]、TCPdump[15]、Bro[16]以及 Snort [17]，用于扫描出漏洞的 Nessus [18]、OVAL [19]、GFI LanGuard [20]、QualysGuard[21]以及 McAfee FoundStone[22]，用于进行网络测绘与发现的 Lumeta IPsonar [23]、SteelCentral NetCollector（即原来的 OPNET NetMapper）[24]、Nmap[25]以及 JANASSURE[26]，用于拦截系统调用的 Backtracker[27]、Shelf[28]以及 Patrol[29]，用于捕获运行态安全事件的 Malwarebytes Anti-Exploit [30]、AVG AntiVirus[31]以及 McAfee AntiVirus[32]。这些监测工具作为安全传感器被部署在企业网络中，可以被用于实现网空态势感知的观察。

入侵检测。企业网络主要受入侵检测系统（IDS）的保护，IDS 是针对可能的网空攻击活动向管理员发出告警的机制之一。如 OSSEC HIDS[33]和 Trip-Wire[34]的基于主机 IDS 针对单个主机上的异常事件向管理员发出告警，而如 Snort 的基于网络 IDS 针对整个网络边界的可疑网络包发出告警。如 Bro 和 Snort 的基于签名的 IDS 可以针对已知攻击向管理员发出告警，而基于异常的 IDS[35-42]甚至可以针对未知攻击向管理员发出告警。这些技术通过对正常行为进行画像并检测所存在的偏离，以获得检测发现零日漏洞攻击利用的能力，但同时它们也难以处理误报情况。

其中一种值得注意的入侵检测方法是基于系统调用的入侵检测，它主要利用了系统调用序列[37,38]和系统调用参数的统计特性[40,41]。这种方法起始于 Forrest 等人[35]和 Lee 等人[36]在入侵检测领域提出的开创性研究成果。除了序列和参数，Bhatkar 等人进一步考虑了涉及不同系统调用参数的时间属性[42]。我们基于系统调用的入侵检测研究成果 Patrol[29]，是通过从系统调用解析出网络级依赖关系来识别零日攻击路径，具体将在第 3 节中进行介绍。这些路径提供了网络级的攻击上下文，并帮助检测未知的漏洞攻击利用。

当 IDS 系统注意到安全相关的模式或异常时会发出告警。因此，IDS 是我们实现网空态势感知所需的重要的观察工具。Patrol 研究工作所取得的突破，进一步使得 IDS 能够促进网空安全分析人员对安全态势感知的理解。

告警关联。正如其名称所示，告警关联[43,44]是一种将孤立告警关联起来以形成潜在攻击路径的技术。它在促进安全分析人员对网空态势感知的理解能力方面具有很高的潜力，但同时也可能导致较高的误报率。这些误报率包含两个方面[29]：（i）这种相关性本身是不准确的，因为它试图将可能不同的上下文整合成一个统一的"故事"；（ii）这种相关性在很大程度上取决于继承自如 IDS 的安全传感器的误报率。当这两方面的误报率结合在一起时，整个解决方案的准确度会变得更差。

事件关联。孤立问题已经引起了研究社区研究人员的注意，他们已经在从孤立技术到整体全景图的方面取得了进展。如 ArcSight[48]、QualysGuard[21]、NIRVANA[49]等。具体来说，ArcSight 是领先的企业安全信息和事件管理（SIEM）系统，它提供了一个关联分析引擎来以可视化方式对用户活动、事件日志和入侵告警进行安全管理。作为一个基于 Web 的漏洞扫描器，QualysGuard 通过将 IT 安全和符合性管理作为服务进行交付，从而将业务级视图和网络级视图组合在一起。NIRVANA 已经被设计成一个带有图模型和推理算法的态势感知工具，以帮助安全分析人员。虽然所有这些结果仅仅达成了部分的全局感知，但也显示出事件关联对网空态势感知所需的人类理解能力有很大的促进作用。

服务依赖关系发现。服务依赖关系发现是事件关联的一个子问题，它致力于从网络或主机的事件中挖掘出服务依赖关系。它的结果可以用来对企业网络中任务资产的影响权重进行排序，因此对促进网空态势感知所需的人类理解、预测甚至是解决能力都是非常重要和有用的。

基于网络的发现方法通常从网络流量中挖掘出网络服务依赖关系。我们已开发了一种技术[57]来枚举应用和服务之间的相互依赖关系，而参考资料[58]提出使用 Leslie 图作为抽象模型来描述网络、主机和应用组件之间的复杂依赖关系。在一个小的时间窗口内共同出现的网络流量，被用来识别服务依赖关系[45]，也可用于故障定位。基于参考资料[45]，eXpose[46]使用一种统计度量方法进一步过滤不太可能导致依赖关系的流量。Orion[47]基于网络流对的延迟分布中的峰值检测来学习获得依赖关系。模糊逻辑算法被用于构建一个推理引擎对来自流量的依赖关系进行分类[59]。NSDMiner[60,61]利用嵌套的网络流量观察来识别依赖关系。

可以执行主机端的测量机制来监测运行中的进程的行为，然后据此提取出服务依赖关系。Magpie[50]能够记录细粒度的内核/中间件/应用程序事件，将它们关联到计算机上的应用程序的执行路径中，并在网络上对它们进行追踪。Pinpoint[51]能够记录组件的交互行为，以跟踪请求所经过的路径。X-trace[52]重构出操作任务执行过程中所涉及的事件树。Constellation[53]采用分布式方式安装基于主机的守护进程，然后应用网络机器学习。Macroscope[56]将产生流量的已识别进程的信息与网络级网络包跟踪数据结合在一起。

操作系统对象依赖关系跟踪。操作系统对象依赖关系跟踪技术最初是由King 等人[27]发明的，目的是自动识别出入侵步骤的序列。后续的研究工作[54,55]进一步提出将系统对象依赖关系跟踪与告警关联技术进行整合。Xiong 等人[28]将其应用于入侵恢复。我们在 Patrol 的研究工作中利用这种技术来揭示零日攻击路径，定位所有因为攻击活动而已经被破坏的已知或未知的操作系统级任务资产（进程或文件）。所有这些研究成果表明，操作系统对象依赖关系跟踪技术可以促进安全分析人员对网空态势感知的理解。

攻击图。另一种注意到漏洞之间相互孤立问题的技术是攻击图，它通过将漏洞组合在一起进行考虑以实现进展突破。因为具有对已知漏洞之间的因果关系进行建模和关联的优势，攻击图能够生成所有可能的攻击路径，从而展现出企业网络中为了实现特定攻击行动目标而展开的攻击利用序列。自从 Phillips 和Swiler[101]在 1998 年首次提出使用攻击模板表示已知攻击活动中一般步骤的模型以来，研究人员对攻击图的研究已经持续了十多年。在早期发展阶段，状态枚举攻击图成为了主流研究方向，参考资料[62,63,89]等，以及 Sheyner 等人[102]、Ramakrishnan 等人[64]、Jha 等人[101]、Phillips 和 Swiler 等人[65]发表的文献，都是关于状态枚举攻击图的研究成果。由于状态枚举攻击图存在严重的复杂性问题，因此研究人员开始开发新的依赖关系攻击图。依赖关系攻击图的研究实例包括Noel 和 Jajodia[66]、TVA[90]和 Cauldron[67-69]、Jajodia 等人[103]、MIT NetSPA[104]、Ingols 等人[70]、Ou 等人的 MulVAL[91-93]，以及 NIRVANA[49]。虽然攻击图在漏洞关联方面具有很强的能力，但却无法描述零日攻击路径。值得注意的进展是最近的研究成果[71,72]，开创了基于攻击图对零日漏洞进行建模的方法。总之，攻击图显示出极大的潜力，能够促进安全分析人员对网空态势感知的理解。

贝叶斯网络。贝叶斯网络（BN）在传统网络[106]和云环境[107]中都被用于进行入侵检测[105]和网空安全分析。基于已知的漏洞和所观察到的告警，利用参考资料[106]可以推断出哪些主机可能受到攻击，参考资料[107]利用贝叶斯网络来推断出云环境中企业网络孤岛间的"隐秘桥梁"（性质上是未知的）。我们的研究工作，如第 4 节所述，使用贝叶斯网络以概率方式推断出零日攻击路径。贝叶斯网络的这些推理能力表明，贝叶斯网络是一种解决不确定性问题的强大工具，可以增强安全分析人员对网空态势感知的理解和预测能力。

集成框架。研究人员在不同领域开发了不同的态势感知框架或模型。利用参考资料[5]中提供的态势感知的定义，Tadda 和 Salerno[10]建立了一个态势感知参考模型，该模型为诸如实体、对象、组、事件和活动的概念提供了定义。Salerno等人提出了另一种态势感知模型，该模型基于 JDL（Joint Director of Laboratories）数据融合模型[9]，但利用了 Endsley 在态势感知模型[3]中的观察、理解和预测（参考资料[4]中称为预期）概念。该模型反映了态势感知的基本过程，通常从安全分析人员所关注的问题开始。然后，分析人员使用过往经验的一个现有模型并使其适应新的情况。该现有模型定义了所关注的模式，以及因此而需要采集的用于态势感知的数据。

然而，上述现有的态势感知模型没有注意到在企业级网络中不同技术的个别视角之间的相互孤立问题。实现企业级态势感知的目标就是打破这种相互孤立的情况，整合各个技术的个别视角，并使用整合的态势感知来增强安全分析人员对整个企业场景的观察、理解和预测。因此，为了通过将孤立技术中的态势知识相互连接在一起以获得对大局的感知，我们在 Tadda 和 Salerno[10]以及 Endsley[7]所建立的模型的基础上，构建了一个网空态势感知的框架，如图 1[12]所示。这一框架的关键组成部分是我们提出的一个模型—— 态势知识参考模型（Situation Knowledge Reference Model，SKRM），该模型将在第 2 节中被详细阐述。总之，通过将数据、信息、算法与工具以及人类知识耦合在一起，SKRM 模型能够整合来自不同视角的网空知识，从而增强网空分析人员的态势感知[12,73]。

利用 McGuinness 和 Foy 对态势感知的定义[5]，图 1 所示的网空态势感知框架由观察、理解、预测和解决 4 个层级组成。SKRM 作为核心的整合模型，能够以数据、信息、工具和算法，甚至人类智能作为输入，增强了安全分析人员的 4 个层级的态势感知能力。安全分析人员可以从许多来源获取信息，包括数据、信息、系统接口、现实世界以及 SKRM 的输出，以帮助理解态势情境。

与参考资料[10]中 Tadda 和 Salerno 的模型相比，图 1 中的观察层级除了数据和信息外，还包含了系统接口①和现实世界这两个要素。

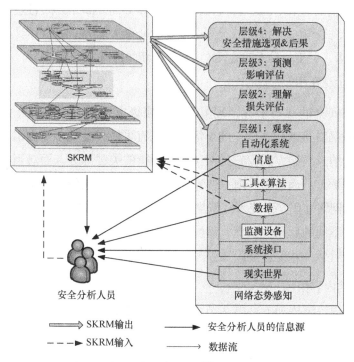

图 1 一个网空态势感知框架[12]（见彩图文件）

系统接口是安全分析人员获取相关信息的主要信息源之一。系统设计是影响安全分析人员态势感知有效性的一个重要因素。一个设计良好的系统（包括好的算法和接口）可以有力地帮助安全分析人员对信息进行观察和理解。此外，信息获取是一个主动的过程[7]，在这个过程中，安全分析人员可以选择通过系统接口展示哪些信息。当在评估主机是否被攻击受控时，安全分析人员可能会翻阅由不同安全传感器提供的许多报告，如 Nessus、Snort、TCPdump[15]等。安全分析人员可以在不同的接口或系统之间切换，以获得所需的信息。当在这些报告中找到一些线索的时候，他可以主动地查看系统日志记录以发现可疑行为。

现实世界是安全分析人员直接观察到的另一个信息源。安全分析人员能够直接听到和看到来自环境的信息，如被异常删除的文件、硬件上出现的极高温度等。

---

① 在本文的描述中，System Interface 兼有"系统的数据采集接口"和"系统界面"的含义，为了避免歧义，在此采用兼具两重含义的"系统接口"翻译。——审校者注

Endsley还将团队成员和其他人员看作是用于人工操作员态势感知的一种独立的信息来源[7]。在我们的框架中，我们将它们视为现实世界的一部分。来自这些来源的信息可以以各种形式产生。比如，在公司会议上讨论的财务异常情况可能与工作站的入侵有关。或者，关于一种近期流行攻击模式的新闻报道，能够解释为什么某个机构自身的网络上存在相似的症状。

从网空安全的视角来看，理解和预测层级主要是关于损害评估和影响评估[11]，也就是对当前正在发生的事情和未来有可能发生的事情做出评估。我们将解决层级纳入框架，因为它是网空安全分析的关键部分。面对当前的态势情境，安全分析人员通常会采取一些安全措施来实现所期望的状态变化。这些安全措施包括网络加固、系统入侵恢复等。不同的决策可能需要不同的成本代价，并可能导致不同的后果。因此，解决层级能够向安全分析人员提供可用的选项及其对应的后果，并促进决策过程。

1.3 本文的内容组织

本文的内容结构如下：第 2 节将重点介绍 SKRM，这是我们提出用于构建整合框架的网空态势感知模型；第 3 节将介绍一个运行时系统 Patrol，揭示在 SKRM 模型中操作系统层的零日攻击路径；第 4 节将说明在 SKRM 模型中操作系统层底层使用贝叶斯网络，以概率的方式揭示零日攻击路径。

2 SKRM：通过相互连接的跨层态势知识参考模型获得全局感知

2.1 研究动机

网空安全现在如同面对着一片传感数据的"海洋"，在企业环境中更尤其如是。这些数据是由开发用于漏洞分析、入侵检测、损害和影响评估、系统恢复等各种技术（算法和工具）所产生的。丰富的数据为我们提供了精彩的机遇，让我们能够基于建模和分析来了解我方任务和敌方活动。正如在本文第 1.2 节所指出的，网空态势感知（SA）是我们期望能够从如此大量的可用数据中得到的效果之一，期望能够据此形成网空决策人员做出推断所依赖的先决条件，其中需要推断的情况包括有哪些进行中的入侵行动、这些行动可能产生哪些后果，以及应当采取哪些行动。

然而，在企业安全部署中，所有信息技术都将它们的数据以不同的格式贡献给这片"数据海洋"，因此我们发现，应当将由此产生的网空态势感知"拆碎"成为"孤立"部分的形式。我们在参考资料[73]中提到，造成这一现象的根本原因是技术与生俱来的孤立的个别视角，这些视角没有显式地考虑如何提高安全分析人员的总体网空态势意识。在技术设计和实现过程中所持有的局部视图最终会导致出现差异，而这种差异固有地存在于技术的基因之中，这些技术基因必然也会影响到结果数据，如数据颗粒度、数据格式、数据语义和数据意义等方面。

大量这样的异构数据从不同的来源呈现给安全专家进行分析。由于基因上被"锁定"在对应的相互不同的个别视角中，数据通常处于不同的层面，从业务到网络以及从网络到系统等。总的来说，它们应该向安全分析人员提供关于当前安全态势情境的最关键知识。为此，需要具有不同背景和专业知识的专家共同努力消化和理解数据。然而，研究发现，即使是同一个安全话题，不同领域的专家之间也无法进行有效果的沟通。比如，经验丰富的业务经理具有快速地从业务相关数据中发现异常财务损失的能力，但是他们可能无法判断这种损失是由一个工作站的缓冲区溢出攻击还是 SQL 注入攻击所造成的。相反，操作系统专家可以立即从日志数据中注意到异常的系统调用，但无法判断这将如何影响公司的业务流程。换句话说，在抽取的过程中，网空知识继承了来自数据的相互孤立特点，因此处于一种"被锁起来"的模式。

正如参考资料[73]中指出的，由于上述锁定模式的存在，"应该建立一个整合框架，通过将数据、信息、算法和工具以及人的知识耦合在一起，整合来自不同视角的网空知识，以增强安全分析人员的态势感知能力"。许多网空态势感知能力需要建立在全局感知的基础上，而全局感知只能通过宏观框架来实现。其中一项能力是任务损害和影响评估，这对于确定和跟踪在攻击活动及随后的损害传播期间相关的因果关系来说是至关重要的。另一个例子是资产标识（和优先级排序），它被期望用于识别关键任务资产并将其分为以下类别："已被污染""清洁但处于危险中""清洁且安全"。这些能力在很大程度上辅助了安全分析人员的决策过程，促进了网络安全管理。然而，要获得这种能力，需要解决以下"烟囱"问题。

"烟囱"问题。所涉及的处于计算机和信息系统语义不同层级的（数据和代码）元素在态势感知级的抽象（观察、理解、预测或解决），是上述两种功能都需要的。具体到网空安全方面，可以在业务流程层、应用/服务层、操作系统对象层（文件或流程）或指令层（内存单元、指令、寄存器和磁盘扇区）识别出损害。然而，为了使所取得的评估更加全面，这些能力既需要多层次的理解，也需要跨层次的感知。使用前面的示例，一方面，系统专家确切地知道哪个文件被添加、删除或修改了，但是他们几乎不可能知道这将如何影响业务层；另一方面，业务经理可以迅速注意到可疑的财务损失，但他们不能将其与操作系统中不允许的系统调用联系起来。也就是说，当前的安全解决方案通常受到其对应的抽象层次所限制和孤立，如工作流复原[74]、入侵检测[79,80]、攻击图分析[89-92]、操作系统级依赖关系跟踪[27]和恢复[28]、指令级污染分析[81-83]。当这些技术应用于网空安全态势感知时，我们需要它们能够有效地相互"交谈"，并帮助安全分析人员实现总体的态势感知。

　　这种不同知识基础之间的相互"孤立"被称为"烟囱"问题[73]。上述的多个抽象层次是一类"烟囱"问题，因为它们会导致安全分析被绑定到个别的语义抽象层次上。实际上，这类烟囱是"水平烟囱"，因为在同一抽象层次上的非整合安全工具，如漏洞扫描器、反病毒/恶意软件传感器、监测设备和日志记录器以及 IDS，也会由于区隔划分（进程、物理计算机、网络段）而彼此受到限制①。第二个类型的烟囱是"垂直烟囱"。简单地说，水平烟囱是由于抽象层次之间存在差异，而垂直烟囱是由于相同抽象层次上存在差异。

　　"烟囱"问题本质上是态势感知需要解决的一个重要问题，因为现在的安全分析方法和结果本质上是烟囱式的，不是水平的就是垂直的。从现有个别的态势情境知识收集器中提取到的态势感知，只是孤立的"片段"。如果没有一个对整个场景进行全面理解的全局图景，就无法获得所需的态势感知能力。因此，这些态势感知的片段必须被拼接在一起，成为一个相互连接的跨层"全局图景"，我们在参考资料[73]中将其称为"全局感知"。

---

① 作者原文存在理解二义性问题，按照句式（两个 This）和标点符号（逗号分隔）来理解，同一抽象层次上非整合安全工具的烟囱问题也属于水平烟囱问题，但是这与本段结尾的论述存在矛盾。而且，下一句"This second type ..."中使用的 This 又暗示在前面提到过一种对应于垂直烟囱的情况。综合来看，我们在这里提出另一种符合上下文逻辑关系的替代翻译方案。这种不同知识基础之间的"孤立"被称为"烟囱"问题[73]。上述的多个抽象层次是一类"烟囱"问题，因为它们会导致安全分析被绑定到个别的语义抽象层次上，实际上，这类烟囱是水平烟囱，而在同一抽象层次上的非整合安全工具，如漏洞扫描器、反病毒/恶意软件传感器、监测设备、日记记录器以及 IDS，也会由于区隔划分（进程、物理计算机、网络段）而彼此受限。这里第二种类型的烟囱是垂直烟囱。简单来说，水平烟囱是由于抽象层次之间存在差异，而垂直烟囱由于相同抽象层次之间存在差异。——审校者注

挑战和方法。在对跨层数据进行使用和建模并将其应用于任务驱动的分析方面，存在若干个重要的挑战：（ⅰ）必须识别出企业网络中存在的"烟囱"，包括水平（如抽象层次）和垂直（如区隔）；（ⅱ）必须找到分析技术来打破相应的"烟囱"，包括对应于垂直烟囱的跨区隔分析技术和对应于"水平烟囱"的跨抽象层次分析技术；（ⅲ）基于上述两方面的突破，需要将孤立的网空态势知识整合进一个"全局图景"。

为了解决烟囱问题，我们提出了一个具有多个抽象层次的企业网空态势知识参考模型（Enterprise Network Situation Knowledge Reference Model，以下统称为SKRM）[73]。SKRM 作为实现全局感知的自然而关键的"下一步"，需要基于以下方法解决上述挑战。

（ⅰ）我们对企业网空态势知识进行分类，从而识别 SKRM 的抽象层次：工作流层、应用/服务层、操作系统层和指令层。每一个层次，从上到下，都以更细致的颗粒度为特征。这些抽象层被看作是"水平烟囱"；而相应抽象层次上的区隔，即业务操作任务、应用或服务、流程或文件、内存单元或磁盘扇区等，被看作是"垂直烟囱"。

（ⅱ）为了打破垂直烟囱，我们引入了跨区隔的数据或控制依赖关系跟踪技术，并将其引入并扩展至 SKRM，包括工作流的数据或控制依赖关系挖掘[74-76]、服务依赖关系发现[47, 84]、操作系统层依赖关系跟踪[27, 28]、指令层污点跟踪[81-83]。为了打破"水平烟囱"（如抽象层次），在 SKRM 中引入或开发了跨抽象层次语义桥接技术，以描绘在计算机和信息系统语义的不同层级之间的跨层级（映射、翻译或因果）关系。如图 2 所示，在应用/服务层和操作系统层之间垂直插入一个逻辑层面的依赖关系攻击图[91-93]，实现网络服务级前置条件（配置和漏洞信息）之间的因果关系表示和跟踪，以及识别在操作系统层对漏洞的成功攻击利用。

（ⅲ）基于上述两方面的突破，将多层次的企业网络 SKRM 作为孤立网空态势知识的整合者做出形式化表示并进行评价。由于具有不同的视角和颗粒度，因此每个 SKRM 层生成一个覆盖整个网络的图，从而整合对该层所有任务资产的跨区隔感知。然后，这些图通过跨层关系（如映射、翻译和语义桥接）进行相互连接。得到的图模型栈能够以整合的方式表示 SKRM，从而将孤立的态势感知转换为"面向全局图景"的态势感知。

下面将描述 SKRM、SKRM 图模型栈生成分析和基于 SKRM 的任务诊断。

2.2 SKRM

网络空间中入侵行动的检测和防御就像"在海里抓大鱼"。像渔民一样，我们需要一个精心编织的"渔网"来捕获网空攻击行为。如果大海是数据，会是什么样子？图 2 所示的 SKRM 起到了"渔网"的作用。它打破了在异构数据源之间的"相互孤立"，使"全局图景"能够提供宏观的视角和整体的理解。

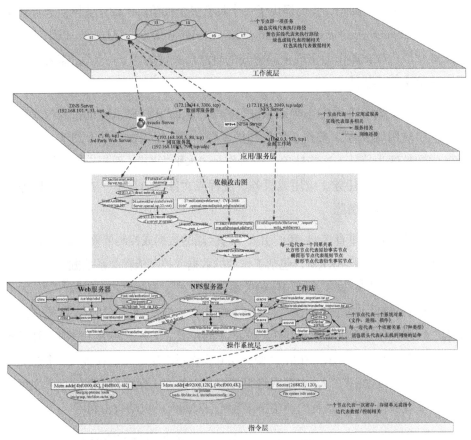

图 2　企业网络的态势知识参考模型（SKRM）[73]（见彩图文件）

SKRM 概述和特性。SKRM 从上到下无缝地整合了企业网络中网空态势知识的 4 个抽象层次：工作流层、应用/服务层、操作系统层和指令层。逐层中技术细节的颗粒度越来越细。以下是对参考资料[73]中 SKRM 概述和特性的摘要。

- 每个抽象层次生成一个图，每个图覆盖整个企业网络。

- 记录跨层次的关系。将各个图相互连接成为一个图模型栈。

- 图模型栈支持跨区隔诊断和跨层次分析。

- 每个抽象层次都是从不同视角以及在不同颗粒度上对同一个网络形成的视图。

- 在不同层次/粒度上获得的孤立观察被整合到一个更全面且更可规模扩展的系统中，以支持更高层级的态势感知，即理解和预测。

SKRM 的层次。根据计算机和信息系统语义的不同层级，以及根据相应的专家知识，基于对孤立态势知识分类，从已检索的文献中抽象出层次。具体来说，工作流路径在对日常业务/任务流程进行建模和管理方面非常有用。出于稳定和效率目的，在多服务网络环境中需要实现故障或问题的局部化，其中应用或服务依赖关系的作用是非常宝贵的。操作系统对象（文件或进程）依赖关系在对入侵传播进行后向或前向跟踪方面非常有用。动态指令污点跟踪有助于细粒度的入侵危害分析。

工作流层。工作流被广泛用于对组织的业务流程进行建模和管理[74]。为了完成业务流程，工作流由几个必不可少的操作任务组成，其中操作任务按照特定的顺序进行排列，以确保彼此之间的正确依赖关系。组织的工作流程应该是一致和可靠的，以确保正确的执行路径。如果工作流受到破坏，工作流中的操作任务①或数据可能也已经被损坏（可能基于恶意的注入或修改），或者路径中的执行顺序也已经被修改。因此，我们建议将工作流层作为 SKRM 中的顶层来描述企业中的业务/任务流程。图 3 所示的工作流层可以视作一个具有 7 个操作任务的示例。

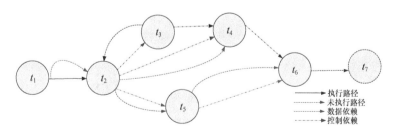

图 3　工作流层的图模型[73]（见彩图文件）

---

① 由于本章中讨论到业务流程与任务建模的问题，同时会出现都被翻译为任务的 mission 与 task。为了避免出现歧义并导致错误理解，我们特此将相对宏观 mission 翻译为任务，而将相对微观的 ask 翻译为操作任务。——审校者注

定义 1 工作流层[73]

工作流层的图模型可以用有向图 $G(V, E)$ 表示。

- V 是节点（操作任务）的集合。
- E 是有向边（直接紧前关系）的集合。
- 如果 $(t_i, t_j) \in E$，则 (t_i, t_j) 是从操作任务 t_i 指向操作任务 t_j 的有向边，t_i 之后就执行到 t_j。有向边导出任务之间的数据和控制依赖关系。
- 工作流 $G(V, E)$ 有一个入度为 0 的开始节点和一些出度为 0 的结束节点。从开始节点到结束节点间的任何路径都是执行路径。

应用/服务层。工作流的运作最终在于操作任务的执行，而操作任务的执行又进一步依赖于特定应用软件的正确执行。此外，根据参考资料[47]，特定应用的功能、性能和可靠性会依赖于运行在网络中其他相关节点上的多个先决服务。因此，我们在 SKRM 中提出了一个应用/服务层，用于描述应用/服务及其依赖关系。图 4 所示的应用/服务层是一个示例。

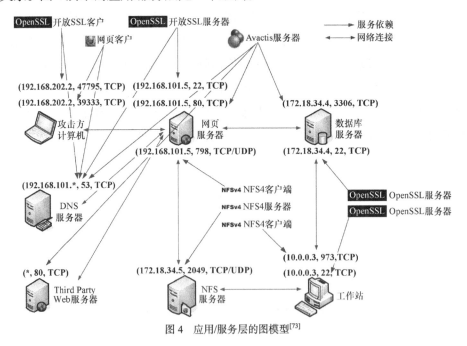

图 4 应用/服务层的图模型[73]

定义 2 应用/服务层[73]

应用/服务层的图模型可以用有向图 $G(V, E_1, E_2)$ 表示。

- V 是节点（应用或服务）的集合。

- E_1 是单向边（依赖关系）的集合，E_2 是双向边（网络连接）的集合。

- 服务节点被表示为一个三元组（IP、端口、协议）。

- 如果 $(A_i, S_j) \in E_1$，则 (A_i, S_j) 是应用 A_i 对服务 S_j 的一个依赖关系；如果 $(S_m, S_n) \in E_2$，则 (S_m, S_n) 是服务 S_m 与服务 S_n 间的一个网络连接。

操作系统层。在承载应用程序或服务以执行工作流的具体主机被定位之后，在这些主机中做出进一步的探索。因此，我们进一步将操作系统层引入 SKRM 模型，以构建操作系统层依赖关系图。图 5 中的操作系统层展示了一个示例。

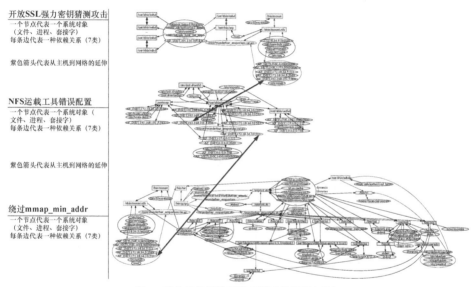

图 5　操作系统层的图模型[73]（见彩图文件）

定义 3　操作系统层[73]

操作系统层依赖关系图可由有向图 $G(V, E)$ 指定。

- V 是节点（系统对象，主要是一个进程、一个文件或系统内的一个套接字）的集合。

- E 是有向边的集合，其中有向边意味着直接依赖关系。

- 如果 $(N_A, N_B) \in E$，节点 N_A 以某种方式影响 N_B，我们称之为依赖关系，表示为图中的边。

指令层。在指令层进行细粒度的入侵影响诊断，可能有助于在进程－文件级找到被遗漏的入侵行动[83]。因此，在SKRM中提出了一个指令层来对内存单元、磁盘扇区、寄存器、内核地址空间和其他设备[73]进行指定和关联。通过将每个指令流映射到对应的系统对象，可以生成指令层的图模型[81,83]。此外，动态污点分析的语义[82]也可应用于此。

定义4　指令层[73]

指令层的图模型也可以由有向图 $G(V, E)$ 指定。

- V 是节点（指令、寄存器或内存单元）的集合。
- E 是有向边的集合，其中有向边意味着直接的数据或控制依赖关系。
- 如果$(N_A, N_B) \in E$，则节点 N_B 是依赖于节点 N_A 的数据或控制。

2.3　生成 SKRM 图模型栈

上面定义的层次实际上是"水平烟囱"，而层次上的区隔（操作任务、服务、主机、操作系统层对象、指令层对象）是"垂直烟囱"。为了打破它们，分别需要跨区隔和跨层次的相互连接。

跨区隔的相互连接。跨区隔的相互连接，实际上是在对应的抽象层次上生成网络级图模型的过程[73]。

工作流设计/挖掘。生成工作流层的图模型有两种方法：（i）可以由业务管理人员对工作流进行手工设计和预先指定，因为"已定义"的业务结果是工作流希望通过执行一组逻辑顺序排列的操作任务来实现的，这种方法由于人类存在局限的效率和准确性而受到影响；（ii）可以应用工作流挖掘[75-78]方法，通过运用各种数据挖掘技术，由业务流程实际执行的日志数据中提取出工作流，这种方法在效率（自动化）和准确性方面更具有前景。将第一种方法应用于参考资料[74]中的网上商城业务场景，得到的图模型如图 3 所示，其中可以识别出两个不同的执行路径——p_1: $t_1t_2t_3t_4t_6t_7$（非会员服务路径）；p_2: $t_1t_2t_5t_6t_7$（会员服务路径）。

服务依赖关系的发现。生成应用/服务层的图模型也有两种方法：（i）可以利用人员专业知识来手工绘制依赖关系，但该方法并不能随着企业网络中应用/服务的数量增多而扩展[47]；（ii）作为替代方案，该领域有几种可用的自动化服务依赖关系发现方法[45-47,84]。我们开发了一种新的方法[85]用于服务依赖关系的发现，该方法有望做到更高效、更准确。图 4 展示了应用/服务层的图模型。

跨主机的操作系统层依赖关系跟踪。近期的研究工作[27]表明，可以通过对系统调用进行解析来确定两个操作系统层对象之间的依赖关系类型。按照这种"依赖规则"，可以从系统调用的审计日志中为每个主机构建出操作系统对象级的依赖关系图。我们进一步扩展了单主机的操作系统对象依赖关系图，通过包括远程程序之间基于套接字的通信来覆盖整个网络。这对于揭示未知攻击轨迹[29]是非常有效的。第 3 节将详细阐述这一突破。图 5 展示了操作系统层的图模型。

指令层污点跟踪。根据参考资料[83]，指令层可以容纳两部分工作内容：（ⅰ）细粒度污点分析可以用来生成指令流依赖关系，其中包含有价值的二进制信息；（ⅱ）可以进行跨层次的感染诊断，以消除指令层与操作系统层之间的"语义鸿沟"。图 6 展示了指令层的图模型，其中指令层对象（矩形图标）与对应的操作系统层对象（椭圆形图标）动态映射。

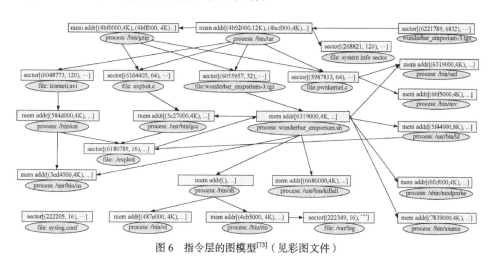

图 6　指令层的图模型[73]（见彩图文件）

跨层次的相互连接。跨层次的相互连接被用于描述跨层次的关系，可以从一个 SKRM 层次穿到另一个 SKRM 层次，从而获得新的信息，并最终获得对整个场景的整体理解。

跨层次的语义桥接。基本上，两个相邻抽象层次之间的语义桥接（如映射和翻译）可以用来描述跨层次的关系。工作流层的工作流操作任务和应用/服务层的特定应用之间的双向映射，可以通过从网络跟踪数据和工作流日志中挖掘它们之间的关联关系来实现。操作系统层对象和指令层对象之间的映射可以基

于如参考资料[83]中所示的重构引擎来完成。映射的示例如图 2 所示，其中映射
被表示为相邻层次之间的紫色双向虚线。

攻击图的表示和生成。为了将应用/服务层和操作系统层相互连接起来，可以在
两者之间垂直插入一个依赖关系攻击图[92]，以描述应用/服务层的先决条件（网络连接、
机器配置和漏洞信息）与操作系统层的成功攻击利用所体现症状/模式之间的因果关系。
图 7 展示了我们生成的攻击图。

图 7   依赖关系攻击图[73]（见彩图文件）

定义 5   依赖关系攻击图[73]

依赖关系攻击图（AG）可以用有向图 $G(V, E)$ 表示。

- V 是节点（派生节点表示为椭圆，原始事实节点表示为矩形，派生事实
节点表示为菱形）的集合。

- E 是表示节点之间因果关系的有向边的集合。

- 一个或多个事实节点可以作为一个派生节点的先决条件，并可以使该派
生节点生效。一个或多个派生节点可以进一步使派生事实节点变为真。

图 2 中的攻击图只展示了图 7 的一个子集，但它也说明了依赖关系攻击图
与相邻两个层次的相互连接：（i）基于攻击图生成的 Datalog 表现形式，应用/
服务层信息（网络连接、主机配置、扫描漏洞）成为攻击图中的原始事实节点[92]；

（ii）基于网络级的操作系统层依赖跟踪，将攻击图中的派生事实节点映射到操作系统层的入侵症状（如入侵模式或检测特征），其中这种依赖关系跟踪的输入是主机或服务配置的操作系统层实例。进程/usr/sbin/sshd 实例化了 sshd，因此跟踪它将揭示出访问与 sshd 相关的进程和文件的重复模式（依赖关系攻击图中的节点 14）。

2.4　案例分析

我们在参考资料[73]中进一步进行了具体的案例分析，基于改编自参考资料[74]的商业/任务场景，如图 8（a）所示，以说明基于 SKRM 的任务诊断，其中 SKRM 是能力的关键使能因素，如任务损害和影响评估、资产识别与分类等能力。出于这个目的，我们将场景定为一个 3 步骤的攻击行动（CVE-2008-0166-OpenSSL 密钥暴力猜测攻击、NFS 挂载错误配置、CVE-2009-2692-mmap_min_addr 限制绕过），并在场景中部署了若干个态势知识收集器以获取真实数据，其中收集器包括 Nessus、MulVAL、Snort、Ntop、Strace 以及我们自己开发的一些工具[29]。

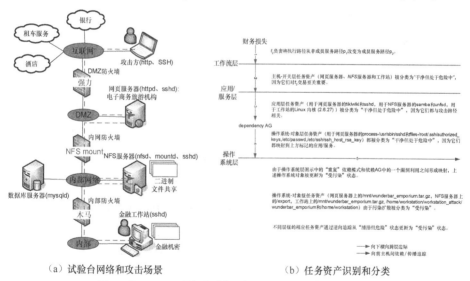

(a) 试验台网络和攻击场景　　　　　　(b) 任务资产识别和分类

图 8　基于 SKRM 的任务诊断示例：试验平台和使能的能力[73]

能力：任务资产识别和分类。如图 8（b）所示，自顶向下的跨层次 SKRM 诊断将使对任务资产进行识别和分类成为可能。从在业务层级（如财务损失）的明显观察开始，通过在主机－交换机层级、应用层级和操作系统对象层级标识出任务关键资产并将其分类为"受污染""干净但处于危险中""干净且安全"等类别，实现任务资产的识别和优先级确定。

具体来说，在注意到财务损失后，安全分析人员通过对工作流层（见图 3）分析，怀疑攻击者作为非会员可能通过路径 p_2 获得了会员服务。由于操作人员 t_2 负责将执行路径从 p_1 更改为 p_2，他们向下跟踪从工作流层到应用/服务层的跨层次连接边，以对操作任务 t_2 展开特定的调查。在涉及关于操作任务 t_2 的主机——交换机层级关键任务资产中，Web 服务器、NFS 服务器和工作站被标记为"干净但处于危险中"，因为它们成为最可能的攻击目标。分析人员进一步向下跟踪从应用/服务层到依赖关系攻击图的跨次层连接边，找到了 4 条可能的攻击路径——23-14-6-4-1、16-11-9-6-4-1、16-14-6-4-1 和 23-14-11-9-6-4，分别用红色、蓝色、紫色和绿色在图 7 中突出显示。攻击路径所指出的所有应用层级资产都被认为是"干净但处于危险中"的：Web 服务器上的 tikiwiki 和 sshd，NFS 服务器上的 samba 和 unfsd，工作站上的 Linux 内核（2.6.27）。进一步随着从依赖关系攻击图到操作系统层的连接边向下移动，从而识别出细粒度的操作系统对象层级任务资产，并将其标记为"干净但处于危险中"：Web 服务器上的进程-/usr/sbin/sshd 和文件-/root/.ssh/authorized_keys、/etc/passwd、/etc/ssh/ssh_host_rsa_key。然后，对操作系统层图模型（见图 5）上的"重复出现"的依赖关系模式与依赖关系攻击图（见图 7）中的节点 27 之间的映射，证实了对 CVE-2008-0166 漏洞的攻击利用。因此，上述流程和文件被更新为"受污染"的。在网络级的依赖关系图上进一步前向跟踪，可以发现更多"受污染"的操作系统对象：Web 服务器上的/mnt/wunderbar_emporium.tar.gz，NFS 服务器上的/export，工作站上的 /home/workstation/workstation_attack/wunderbar_emporium、/mnt/wunderbar_emporium.tar.gz 以及/home/。相应地，映射到这些系统对象的指令层对象也应当被标记为"受污染"。此外，上述"干净但处于危险中"的主机–交换机层级和应用层级资产的状态均应更新为"受污染"。

2.5 讨论和小结

总而言之，本节识别出了网空态势感知中存在的"烟囱"问题，并提出了一个形式化的 SKRM 作为打破"烟囱"的解决方案。基于 SKRM 的任务诊断案例分析表明，SKRM 是资产识别和分类等能力的关键使能因素。

更多在本节中被略过的案例分析表明，SKRM 可以使能其他的能力，如任务损害和影响评估、攻击路径确定和攻击意图识别。它具有超越单纯入侵检测或攻击图分析的可观潜力。然而，SKRM 的当前版本仍然是半自动的，需要额外的研究工作来实现全自动化，并需要在实际企业网络的规模上进行全面评估。

3　Patrol：通过网络级①系统对象依赖关系揭示零日攻击路径

3.1　研究动机

一个比较棘手的研究问题是零日攻击问题，这也是攻击者和防御者之间信息不对称的结果。作为一种可能暗中破坏企业网络安全基础设施的巨大威胁，用于制造安全缺口的漏洞及其攻击利用方法被攻击者保持在"零日"状态，即漏洞攻击利用的发生和后果完全不被防御者察觉。赛门铁克研究人员[86]认为，典型的零日攻击平均可隐藏 312 天不被察觉。

安全领域的研究人员正在努力解决这一问题，他们大多集中于检测对零日漏洞攻击利用行为。这些技术包括一些（基于行为的）异常检测[35-42]和基于规范的检测[87, 88]方法。在正常行为画像和偏离检测的基础上，它们展示出检测全新漏洞的可观潜力。但是，存在一个缺点，它们通常存在高误报率的问题。

我们称之为 Patrol 的系统在近期实现了一个突破。受到 SKRM 的启发，Patrol 系统以一个全局的视野来调查在某一个路径上的零日攻击行为，我们称这种路径为零日攻击路径。零日攻击路径是 Patrol 系统对攻击者在最终达成攻击目标前所必须经过攻击路径的一种全新的观察，而这种攻击路径通常包含一个或多个（如果不是全部）零日漏洞攻击利用。具体来说，由于企业网络中部署了如防火墙和 IDS 的安全基础设施，因此攻击者无法仅通过一步就直接突破进目标系统。相反，有决心的攻击者会耐心地使用多步攻击来控制其他中间主机作为踏脚石。基本上，在抵达最终目标对象之前对中间机器的每次攻击控制都是对一个漏洞的攻击

---

① 原文 network-wide 经常被翻译为全网或网络范围。但是对于大型复杂企业，全网概念比较宽泛，而本章内容中仅提到需要将所有相关联的主机纳入考虑，并没有明确要求把完整企业网的全网纳入考虑，因此翻译成全网可能存在歧义。而后者也未能明确符合本章所提方法的特点。因此，考虑到接近概念 system-wide 被翻译为系统级（实际上本章内容中的 SODG 就是系统级的图模型），将 network-wide system object dependency 翻译为网络级系统对象依赖关系。——审校者注

利用，无论它是已公开的漏洞还是零日漏洞。因此，从攻击者到最终攻击目标的路径，就是这些被攻击受控的主机上的一个漏洞攻击利用的序列。当这样的序列包含至少一个零日漏洞攻击利用时，它就是一个零日攻击路径。

图 9 展示了一个来自 Patrol 研究工作[29]的攻击场景示例，其中包括 3 个攻击步骤：步骤 1，攻击利用 SSH 服务器上的 CVE-2008-0166 漏洞以暴力密钥猜测攻击获取 root 权限；步骤 2，利用 NFS 服务器上错误配置的导出表进行 NFS 文件系统挂载，通过公共目录（/exports）将两个精心构造的木马文件上传至网络上的其他机器，其中木马文件包含对 CVE-2009-2692 和 CVE-2011-4089 漏洞的攻击利用代码；步骤 3，加载和执行已上传木马文件中的任意代码以创建隐藏通道。因此，存在两种攻击路径：p_1\{CVE-2008-0166，NFS 错误配置，CVE-2009-2692\} 和 p_2\{CVE-2008-0166，NFS 错误配置，CVE-2011-4089\}。在 Patrol 研究工作中，假设时间回到 2009 年 8 月 1 日，此时 CVE-2008-0166 成为唯一已知的漏洞，p_1 和 p_2 都成为零日攻击路径。

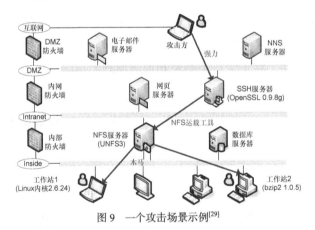

图 9　一个攻击场景示例[29]

零日攻击路径是以一个更全局的视角来看待零日攻击问题。这也是一种利用攻击者的弱点来解决这个问题的新策略——攻击者几乎不可能在抵达最终目标对象的过程中只攻击利用零日漏洞。作为一个结果，零日攻击路径通常包含对应于已知漏洞攻击利用的组成部分，而普通商用的入侵检测系统能够对此发出告警以帮助安全管理员注意到它们。通过顺着攻击路径对这些被注意到的组成部分进行前向或后向跟踪，会暴露出攻击路径中的"零日"组成部分。在许多情况下，识别零日攻击路径比检测单个零日漏洞攻击利用要切实可行得多。

对零日攻击路径的识别，就像从检测到的线索中追踪小偷，以揭示他们闯入受害者房中的秘密路径，而 Patrol 系统正是被设计用于网空世界中实现这一点。由于其具有的"零日"（也称为"未知"）特质，因此"零日攻击路径"问题实际上是一个网空态势感知问题的实例，它本质上是为了打破攻击者和防御者之间的"信息不对称"，即揭示出包含路径上的零日漏洞的攻击利用上下文环境。具体来说，Patrol 系统的检测结果向我们展示出与感染和传播过程相关的系统对象级活动，这能够极大地促进通过分析来挖掘攻击之前隐藏的组成部分，即零日漏洞攻击利用。以下几节将介绍 Patrol 研究工作的方法、模型、设计、实现和评价。

3.2 方法和模型

我们对相关文献进行了探究，以寻找零日攻击路径问题的潜在解决方案。然而，由于其具有"零日"的特质，因此我们发现目前还没有可用的技术能够很好地解决这一问题。攻击图技术[89-92]通过将对已发的漏洞的攻击利用关联至通向特定目标对象的攻击序列以生成攻击路径。所得到的攻击路径本质上是相邻漏洞之间因果依赖关系的模型。这样做的好处是可以利用这些技术来展现所有可以将攻击者带到受害机器的潜在攻击路径。但是，攻击图技术也存在很大的局限性——无法描述未知的漏洞，因此所生成的攻击图只是已知攻击路径的集合，而不包含零日攻击路径。

零日攻击路径问题的另一个候选解决方案是告警关联方法，该方法用于将孤立的告警关联起来，以形成潜在的攻击路径。它是否能够暴露零日攻击路径，取决于是否能够发出告警以指出对零日漏洞的攻击利用。只有使用了检测零日漏洞攻击利用的技术，如上述各种技术[35-88]，才有可能识别出零日攻击路径。但这种在很大程度上被关联技术所依赖的告警，会在基因上继承此类检测技术的高误报率。此外，告警关联技术本身也存在不准确的问题，因为它本质上是试图将可能不同的上下文，整合到一个统一的"故事"中，这会导致除零日漏洞攻击利用检测之外的另一种错误率。

为了确定零日攻击路径，Patrol 将采用不同的策略："我们首先尝试构建一个超集的图，并识别出隐藏在其中的可疑入侵传播路径作为候选的零日攻击路径，然后再在这些路径中识别高度可疑的候选路径。而不是先收集漏洞或告警信息，然后将它们关联到路径中[29]。"基于 4 个关键的洞察领悟达成这个决定：（ⅰ）作为程序与操作系统进行交互的唯一方式，系统调用被发现是难以避免且攻击中立的；（ⅱ）我们发现从系统调用可以生成网络级的超集图，而零日攻击路径也会显现于其中，这个图也是攻击中立的，无论漏洞是否被攻击利用，这个图都是存在的；（ⅲ）超集图本质上是一个路径的集合，我们找到了一种方法来取得它的适当子集作为候选的零日攻击路径，与攻击图中的逻辑关联不同，这些路径实际上自然地关联着漏洞攻击利用行为；（ⅳ）候选的零日攻击路径暴露出这些路径上的未知漏洞攻击利用，因此为识别此类漏洞攻击利用指明了方向。利用这些路径作为网络级的攻击上下文，未知漏洞攻击利用检测的准确性和性能可以优于只基于孤立的"单个主机上下文"的检测[29]。感兴趣的读者可以参考图 10 中超集图的示例［见图 10（a）］和隐藏其中的可疑入侵传播路径的示例［见图 10（b）］。

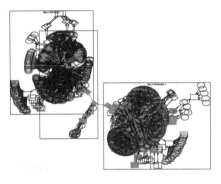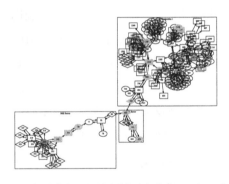

（a）一个用于攻击场景的3主机SODG范例，有来自143 120个系统呼叫的1288个OS对象。用红色标示的是其中隐藏的SIPP

（b）隐藏在（a）图中的标为红色的SIPP有175个OS对象。触发节点为红色，其他验证过的恶意节点为灰色

图 10　SODG 和 SIPP 的形态（见彩图文件）

　　图中每个框内包含着每主机 SODG，其中矩形表示进程，菱形表示套接字，椭圆表示文件。由于操作系统层的细颗粒度以及网络的规模，因此它们看起来不可读。读者不需要了解细节。Patrol 的一个主要优点是它可以从网络范围 SODG[29]中挖掘出 SIPP。

　　假设网络由类 UNIX 操作系统组成，系统对象主要分为进程、文件和套接字，Patrol 研究工作提出从系统调用跟踪数据来构建超集图，即网络级系统对象依赖关系图(System Object Dependency Graph, SODG)。为了构建网络级 SODG, Patrol 系统首先为每个主机构建 SODG，也就是每主机 SODG。如同定义 6[29]，系统调用被解析以生成操作系统对象及其之间的依赖关系。系统调用 read 会确定一个进程依赖于一个文件（表示为文件→进程），而 write 会推断出一个文件依赖于一个进程（进程→文件）。操作系统对象和依赖关系分别作为节点和有向边，形成有向图。得到的图就是每主机 SODG，它能够描述未知漏洞的攻击利用，因为它是由系统调用构建的，而系统调用是程序与操作系统进行通信的唯一途径。如同定义 7[29]，当且仅当来自两个不同 SODG 的两个节点之间存在至少一条有向边时，可以将两个每主机 SODG 串接在一起，进而递归地构建网络级 SODG。图 10（a）给出了一个 3 主机 SODG 的示例。定义 6 和定义 7 是定义 3 的具体化版本。

定义 6 每主机系统对象依赖关系图[29]

如果第 i 个主机的系统调用跟踪数据用 Σ_i 表示，则该主机的每主机 SODG 为有向图 $G(V_i, E_i)$。

- V_i 为节点的集合，初始化为空集ϕ。
- E_i 为有向边的集合，初始化为空集ϕ。
- 如果一个系统调用 $syscall \in \Sigma_i$，dep 是根据依赖规则从 $syscall$ 解析出来的依赖关系，其中 $dep \in \{(src \rightarrow sink), (src \leftarrow sink), (src \leftrightarrow sink)\}$，$src$ 和 $sink$ 是操作系统对象（主要是一个进程、文件或套接字），那么 $V_i = V_i \cup \{src, sink\}$，$E_i = E_i \cup \{dep\}$。$dep$ 的开始时间和结束时间继承自 $syscall$ 的时间戳。
- 若$(a \rightarrow b) \in E_i$并且$(b \rightarrow c) \in E_i$，那么 c 的传递依赖于 a。

定义 7 网络级系统对象依赖关系图[29]

如果第 i 个主机的每主机 SODG 表示为 $G(V_i, E_i)$，则网络级 SODG 可以表示为$\cup G(V_i, E_i)$。

- $\cup G(V_2, E_2) = G(V_1, E_1) \cup G(V_2, E_2) = G(\cup V_2, \cup E_2)$，当且仅当$\exists obj_1 \in V_1$，$obj_2 \in V_2$，并且 $dep_{1,2} \in \cup E_2$，其中 $dep_{1,2} \in \{obj_1 \leftarrow obj_2, obj_1 \rightarrow obj_2, obj_1 \leftrightarrow obj_2\}$。$\cup V_2$ 表示 $V_1 \cup V_2$，且$\cup E_2$ 表示 $E_1 \cup E_2$。
- $\cup G(V_i, E_i) = \cup G(V_{i-1}, E_{i-1})\} \cup G(V_i, E_i) = G(\cup V_i, \cup E_i)$，当且仅当$\exists obj_{i-1} \in \cup V_{i-1}$，$obj_i \in V_i$并且 $dep_{i-1,i} \in \cup E_i$，其中 $dep_{i-1,i} \in \{obj_{i-1} \leftarrow obj_i, obj_{i-1} \rightarrow obj_i, obj_{i-1} \leftrightarrow obj_i\}$。$\cup V_i$ 表示 $V_1 \cup, \cdots, \cup V_i$，且$\cup E_i$ 表示 $E_1 \cup, \cdots, \cup E_i$。

网络级 SODG 本质上是一组路径，如果存在零日攻击路径，则它也会是其中之一。Patrol 系统将网络级 SODG 中的可疑入侵传播路径（Suspecious Intrusion Propagation Path，SIPP）识别为候选的零日攻击路径。如同定义 8[29]，SIPP 是 SODG 的子图，该子图中所有的对象要么具有来自触发节点的有向边，要么具有指向触发节点的有向边，其中这些触发节点是由于涉及告警而被管理员注意到的操作系统对象，而这些告警则是由诸如 Snort[17]、Tripwire[34]或 Patrol 系统自身的已部署安全传感器所产生。图 10（b）展示了隐藏在 3 主机 SODG［见图 10（a）］中的一个 SIPP 示例。

定义 8　可疑入侵传播路径（SIPP）[29]

如果网络级 SODG 表示为 $\cup G(V_i, E_i)$，其中 $G(V_i, E_i)$ 表示第 i 个主机的每主机 SODG，则 SIPP 是 $\cup G(V_i, E_i)$ 的子图，表示为 $G(V', E')$。

- V' 是节点的集合，而且 $V' \in \cup V_i$。
- E' 是有向边的集合，而且 $E' \in \cup E_i$。
- V' 被初始化为仅包含触发节点。
- 对于 $\forall obj' \in V'$，如果 $\exists obj \in \cup V_i$，其中 $(obj \rightarrow obj') \in \cup E_i$ 而且 $start(obj \rightarrow obj') \leq lat(obj')$，那么 $V' = V' \cup \{obj\}$ 且 $E' = E' \cup \{(obj \rightarrow obj')\}$。其中 $lat(obj')$ 保持着 E' 中的边对 obj' 的最晚访问时间。
- 对于 $\forall obj' \in V'$，如果 $\exists obj \in \cup V_i$，其中 $(obj' \rightarrow obj) \in \cup E_i$ 而且 $end(obj' \rightarrow obj) \geq eat(obj')$，那么 $V' = V' \cup \{obj\}$ 且 $E' = E' \cup \{(obj' \rightarrow obj)\}$。其中 $eat(obj')$ 保持着 E' 中的边对 obj' 的最早访问时间。

值得注意的是，SODG 和 SIPP 都是对 SKRM（见图 2）中操作系统图模型的实例化，因为 SODG 和 SIPP 本质上描述了攻击者在操作系统层上的攻击上下文或轨迹。网络级 SODG 在规模上是难以管理的，而 Patrol 系统通过挖掘其"可疑"子图（已识别出的 SIPP）来解决这一问题，因为 SIPP 的规模要小得多。虽然 SIPP 规模更小，但它描述了几乎所有的零日攻击路径，因为零日攻击路径脱离 SIPP 的唯一可能方法是攻击者只对路径上的零日漏洞进行攻击利用。这是极其罕见，几乎不可能。因此，只要有 SIPP 存在，其中就会有一个零日攻击路径。Patrol 研究工作中提出了一种名为阴影指示器检查的方法来识别 SIPP 中高度可疑的候选零日攻击路径。

3.3 系统设计

Patrol 系统采用模块化设计。图 11 展示了它的 4 个主要组件，其中只有第一个组件是动态工作的，其他 3 个组件是离线的，以避免对个别主机增加任何额外的开销。

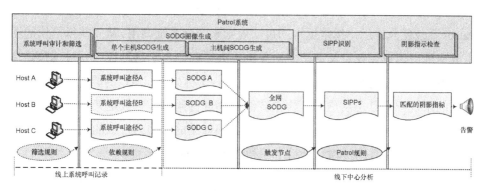

图 11 Patrol 系统[29]的概览

系统调用审计和过滤。第一个模块是一个运行时系统调用监视器，在 Patrol 中它被设计用于从每个主机收集系统调用跟踪数据。系统调用的审计应满足以下要求。（i）它应该审计所有的"活着"的进程，而不仅仅是一些可能的进程。这背后是因为不可能预先确定要审计哪些特定集成，所以存在遗漏来自其他进程且包含关键入侵信息的系统调用的风险。（ii）为了识别跨主机的任何可疑路径，网络范围内的系统调用审计是必不可少的，因此系统调用审计应该在网络范围内执行。也就是说，应该在待审计的列表中包含所有主机，并且应该审计主机之间的所有套接字通信。（iii）仅根据进程 ID 或文件描述符来标识系统对象是不准确的，这些 ID 或文件描述符可能会被吊销并在稍后供操作系统重用。因此，应该保留其他操作系统相关（OS-aware）的信息，以充分准确地标识操作系统对象。（iv）Patrol 系统还关注被调用或返回的系统调用时间信息的记录，因为其算法随后会利用时间关系来帮助确定系统调用是否涉及入侵传播。

然后，系统调用跟踪数据从各个主机被发送至中心分析系统。在此之前，需要对系统调用进行过滤，以避免在数据传输和分析时产生任何额外的带宽或计算成本。过滤预处理被引入系统中，通过应用一些规则来削减高度冗余或可能是无恶意的系统调用。这种削减操作可以加快图的生成速度，降低所生成图的复杂度。目前 Patrol 系统中的过滤规则主要应用于以下系统对象：(ⅰ)动态链接库文件，如 libc.so.*和 libm.so.*，在每次运行可执行文件时都被加载，会造成大量冗余；(ⅱ)虚拟对象，如 stdin/stdout 和/dev/null；(ⅲ)关于伪终端主从逻辑设备的对象(/dev/ptmx、/dev/pts)；(ⅳ)与日志相关的对象，如 syslod 和/var/log/*；(ⅴ)与系统维护相关的对象(apt-get 和 apt-config)。除了这些规则，Patrol 系统还允许用户指定更多的过滤规则来削减系统调用，从而获得更快的图生成速度，但也存在过滤掉恶意对象的更大风险。由于这种权衡，过滤预处理被实现为 Patrol 的选项。此外，Patrol 使用一个称为时间窗口的调优参数，对经过滤的系统调用日志发送到分析系统的频率进行调整。它被定义为系统调用被记录的周期时间跨度[29]。设置这个参数是很棘手的，因为过大的值可能会导致系统调用数据在数据传输和分析上累积出现更大的延迟。

SODG 的生成和串接。Patrol 系统通过解析来自各个主机的系统调用信息以构造每主机 SODG。系统调用通常会解释为操作系统对象(进程/文件/套接字)及其依赖关系。操作系统对象成为 SODG 中的节点，依赖关系成为它们之间的有向边。这种转换是根据一些预先定义的依赖规则，如在参考资料[27-29,94]中提出的那些规则，其中系统调用的名称通常被用来确定依赖关系的类型，而系统调用参数则用于独特地标识和命名 SODG 节点，以及决定边的方向。如，来自 Patrol 数据集的系统调用"sys_open,start:470880,end:494338,pid:6707,pname:scp, pathname:/mnt/trojan,inode:9453574"被转换为(6707,scp)←(/mnt/trojan,9453574)，其中 pid 和 pname 参数被用于标识进程，pathname 和 inode 参数被用于标识文件[29]。

每主机 SODG 被串接在一起以构建网络级 SODG。这是能够做到的，因为网络中的主机之间需要交互(通信)，从而导致一个每主机 SODG 中具有来自/指向其他每主机 SODG 的边。只要(分别)在两个不同的每主机 SODG 中的两个节点共享一条或多条有向边，就可以将共享的边作为黏合剂，将两个每主机 SODG 串接在一起。研究发现，作为黏合剂的边通常是由基于套接字的通信所造成的，这是由于本地程序经常通过消息传递与远程程序进行通信，而被反映在 socketcall 系统调用中。因此，通过识别和削减系统调用中涉及的相应套接字对象，可以将两个分离的每主机 SODG 粘合在一起。在 Patrol 的数据集中，系统调用"sys_accept，start:681154，end:681162,pid:4935,pname:sshd，srcaddr:

172.18.34.10, srcport:36036,sinkaddr:192.168.101.5,sinkport:22"，会导致出现一个有向边（172.18.34.10,36036）→（192.168.101.5,22），将地址为 172.18.34.10 和 192.168.101.5 的两个主机的每主机 SODG 粘合在一起[29]。正如定义 7 所指出的，网络级 SODG 是通过对上述粘合过程的递归执行来构建的。从两个每主机 SODG 开始，它们首先被粘合在一起成为一个 2 主机的 SODG，然后通过串接第 3 个主机的每主机 SODG 形成一个 3 主机的 SODG，接下来通过串接第 4 个主机的每主机 SODG 形成一个 4 主机的 SODG，以此类推。算法还可以继续递归地执行，直到最终没有任何的每主机 SODG 和所得到的网络级 SODG 之间剩下粘合边。

SIPP 识别。第三个模块用于从网络级 SODG 中挖掘 SIPP，也就是 SIPP 识别。得益于网络级 SODG，Patrol 将主机内部的前向或后向依赖关系跟踪能力扩展至可以跨越单个主机的边界。通过从一些种子节点进行主机间依赖关系跟踪，Patrol 系统可以找到所有与之有直接或传递依赖关系的网络级 SODG 对象。当种子节点是由安全管理员识别发现和馈入的触发节点时，由 Patrol 系统所识别出的结果节点和边会形成如同定义 8 所确定的 SIPP。触发节点是涉及如 Snort、Tripwire 等安全传感器所发出告警并受到安全专家注意的节点。它们可以是"以意想不到的方式删除、添加或修改的文件，以及行为异常或恶意的进程"[29]。

为了识别 SIPP，Patrol 系统可能首先使用触发节点作为种子进行后向跟踪，因为触发节点可能不是入侵的开始。在许多情况下，IDS 系统都存在检测延迟的问题，即告警可能是入侵起始点的延迟表现。后向跟踪可以帮助找到起始点[27]，然后就可以使用起始点作为种子进行前向跟踪。具体来说，后向的依赖关系跟踪被用于识别所有具有直接或传递的有向边指向触发节点（表明触发节点受上游对象的影响）的 SODG 对象，而前向的依赖关系跟踪是找到所有具有来自触发节点的直接或传递的有向边（表明触发节点影响下游对象）的 SODG 对象。Patrol 将后向和前向的依赖关系跟踪都实现为广度优先搜索（BFS）算法[95]，如定义 8 所示。

阴影指示器检查。Patrol 进一步进行阴影指示器检查，以识别 SIPP 中高度可疑的候选零日攻击路径，因为 SIPP 仍然可能会比较复杂。阴影指示器检查是基于漏洞阴影和阴影指示器的概念。这些概念是基于一个关键的观察：多个漏洞会拥有一些共同的特征。CWE[96]列举了 693 个通用的弱点，CAPEC[97]分类出了 400 个通用的攻击模式。漏洞阴影的概念与此大致相同，但它的不同之处在于：它在操作系统层上描述漏洞的攻击利用，而不是直接描述漏洞本身。除存在上述共有通用特征的情况之外，通过这一新的描述方法还会发现：对一些漏洞的攻击利用往往也在 SODG 图中有着相似的特点。此外，共同的 SODG 特点存在的时间跨度较长，这意味着提取过往已知漏洞攻击利用的特点，可以用于检测未知漏洞的攻击利用。

定义 9　漏洞阴影和阴影指示器[29]

漏洞阴影是一个 Cantor 集合，表示为 $S = \{v \mid p(SODG(v))\}$。

- v 是已知或未知的漏洞，其攻击利用是 SODG 的一部分，表示为 $SODG(v)$。

- p 是 S 的阴影指示器，是一个布尔值的集合指示函数：$SODG(v) \rightarrow \{\text{true}, \text{false}\}$。$p$ 可以是几个断言的逻辑合取，如 $p = p_1 \& p_2 \& \cdots \& p_n$（$n$ 是一个自然数），令 $1 \leq \forall i \leq n$，p_i 是对 $SODG(v)$ 中一个节点或边的归属关注所作出的断言，& 代表逻辑上的 AND 运算（p 取值为 true，当且仅当 p_i 在 $1 \leq \forall i \leq n$ 范围内取值为 true）。

- $v \in S$，当且仅当 $p\{SODG(v)\} = \text{true}$。

为了利用这一深刻见解，Patrol 研究工作定义了漏洞阴影和阴影指示器（定义 9）[29]，其中漏洞阴影是一个已知和未知漏洞的集合，阴影指示器是该集合的指示函数。根据从 SODG 中提取出的共同特点，可以确定这一指示函数。漏洞阴影实际上是构建好的集合，使用指示函数表明漏洞在集合中的隶属关系，因此对同一漏洞阴影中的漏洞的攻击利用都具有共同的 SODG 特点。图 12 展示了一个漏洞阴影的示例：绕过 mmap_min_addr 控制。其中，使用 node.name = page_zero & node.indegree>0 & node.outdegree>0 作为其阴影指示器[29]。该指示器在 CVE-2009-1895 和 CVE-2009-1897 漏洞的攻击利用过程中首次被观察到，可用于识别 CVE-2009-2692、CVE-2009-2695、CVE-2009-2698 等漏洞的攻击利用。尚未有官方 CVE ID 的未知漏洞也可以被归类到这个阴影中，只要它们的攻击利用能够触发阴影指示器取值为 true。

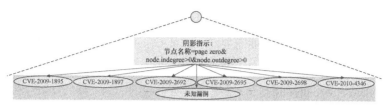

图 12 一个漏洞阴影示例：绕过 mmap_min_addr[29]

阴影指示器不受正当合理的路径的欢迎，因为这些标识符意味着漏洞攻击利用的发生。当在 SIPP 内部的一条路径上检测到阴影指示时，该路径很可能是攻击路径。如果无法将这些指示器映射到已部署的漏洞扫描器或 IDS 系统的现有告警，则攻击路径很可能是零日攻击路径，系统将报告该攻击路径。Patrol 采用基于规则的检查来识别阴影指示器。检查绕过 mmap_min_addr 控制的阴影指示器的规则为 indicator page_zero(function:indegree>0 &outdegree>0;msg："bypassing_mmap_min_addr"）。

3.4 实现

Patrol 的实现工作主要分为两个部分：在线的系统调用审计和离线的数据分析。

系统调用审计和操作系统相关的重构。系统调用审计是通过一个可加载内核模块实现的，该模块监视所有运行中进程的 39 个系统调用。监视是通过挂钩机制（hooking）来完成的：模块对所关注的系统调用设置挂钩（hook），如封装在系统调用 socketcall 中的套接字相关调用（如 sys_accept 和 sys_sendto）。附加的代码被放置在挂钩中，用于记录系统调用的参数和返回值，或者保存在系统调用期间所访问的操作系统内核数据结构的描述符信息中，如进程对象的任务结构和文件对象的文件结构。可以从这些描述符中获得操作系统相关的信息，包括进程 ID、进程名称、绝对文件路径和 inode 编号。它们在 Patrol 系统中被用于精确的操作系统对象标识。此外，还记录每个系统调用的时间信息，如调用和返回时间。当前版本的系统调用审计功能实现支持版本从 2.6.24 到 2.6.32 的 Linux 内核。

图表示和边聚合。数据分析代码是用 gawk 代码编写的，它能够产生 dot[①] [98] 兼容格式的输出以用于表示图。Patrol 系统中的图用邻接矩阵表示，这是因为需

---

① dot 是一个用于绘制有向图的开源软件。——审校者注

要通过快速查找来判断两个节点之间是否已经存在边。使用邻接矩阵，该查询只占用 $O(1)$ 时间。否则，可能需要 $O(|v|)$ 或 $O(|e|)$ 时间，其中 $|v|$ 和 $|e|$ 分别代表图中节点和边的数量。每对 SODG 节点之间可能存在大量的边，这些边是由不同的系统调用或在不同时间的同一系统调用所引起的。为了降低复杂性和获得更好的可视化效果，Patrol 系统目前将这些边聚合为一个边，并维护数据结构或变量来存储边的数量，以及聚合前的原始有向边的时间戳信息。

3.5 评价

出于对 Patrol 系统进行评价的目的，在一个用于模拟真实企业网络环境的电商试验平台上对 Patrol 系统进行了全面的测试。如图 9 所示，试验平台网络上部署了如防火墙、Nessus[18]、Oval[19]、Snort、Wireshark[13]、Ntop[14]、Tripwire 等的多种传感器。基于这种拓扑结构，将图 9 中的攻击场景也实现到测试环境中。假设现在的时间调回到 2009 年 8 月 1 日[29]，在此攻击场景中使用已发布的漏洞可以帮助我们仿真未知的漏洞。这是因为缺乏零日资源（一个典型的零日漏洞攻击利用可以隐藏平均 312 天不被察觉[86]），而我们必须产生零日攻击路径，并攻击利用未知的漏洞来对 Patrol 进行评价。这种模拟还使我们受益，因为我们可以访问到仿真未知漏洞的攻击利用代码和其他信息以用于验证。需要注意的是，我们需要细致地维护漏洞阴影的时间线，以确保没有预先使用仿真未知漏洞的特定知识。

正确性。在攻击场景的所有漏洞中，只有 CVE-2008-0166 是已知的，并且只有它的攻击利用成功地触发 Snort 发出了 "SSH 潜在暴力攻击" 的告警。因此，攻击场景中的攻击路径 p_1 和 p_2 都变成为 "零日"，如第 3.1 节所述。然而，与之相反，Patrol 成功地在操作系统层识别出了 p_1 和 p_2，图 13 和图 14 分别展示了 p_1 和 p_2[29]。由于 p_2 和 p_1 具有相同的步骤 1 和步骤 2，如第 3.1 节所总结，因此图 14 只显示了 p_2 中的步骤 3。

通过将 p_1 和 p_2 的 SODG 节点和边，与从攻击利用代码、NVD[99] 中的 CVE 条目以及对应漏洞的文档中提取的入侵知识进行比较，验证了 p_1 和 p_2 的正确性。对图 13 和图 14 中的恶意节点进行验证后，用灰色背景色标记。对应于阴影指示器的节点也用红色突出显示。结果表明，Patrol 系统能够正确地描述恶意对象，以及它们在入侵突破和传播过程中的交互。

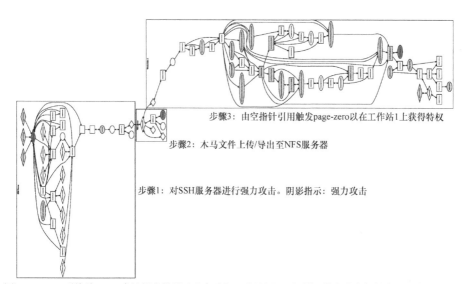

步骤3：由空指针引用触发page-zero以在工作站1上获得特权

步骤2：木马文件上传/导出至NFS服务器

步骤1：对SSH服务器进行强力攻击。阴影指示：强力攻击

图 13　Patrol 系统从 SIPP 中挖掘出的零日攻击路径 p_1［见图 10（b）］，描述攻击场景中的 3 步攻击。识别出的阴影指示器用红色突出显示。灰色节点在验证过程中被证明是恶意的[29]（见彩图文件）

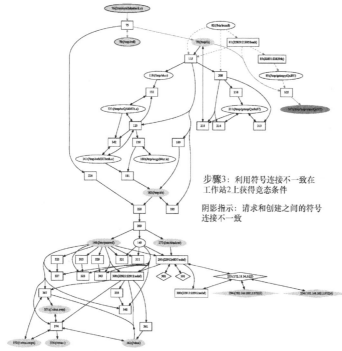

步骤3：利用符号连接不一致在
工作站2上获得竞态条件

阴影指示：请求和创建之间的符号
连接不一致

图 14　Patrol 所识别出的零日攻击路径 p_2 的步骤 3。红色和绿色虚线分别表示被执行的攻击进程和无恶意过程。红线表示将所请求的符号链接/tmp/ls（79）替换为恶意代码/tmp/evil（78），而该恶意代码之后被无恶意的进程 ls（115）所引用。识别出的阴影指示器用红色突出显示。灰色节点在验证过程[29]中被证明为恶意（见彩图文件）

效率。我们还评价了 Patrol 在数据分析上的效率，计算时间主要花费在 SODG 生成、SIPP 识别和阴影指示器检查上。结果表明，SODG 生成在时间开销方面占据了主要位置，其计算成本随时间窗口参数的大小呈近似平方增长。SIPP 识别和阴影指示器检查的时间开销趋于线性，且相对较小。

当时间窗口大小为 15 min 时，Patrol 数据分析的速度最高，达到 6.498 kB/s。这个速度远远超过了系统调用生成的速度 1.027 kB/s。我们还注意到所造成的延迟约为 2.37 min（其中 108.88 s 用于 SODG 生成的开销和 7.54 s 用于 SIPP 标识），存储需求约为 0.085 GB/d。

过滤处理也被证明是非常有效果的。测试结果表明，经过过滤的数据比未经过滤的数据花费更少的时间。在过滤之前，最坏的情况下的开销是 SSH 服务器的 SODG 生成，大约需要 30 min。最大的开销主要来自在添加新对象时对每个现有对象的检查操作，以避免出现重复。以这个为例，过滤后的 SODG 生成时间下降到不到 1 min。这是因为大量的文件对象被过滤规则有效地削减，从 15515 个减少到 248 个。

性能开销。基准测试 LMBench[100] 和 UnixBench 被用于评价 Patrol 的在线部分，即系统调用审计模块。根据 LMBench 输出（主要关注对单个的核心内核系统调用的影响），附加开销在 10% 以内。最坏情况的开销是 sys_stat 为 52.7%，sys_fstat 为 175%，但两种情况下附加的开销仅为 0.3 μs~0.4 μs。根据 UnixBench 的结果，它关注的是将上述单个被挂钩（hooked）的系统调用组合在一起对整个系统造成的速度变慢，整个 Patrol 系统的性能开销平均为 20.8%。使用内核解压缩和内核编译来度量 Patrol 的系统性能，结果表明，这两种密集的工作负载分别给系统带来了 15.93% 的开销和 20.34% 的开销。

规模可扩展性。在规模可扩展性方面，我们估算了 Patrol 系统在一个拥有 10000 台主机、10 GB/s 网络带宽和 640 个处理器核（每个处理器有 20 个处理器和 32 个内核）的 HPC 集群的企业网络[29] 上的时间和带宽开销。基于上述评价数据，当并行化可被用于减少开销时，应用 Gustafson 定律。结果表明，系统的带宽开销约为 10.029 MB/s，仅占总带宽的 1% 以下，其中系统调用生成速度为 1.027 kB/s。一个时间窗口（15 min）内收集的 10000 台主机数据的 SODG 生成时间估计为 28.35 min，单主机 SODG 生成开销为 108.88 s。对应的 SIPP 识别时间预计约为 12.57 min，其中单主机 SIPP 识别的时间开销为 7.54 s，并假设最多 100 个主机直接或传递地相互依赖。

3.6 局限性与结论

由于潜在的在设计和实现方面的局限性，因此 Patrol 可能无法处理所有的情况。一种情况下，当攻击路径经过一个存在于内核空间中的漏洞时，Patrol 将失去基于路径的跟踪，因为它不能超出系统调用接口的范围。另一种情况是高级持续性攻击，它可能是一种长期的、跨受害者的攻击，Patrol 系统可能能够描述不同时间跨度的入侵传播路径子集，但无法将它们关联起来。

本节以网空态势感知问题为例，提出了一种解决"零日攻击路径"问题的系统——Patrol。通过构建一个网络级系统对象依赖关系图，识别出其中可疑的入侵传播路径，并在这些路径上识别阴影指示器，系统可以在运行时挖掘出零日攻击路径。

4 零日攻击路径的概率识别

4.1 研究动机

Patrol 的研究工作启发我们将识别零日攻击路径视为一种比识别单个零日漏洞攻击利用更可行的方法。通过构建系统对象依赖关系图（SODG），使得 Patrol 系统能够揭示操作系统层的零日攻击路径。然而，Patrol 系统仍然有一个局限性——候选零日攻击路径的激增数量和规模。考虑到从入侵告警中提取的入侵检测点数量较多，Patrol 系统中的跟踪机制可能导致出现过多的候选零日攻击路径。因此，误报的候选路径的数量会显著增加。此外，由于前向和后向跟踪中保留了 SODG 中的每个跟踪可达对象，单个候选路径的大小可能会变得过大。因此，从候选路径中识别真正的零日攻击路径变得非常困难。识别大量的路径已经非常困难，而且还需要验证大量的系统对象。

4.2 方法概述

针对（数量）激增问题，我们提出了一种用于零日攻击路径识别的概率方法。其基本思想是通过结合从各种信息源收集的入侵证据，减少候选零日攻击路径的数量和大小。该方法由两个步骤组成。首先，建立一个系统层依赖关系图来描述入侵传播。该依赖关系图是系统对象实例依赖关系图（SOIDG），而不是 Patrol 系

113

统中使用的 SODG。我们将在下一节解释为什么不直接采用 SODG。其次，在
SOIDG 的基础上建立一个利用入侵证据的贝叶斯网络（BN）。根据这些证据，基
于 SOIDG 的贝叶斯网络能够计算出系统对象实例被感染的概率。通过依赖关系将
高感染率的实例连接起来，可以形成一条路径。该路径被视为候选零日攻击路径。
基于主要保存具有高感染概率的实例，SOIDG 的贝叶斯网络可以大大减少零日攻
击路径的数量和大小。因此，对零日攻击路径进行人工验证是切实可行的。

贝叶斯网络和 SOIDG 的特殊属性支持了这种方法的可行性。SOIDG 中的
依赖关系意味着一种因果关系——一个对象的已感染实例可能导致另一个对象
的正常实例被感染。我们将这种关系称为感染因果关系，它是由涉及两个对象
的系统调用操作所引起的。受感染的进程写入一个正常的文件可能会使该文件
受到感染。同时，贝叶斯网络能够使用概率图建立因果关系模型。因此，可以
直接在 SOIDG 上构造一个贝叶斯网络来对感染因果关系进行建模。

4.3 基于 SODG 的贝叶斯网络构建问题

作为系统层依赖关系图的一种，SODG 是贝叶斯网络构建基础的一种潜在
的候选模型。它能够描述系统对象之间的依赖关系，从而反映感染的因果关系。
比如，一个正常的文件可能会受到感染，如果它依赖于已经感染的进程（这种
依赖关系可能是由进程写入文件所引起的）。由于贝叶斯网络使用概率图对因果
关系进行建模，因此似乎贝叶斯网络可以直接建立在 SODG 之上。

然而，SODG 的一些特性使其不能作为贝叶斯网络的结构基础。为了说明这些特性，
我们使用图 15（b）中所示的 SODG，它是由解析图 15（a）中的系统调用生成的。

第一，如果移除边上的时间标签，SODG 就不能表现正确的信息流。由于
贝叶斯网络只取用 SODG 的图结构，而不取用时间标签，没有时间标签的 SODG
会导致贝叶斯网络中的感染因果关系不正确。如果移除图 15（b）中的时间标签，
SODG 的结构会显示文件 2 依赖于进程 B，而进程 B 又依赖于文件 3。这个依
赖关系意味着如果文件 3 被感染，文件 2 可能经由中间对象过程 B 受到感染。
尽管如此，图 15（a）中的系统日志的表面"进程 B 读取文件 3"发生在时间 t_6，
这是在"进程 B 写文件 2"发生时间 t_4 之后。因此，即使文件 3 被感染，它也
不会影响先前的系统调用操作中涉及的对象。因此，单纯用图结构以一种正确
方式反映信息流，是贝叶斯网络构建的关键。

第二，SODG 可能包含循环。如图 15（b）所示，文件 1、进程 A 和进程 C 形成一个循环。由于贝叶斯网络是一种非循环图，因此 SODG 中的循环结构不能出现在贝叶斯网络中。

第三，在 SODG 中，一个节点的父节点数目是不受限制的。如果一个系统对象依赖于许多其余对象（如一个进程读取许多文件），那么这个对象将在 SODG 中得到大量父对象。当贝叶斯网络继承 SODG 的结构时，它必须为每个节点指定 CPT 表（条件概率表）。为具有大量父节点的节点制定 CPT 表是非常困难甚至不切实际的。如果一个节点有 n 个父节点，并且每个父节点都有两个可能的状态（"已感染"和"未感染"），则子节点的 CPT 表需要指定 2^n 个数字，以表现父节点对子节点的感染因果关系。

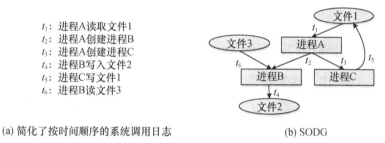

t_1：进程A读取文件1
t_2：进程A创建进程B
t_3：进程A创建进程C
t_4：进程B写入文件2
t_5：进程C写文件1
t_6：进程B读文件3

(a) 简化了按时间顺序的系统调用日志   (b) SODG

图 15   通过解析一组经简化的系统调用日志的示例生成的 SODG。每条边上的标签表明与对应系统调用相关联的时间

4.4   系统对象实例依赖关系图（SOIDG）

由于 SODG 不适合作为贝叶斯网络的基础图，因此我们提出了一种新的操作系统层依赖关系图，即系统对象实例依赖关系图（SOIDG）。在 SOIDG 中，每个节点都是一个对象的实例。每个实例都是对象在特定时间点的"版本"。同一对象的不同实例可能具有不同的感染状态。原因是系统调用操作，对象的感染状态可能会发生变化。t_1 时间点的正常对象可能在 t_2 时间点被感染，因此 t_1 时间点的对象实例为"未感染"，t_2 时间点的实例为"已感染"。

SOIDG 是根据以下规则生成的。给定一个依赖关系 $src \rightarrow sink$，其中 src 是源对象，$sink$ 是接收对象，并且只有当 src 是 SOIDG 中不存在实例的新对象时，才会创建 src 对象的新实例。与 src 对象相比，每当出现依赖关系 $src \rightarrow sink$ 时，应该在 SOIDG 中添加 *sink* 对象的新实例。*src* 与 *sink* 对象的处理方式不同，*src* 的感染状态不受依赖关系 *src*→*sink* 的影响，而可能会影响 *sink* 的感染状态。因此，应该为 *sink* 创建一个新的实例来反映这种影响。

SOIDG 解决了 SODG 用于贝叶斯构建时存在的问题性特征。如图 16 所示，该图模型是通过解析与图 15（a）相同但经简化的一组系统调用日志生成的 SOIDG。

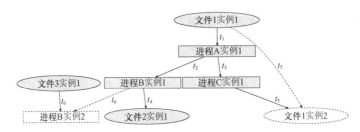

图 16 通过解析与图 15（a）相同的一组经简化的系统调用日志生成的 SOIDG。每条边上的标签标识与对应系统调用操作相关联的时间。虚线框的矩形和椭圆是已经存在对象的新实例。实边和虚线分别表示接触依赖关系和状态转换依赖关系

首先，即使没有时间信息，SOIDG 也能隐含表示正确的信息流。在图 16 中，t_6 时刻的系统调用被解析为文件 3 实例 1→进程 B 实例 2，而不是文件 3→进程 B。因此，如果文件 3 被感染，它只影响进程 B 实例 2，而不影响进程 B 实例 1 这样的先前实例。显然，文件 3 也不能通过进程 B 感染文件 2。因此，创建新实例的机制确保只有新实例的感染状态受到新依赖关系的影响，而旧实例保持不变。因此，正确的信息流可以只用 SOIDG 的图结构表示。

其次，SOIDG 不包含循环。给定一个依赖关系 *src*→*sink*，且该 *sink* 已经存在于图中，*src* 将不指向 *sink*，而是指向 *sink* 的一个新实例。这避免了在 SOIDG 中创建循环。在图 16 中，进程 C 实例 1 不是指向文件 1 实例 1，而是指向文件 1 实例 2。这样就打破了图 15（b）中文件 1、进程 A 和进程 C 之间的循环。

最后，SOIDG 中节点的父节点数量有限。如果一个对象 *sink* 依赖于 n 个对象 $src_1, src_2, \cdots, src_n$，*sink* 不会直接成为这些对象的子节点（否则 *sink* 会得到 n 个父节点）。相反，每次发生依赖关系时，都会创建一个新的 *sink* 实例作为子节点。因此，SODG 中 *sink* 的 n 个父节点，在 SOID 中就被视作父节点指定给 n 个 *sink* 的实例。因此，SOIDG 中的每个节点最多能够有两个父节点。一个父对象是同

116

一对象的一个先前实例，另一个父对象是另一个对象的实例。

4.5 基于 SOIDG 的贝叶斯网络和零日攻击路径识别

为了构造基于 SOIDG 的贝叶斯网络，在贝叶斯中直接继承 SOIDG 的图拓扑结构。此外，必须为每个节点分配 CPT 表。假设每个对象实例都有两种可能的感染状态——"已感染"和"未感染"，CPT 表指定对象实例之间感染因果关系的强度。如果父实例已被感染，子实例有多大的可能性被感染。基于 SOIDG 的贝叶斯网络构建完成后，下一步是结合来自各种信息源的证据。此类证据可以由人类安全管理员提供，也可以由 IDS 等安全传感器提供。经过概率推理，SOIDG 中的每个节点都得到一个概率。这意味着贝叶斯网络能够定量地计算每个对象实例被感染的概率。每当加入新的证据时，基于 SOIDG 的贝叶斯网络将生成一组新的推断概率。一般来说，当收集到更多的证据时，推断出的结果会更接近实际情况。

为了揭示来自 SOIDG 的零日攻击路径，我们将保留高感染概率的节点，以及这些高感染概率节点之间的中间节点。保留的节点与其之间的边形成一条路径，可以看作是候选的零日攻击路径。候选路径通常具有可管理的大小，并可以进行手动验证。

5 结论

本文对态势感知（SA）概念进行了文献回顾综述，并将态势感知应用于网空领域进行企业网络安全诊断。研究成果为一个将人类与技术的个别视角连接起来的整合框架。我们提出了一个名为 SKRM 的网空态势感知模型，将这些个别视角整合到一个宏观框架中。此外，基于 SKRM 模型的操作系统层，我们提出了一个名为 Patrol 的运行时系统，以揭示企业网络中的零日攻击路径。并且为了克服 Patrol 的局限性，本文还展示了贝叶斯网络在操作系统底层的应用，以概率的方式揭示零日攻击路径。

致谢。这项工作由 ARO W911NF-09-1-0525（MURI）、ARO W911NF-15-1-0576、NSF CNS-1422594 和 NIETP CAE Cybersecurity Grant（BAA-003-15）提供支持。

参考资料

[1]   Dominguez,C.: Can SA be defined. Situation awareness: Papers and annotated bibliography,pp. 5–15(1994)

[2]   Fracker,M.L.: A theory of situation assessment: implications for measuring situation awareness. In: Proceedings of the Human Factors and Ergonomics Society Annual Meeting,vol. 32. No. 2. SAGE Publications(1988)

[3]   Endsley,M.R.: Toward a theory of situation awareness in dynamic systems. Hum. Factors J. Hum. Factors Ergon. Soc. 37(1),32–64(1995)

[4]   Salerno,J.J.,Hinman,M.L.,Boulware,D.M.: A situation awareness model applied to multiple domains. In: Defense and Security,pp. 65–74. International Society for Optics and Photonics(2005)

[5]   McGuinness,B.,Foy,L.: A subjective measure of SA: the Crew Awareness Rating Scale(CARS). In: Proceedings of the First Human Performance,Situation Awareness,and Automation Conference,Savannah,Georgia(2000)

[6]   Alberts,D.S.,Garstka,J.J.,Hayes,R.E.,Signori,D.A.: Understanding information age warfare. Assistant secretary of defense.(C3I/Command Control Research Program) Washington DC(2001)

[7]   Endsley,M.R.: Theoretical underpinnings of situation awareness: a critical review. In: Situation Awareness Analysis and Measurement,pp. 3–32(2000)

[8]   Boyd,J.R.: The essence of winning and losing. Unpublished lecture notes(1996)

[9]   Witten,I.H.,Frank,E.: Data Mining: Practical Machine Learning Tools and Techniques. Morgan Kaufmann,San Francisco(2005)

[10]   Tadda,G.P.,Salerno,J.S.: Overview of cyber situation awareness. Cyber Situational Awareness 46(1),15–35(2010)

[11]   Barford,P.,Dacier,M.,Dietterich,T.G.,Fredrikson,M.,Giffin,J.,Jajodia,S., Jha,S.,et al.: Cyber SA: situational awareness for cyber defense. In: Jajodia,S., et al.(eds.) Cyber Situational

Awareness,pp. 3–13. Springer,US(2010)

[12]   Xiaoyan,J.D.,Liu,P.: SKRM: Where security techniques talk to each other. In: 2013 IEEE International Multi-Disciplinary Conference on Cognitive Methods in Situation Awareness and Decision Support(CogSIMA),pp. 163–166. IEEE(2013)

[13]   Wireshark. Wireshark Foundation

[14]   Ntop

[15]   Tcpdump/Libpcap

[16]   The Bro Project

[17]   Snort. Sourcefire,Inc

[18]   Nessus. Tenable Network Security

[19]   Oval. MITRE

[20]   GFI LanGuard. GFI software

[21]   QualysGuard. Qualys,Inc

[22]   McAfee Foundstone

[23]   Lumeta IPsonar

[24]   SteelCentral NetCollector(formerly OPNET NetMapper). Riverbed Technology

[25]   NMAP

[26]   JANASSURE. Intelligent Automation,Inc

[27]   King,S.T.,Chen,P.M.: Backtracking intrusions. In: ACM SIGOPS Operating Systems Review(2003)

[28]   Xiong,X.,Jia,X.,Liu,P.: Shelf: preserving business continuity and availability in an intrusion recovery system. In: Computer Security Applications Conference (ACSAC)(2009)

[29]   Dai,J.,Sun,X.,Liu,P.: Patrol: revealing zero-day attack paths through networkwide system object dependencies. In: Crampton,J.,Jajodia,S.,Mayes,K.(eds.) ESORICS 2013. LNCS,vol. 8134,pp. 536–555. Springer,Heidelberg(2013). doi:10.1007/978-3-642-40203-6_30

[30] Malwarebytes Anti-Exploit

[31] AVG AntiVirus

[32] McAfee AntiVirus

[33] OSSEC. Trend Micro Security

[34] Tripwire. Tripwire,Inc

[35] Forrest,S.,Hofmeyr,S.A.,Somayaji,A.,Longstaff,T.A.: A sense of self for unix processes. In: Proceedings of IEEE Symposium on Security and Privacy,pp. 120–128(1996)

[36] Lee,W.,Stolfo,S.J.,Chan,P.K.: Learning patterns from unix process execution traces for intrusion detection. In: AI Approaches to Fraud Detection and Risk Management(1997)

[37] Kosoresow,A.P.,Hofmeyer,S.A.: Intrusion detection via system call traces. IEEE Softw. 14,35–42(1997)

[38] Hofmeyr,S.A.,Forrest,S.,Somayaji,A.: Intrusion detection using sequences of system calls. J. Comput. Secur. 6,151–180(1998)

[39] Wagner,D.,Dean,D.: Intrusion detection via static analysis. In: Proceedings of 2001 IEEE Symposium on Security and Privacy(S&P),pp. 156–168(2001)

[40] Kruegel,C.,Mutz,D.,Valeur,F.,Vigna,G.: On the detection of anomalous system call arguments. In: Computer Security ESORICS(2003)

[41] Tandon,G.,Chan,P.: Learning rules from system call arguments and sequences for anomaly detection. In: ICDM DMSEC(2003)

[42] Bhatkar,S.,Chaturvedi,A.,Sekar,R.: Dataflow anomaly detection. In: Proceedings of 2006 IEEE Symposium on Security and Privacy(S&P)(2006)

[43] Debar,H.,Wespi,A.: Aggregation and correlation of intrusion-detection alerts. In: Recent Advances in Intrusion Detection(RAID)(2001)

[44] Valdes,A.,Skinner,K.: Probabilistic alert correlation. In: Recent Advances in Intrusion Detection(RAID)(2001)

[45] Bahl,P.,et al.: Towards highly reliable enterprise network services via inference of

multi-level dependencies. In: ACM SIGCOMM Computer Communication Review (2007)

[46] Kandula,S.,et al.: What's going on?: learning communication rules in edge networks. In: ACM SIGCOMM Computer Communication Review(2008)

[47] Chen,X.,et al.: Automating network application dependency discovery: experiences,limitations, and new solutions. In: Proceedings of the 8th USENIX Conference on Operating Systems Design and Implementation(2008)

[48] ArcSight. HP Enterprise Security

[49] NIRVANA. Intelligent Automation,Inc

[50] Barham,P.,Donnelly,A.,Isaacs,R.,Mortier,R.: Using Magpie for request extraction and workload modelling. In: Proceedings of the 6th Conference on Symposium on Opearting Systems Design and Implementation,vol. 6(2004)

[51] Chen,Y.-Y.M.,Accardi,A.,Kiciman,E.,Lloyd,J.,Patterson,D.,Fox,A.,Brewer, E.: Path-based failure and evolution management. In: Proceeding of the International Symposium on Networked System Design and Implementation(NSDI)(2004)

[52] Fonseca,R.,Porter,G.,Katz,R.H.,Shenker,S.,Stoica,I.: X-trace: a pervasive network tracing framework. In: USENIX Association Proceedings of the 4th USENIX Conference on Networked Systems Design and Implementation(2007)

[53] Barham,P.,Black,R.,Goldszmidt,M.,Isaacs,R.,MacCormick,J.,Mortier,R., Simma,A.: Constellation: automated discovery of service and host dependencies in networked systems. In: TechReport MSR-TR-2008-67(2008)

[54] King,S.T.,Mao,Z.M.,Lucchetti,D.G.,Chen,P.M.: Enriching intrusion alerts through multi-host causality. In: NDSS(2005)

[55] Zhai,Y.,Ning,P.,Xu,J.: Integrating IDS alert correlation and OS-Level dependency tracking. In: IEEE Intelligence and Security Informatics(2006)

[56] Popa,L.,Chun,B.-G.,Stoica,I.,Chandrashekar,J.,Taft,N.: Macroscope: endpoint approach to networked application dependency discovery. In: ACM Proceedings of the 5th International

Conference on Emerging Networking Experiments and Technologies(2009)

[57] Keller,A.,Blumenthal,U.,Kar,G.: Classification and computation of dependencies for distributed management. In: Proceedings of Fifth IEEE Symposium on Computers and Communications(2000)

[58] Bahl,P.V.,Barham,P.,Black,R.,Chandra,R.,Goldszmidt,M.,Isaacs,R., Kandula,S.,Li,L.,MacCormick, J.,Maltz,D.,Mortier,R.,Wawrzoniak,M., Zhang,M.: Discovering dependencies for network management. In: 5th ACM Workshop on Hot Topics in Networking(HotNets)(2006)

[59] Dechouniotis,D.,Dimitropoulos,X.,Kind,A.,Denazis,S.: Dependency detection using a fuzzy engine. In: Clemm,A.,Granville,L.Z.,Stadler,R.(eds.) DSOM 2007. LNCS,vol. 4785,pp. 110–121. Springer,Heidelberg(2007). doi:10.1007/978-3-540-75694-1_10

[60] Natarajan,A.,Ning,P.,Liu,Y.,Jajodia,S.,Hutchinson,S.E.: NSDMiner: automated discovery of Network Service Dependencies. In: Proceeding of IEEE International Conference on Computer Communications(2012)

[61] Peddycord III,B.,Ning,P.,Jajodia,S.: On the accurate identification of network service dependencies in distributed systems. In: USENIX Association Proceedings of the 26th International Conference on Large Installation System Administration: Strategies,Tools,and Techniques(2012)

[62] Sheyner,O.M.: Scenario graphs and attack graphs. Ph.D. diss,US Air Force Research Laboratory(2004)

[63] Sheyner,O.,Wing,J.: Tools for generating and analyzing attack graphs. In: Formal Methods for Components and Objects(2004)

[64] Jha,S.,Sheyner,O.,Wing,J.: Two formal analyses of attack graphs. In: Computer Security Foundations Workshop(2002)

[65] Swiler,L.P.,Phillips,C.,Ellis,D.,Chakerian,S.: Computer-attack graph generation tool. In: DARPA Information Survivability Conference & Exposition II (2001)

[66] Noel,S.,Jajodia,S.: Managing attack graph complexity through visual hierarchical aggregation. In: Proceedings of the 2004 ACM Workshop on Visualization and Data Mining for

Computer Security(2004)

[67] Jajodia,S.,Noel,S.: Topological vulnerability analysis. In: Cyber Situational Awareness,pp. 139–154(2010)

[68] Noel,S.,Elder,M.,Jajodia,S.,Kalapa,P.,O'Hare,S.,Prole,K.: Advances in Topological Vulnerability Analysis,pp. 124–129(2009)

[69] Jajodia,S.,Noel,S.,Kalapa,P.,Albanese,M.,Williams,J.: Cauldron: missioncentric cyber situational awareness with defense in depth. In: Military Communications Conference (MILCOM)(2011)

[70] Noel,S.,Jajodia,S.,O'Berry,B.,Jacobs,M.: Efficient minimum-cost network hardening via exploit dependency graphs. In: Proceedings of Annual Computer Security Applications Conference(ACSAC)(2003)

[71] Wang,L.,Jajodia,S.,Singhal,A.,Cheng,P.,Noel,S.: k-Zero day safety: a network security metric for measuring the risk of unknown vulnerabilities. IEEE Trans. Dependable Secure Comput. 11(1),30–44(2014)

[72] Albanese,M.,Jajodia,S.,Singhal,A.,Wang,L.: An efficient approach to assessing the risk of zero-day vulnerabilities. In: SECRYPT(2013)

[73] Dai,J.,Sun,X.,Liu,P.: Gaining big picture awareness through an interconnected cross-layer situation knowledge reference model. In: Proceedings of ASE/IEEE International Conference on Cyber Security(2012)

[74] Yu,M.,et al.: Self-healing workflow systems under attacks. In: Proceedings of 24th International Conference on Distributed Computing Systems(2004)

[75] Agrawal,R.,et al.: Mining process models from workflow logs. In: Advances in Database Technology-EDBT(1998)

[76] De Medeiros,A.,et al.: Workflow mining: current status and future directions. In: On The Move to Meaningful Internet Systems 2003: CoopIS,DOA,and ODBASE (2003)

[77] Van Der Aalst,W.M.P.,et al.: Workflow mining: a survey of issues and approaches. Data Knowl. Eng. 47(2),237–267(2003)

[78]   Gaaloul,W.,et al.: Mining workflow patterns through event-data analysis. In: Applications and the Internet Workshops(2005)

[79]   Axelsson,S.: Intrusion detection systems: a survey and taxonomy. Technical report(2000)

[80]   Paxson,V.: Bro: a system for detecting network intruders in real-time. Comput. Netw. 31(23),2435–2463(1999)

[81]   Jiang,X.,et al.: Stealthy malware detection and monitoring through VMM-based "out-of-the-box"semantic view reconstruction. ACM Trans. Inform. Syst. Secur. (TISSEC)(2010)

[82]   Newsome,J.,Song,D.: Dynamic taint analysis for automatic detection,analysis, and signature generation of exploits on commodity software. In: Proceedings of the 12th Annual Network and Distributed System Security Symposium(2005)

[83]   Zhang,S.,et al.: Cross-layer comprehensive intrusion harm analysis for production workload server systems. In: Proceedings of the 26th Annual Computer Security Applications Conferences(2010)

[84]   Czerwinski,S.E.,et al.: An architecture for a secure service discovery service. In: Proceedings of the 5th Annual ACM/IEEE International Conference on Mobile Computing and Networking(1999)

[85]   Dai. J.: Gaining Big Picture Awareness in Enterprise Cyber Security Defense. Ph.D. Dissertation,College of IST,Penn State University,July 2014

[86]   Bilge,L.,Dumitras,T.: An empirical study of zero-day attacks in the real world. In: Proceedings of the 2012 ACM Conference on Computer and Communications Security,pp. 833–844. ACM(2012)

[87]   Sekar,R.,Gupta,A.,Frullo,J.,Shanbhag,T.: Specification-based anomaly detection: a new approach for detecting network intrusions. In: Proceedings of the 2002 ACM Conference on Computer and Communications Security(2002)

[88]   Ko,C.,Ruschitzka,M.,Levitt,K.: Execution monitoring of security-critical programs in distributed systems: a specification-based approach. In: Proceedings of 1997 IEEE

Symposium on Security and Privacy(S&P)(1997)

[89]   Sheyner,O.,Haines,J.,Jha,S.,Lippmann,R.,Wing,J.M.: Automated generation and analysis of attack graphs. In: 2002 Symposium on Security and Privacy(S&P) (2002)

[90]   Jajodia,S.,Noel,S.,O'Berry,B.: Topological analysis of network attack vulnerability. In: Managing Cyber Threats: Issues,Approaches and Challanges,pp. 247–266(2003)

[91]   Ou,X.,Govindavajhala,S.,Appel,A.W.: MulVAL: a logic-based network security analyzer. In: USENIX Security Symposium(2005)

[92]   Ou,X.,Boyer,W.F.,McQueen,M.A.: A scalable approach to attack graph generation. In: Proceedings of the 2006 ACM Conference on Computer and Communications Security(2006)

[93]   Sawilla,R.,Ou,X.: Identifying critical attack assets in dependency attack graphs. In: Computer Security ESORICS(2006)

[94]   Goel,A.,Po,K.,Farhadi,K.,Li,Z.,de Lara,E.: The taser intrusion recovery system. In: ACM SIGOPS Operating Systems Review,vol. 39,no. 5,pp. 163–176. ACM(2005)

[95]   Knuth,D.E.: The Art Of Computer Programming(1997)

[96]   CWE. MITRE

[97]   CAPEC. MITRE

[98]   Graphviz

[99]   NVD. MITRE

[100]   McVoy,L.W.,Staelin,C.: lmbench: portable tools for performance analysis. In: USENIX Annual Technical Conference,pp. 279–294(1996)

[101]   Phillips,C.,Swiler,L.P.: A graph-based system for network-vulnerability analysis. In: Proceedings of the 1998 Workshop on New Security Paradigms(1998)

[102]   Ramakrishnan,C.R.,Sekar,R.: Model-based analysis of configuration vulnerabilities. J. Comput. Secur. 10(1/2),189–209(2002)

[103] Ammann,P.,Wijesekera,D.,Kaushik,S.: Scalable,graph-based network vulnerability analysis. In: Proceedings of the 9th ACM Conference on Computer and Communications Security(CCS)(2002)

[104] Ingols,K.,Lippmann,R.,Piwowarski,K.: Practical attack graph generation for network defense. In: Proceedings of 22nd Annual Computer Security Applications Conference(ACSAC)(2006)

[105] Kruegel,C.,Mutz,D.,Robertson,W.,Valeur,F.: Bayesian event classification for intrusion detection. In: 19nd Annual Computer Security Applications Conference (ACSAC)(2003)

[106] Xie,P.,Li,J.,Ou,X.,Liu,P.,Levy,R.: Using Bayesian networks for cyber security analysis. In: Dependable Systems and Networks(DSN),IEEE/IFIP(2010)

[107] Sun,X.,Dai,J.,Singhal,A.,Liu,P.: Inferring the stealthy bridges between enterprise network islands in cloud using cross-layer Bayesian networks. In: 10th International Conference on Security and Privacy in Communication Networks (SecureComm)(2014)

学习与决策

网空防御决策的动态过程：使用多代理认知建模来理解网络战

Cleotilde Gonzalez[1]，Noam Ben-Asher[2]，Don Morrison[1]

[1] 美国卡内基梅隆大学动态决策实验室

[2] 美国陆军研究办公室计算和信息科学理事会

1　引言

信息技术是人类日常活动的重要组成部分。从个人、公司或国家的角度来看，需要在意识到网空安全和防护的情况下才能顺利地进行日常活动，以便预见可能损害我们财产（物理的和知识的）和隐私的犯罪活动并做出准备。

网空行为体使用计算机和信息网络来预防、执行或帮助他人执行非法电子活动。攻击者是独立的或者由国家背景行为体赞助支持的个人，他们意图破坏政府重要部门、私营企业以及个人的基础设施和信息网络。网空分析人员或防御者通常隶属于某一组织（政府或企业），旨在保护信息系统和基础设施，防止非法入侵和对其客户带来的损害。最终用户是使用信息技术进行日常活动的大多数人，寄希望于防御者能够帮助他们保证日常生活和隐私的安全。防御者在保护最终用户方面有多成功？不幸的是，他们并不是很成功。网空安全是一种不对称的、复杂且动态变化的态势情境，其中攻击者在知识、技术和信息方面比防御者更加具有优势。在许多方面，我们应该将网空安全作为一个即使无法一劳永逸但也需要成功管理的问题来解决。我们的目标应该是寻找以尽可能减少成本、损失和社会损害的方式来管理该问题的策略。

在本文中，我们提出通过使用多代理认知建模框架进行网空安全场景模拟的观点，为实现上述目标做出贡献。我们将这一框架称为"网络战博弈"[8]，它建立在一个具有稳健性的学习模型之上。该模型通过接收经验选中的反馈（基于实例的学习模型，IBL[9,16,7]），成功地描述了决策的动态过程。网络战博弈能够从个人行为模型扩展至对一群由攻击者和防御者组成的行为体的行为的动态过程进行描述。我们采用模拟方法来探索关于模拟群体实力与资产多样性以及网空安全防御成本的多种假设情景。该研究的主要贡献包括将 IBL 模型扩展到可以体现网络效应的多代理平台，以及通过模拟结果得到的关于网络战动态过程的具体见解。

认知-合理人类行为建模

在过去几年中，在提升网空防御方面已经取得了许多突破性进度，出现了许多重要的创新方法和新型技术，用于提升机构组织对网空攻击进行检测和防御的能力。然而，人类认知能力及其在网空防御中的作用仍然落后于技术发展，这是我们在产生有效威慑策略方面的重要的能力差距[16]。归根结底，是人类开展犯罪活动，也是人类做出投资或不投资网空安全的选择，他们是监视并可能发现那些犯罪活动的人，也是决定在日常活动中采取不安全路径的人。

近期的一些研究成果尝试解决一系列相关问题，包括网空防御中人为因素的理解挑战、对人类态势感知的计算表征，以及将这些研究成果整合进现有网空防御技术的方法。比如，根据源自基于实例的学习理论（IBLT）[10]的概念，决策者具有一个通用的机制，将情境－决策－效用的三元组存储为认知组块，以及在之后检索出该三元组并将其解决方案泛化为未来的决策。IBLT 是一种由动态任务①的经验形成决策的理论。最近出现了一种源自 IBLT 的简单认知模型，用于表示个体学习，以及现在重复的二元选择任务中的选择行为[9, 11]。该模型的形式化描述将在第 2 节中介绍。该模型被证明是对多样化任务和环境条件下的选择与学习过程的可靠记录[16]。它的优势之一是提供了一种单一的学习机制来解释在多种范式和决策任务中可观察到的行为[16]。然而，Gonzalez 及其同事认为，IBLT 的重要优势在于，它为在诸如网空安全的复杂动态情境下的学习和决策行为提供了解释。

Dutt 等[5]提出了一个研究网空态势感知的 IBL 模型。该模型表征了网空安全分析人员的认知过程，它需要对计算机网络进行监测并检测发现组成简单"跳岛"（island hopping）式网空攻击活动的恶意网络事件。该模型模拟的分析人员的记忆中预先填充了编码网络事件知识的实例，其中包括能够定义一个网络事件的一组属性（如 IP 地址、IDS 是否发出告警等）。实例还包括分析人员就特定属性组合做出的决定，这意味着分析人员将判定该事件（属性集及其取值）是否描述了

---

① 由于本章中不存在同时出现 mission 与 task 的情况，因此统一将 task 直接翻译为任务，而不需要使用操作任务来加以区分。——审校者注

恶意网络活动。最后，一个实例还存储了该决策的结果，表明该事件实际上是否代表了一个恶意网络活动。通过控制分析人员记忆的表征形式，可以提供通过调整记忆中存储的实例数量与类型以操控态势感知的能力，以及表征恶意网络活动的能力。比如，一个选择标准严格的分析人员的记忆中有 75% 的恶意实例和 25% 的非恶意实例，而一个选择标准宽泛的分析人员记忆中有 25% 的恶意实例和 75% 的非恶意实例。在做出关于一个新的网络事件是否是恶意网络活动的一部分的决定时，该模型根据认知判断机制从记忆中检索出相似的实例。通过判断、决策和接收反馈这一过程，模型中的分析人员积累了可以指明是否存在进行中的网空攻击活动的证据。模型的风险容忍度参数决定了这个积累过程。不断将模型检测到的恶意网络事件数量与分析人员的风险容忍度参数进行比较，一旦恶意事件的数量等于或高于风险容忍度参数，模型中的分析人员就会声明存在进行中的网空攻击活动。因此，风险容忍度参数成为证据积累和承担风险的阈值。

对不同网空分析人员进行模拟的结果表明，风险承受水平和分析人员的过往经验都会影响分析人员的网空态势感知，其中（记忆中）经验比风险承受水平所产生的影响要大一些。这项研究工作还通过比较有耐心和无耐心攻击者策略对防御者表现的影响，强调了对对手行为进行建模的重要性。耐心的攻击者策略和网络上威胁入侵行动较长的时延可能会对安全分析人员构成挑战，并降低其检测威胁的能力。因此，认知模型能够描述这一现象：对于模拟的网空安全分析人员来说，时间上分散的攻击模式比其他攻击模式更具挑战性。

人们已经投入许多研究工作来将这种 IBL 模型提供的机制拓展到多代理情境，并且将个体的 IBL 模型扩展用于解决冲突和社会两难困境，如囚徒困境[7]以及小鸡或协作博弈[20]。施塔克尔贝格博弈和其他博弈论方法已被用于研究网空安全中的决策[1,2,11,17,18,19,22]。然而，这些研究工作大多数仅限于静态博弈模型或具有完善或完整信息的博弈[22]。在某种程度上，这些假定歪曲了网络安全上下文环境中的现实情况，即所面对的态势情境是高度动态化的，而且决策者必须基于不完善和不完整的信息做出判断。

为了克服这一问题，对博弈论在安全领域应用的近期研究尝试将人类行为体（特别是人类对手）的有限理性纳入考虑范围[1,21]。然而，这种方法以及其他博弈论方法仍然没有完全考虑诸如记忆和学习的认知机制，这些机制驱动着人类决策过程，并能够对人类表现提供基于第一性原理[①]的预测性说明，其中包括能力和次优偏差（suboptimal bias）。同时，如何将认知－合理[②]模型（congnitively- plausible model）扩展至具有两个以上代理的安全场景，仍然是一个挑战[6]。由于开发多代理模拟的主要焦点一直是研究群体互动（social interaction），因此对个体认知能力做出的假设是非常初级的[23]。下文将介绍我们的研究工作，利用认知和社会科学领域的发现，通过开发一个适应于多个类人代理的框架来应对上述挑战。

2   网络战博弈：基于个体的认知-合理模型构建多代理模型

从概念上讲，网络战争是将传统的攻击者–防御者概念延伸至通过计算机网络同时执行进攻性和防御性行动的多个代理（个人、国家支持的组织或者国家）。近年来，对社会冲突的多代理模型的关注越来越多，这些模型与网络战争有一些相似之处[12]。与此同时，有人尝试通过基于多代理的建模[14,15]来研究网空攻击和网络战争，这种模型通常表征旨在执行最佳策略的策略型代理，而不是用于从经验中学习和调整策略。本文提出的网络战博弈建立在之前的研究基础上[4,12,13]，定义了多代理框架，以描述网空世界的一些基本特点和适应性决策者的部分问题。

网络战博弈是在由 n 个代理组成的全连通网络上展开 r 轮次的过程。每个代理都有两个属性——实力（power/P）和资产（assets/A），并可以对任何其他代理采取 3 种可能的动作——攻击（attack）、防御（defend）和无作为（nothing）。实力代表了代理的网空安全基础设施以及可能的漏洞[③]，这些反映了代理在网空安全方面的投资，而 Juvina 等[13]将其称为"结果实力"。因此，实力会影响代理对来自其他代理的攻击进行抵御的能力，以及对其他代理执行成功的攻击的能力。资产是代理的所有物（如机密信息、物理资源），需要进行保护以免受其他代理的攻击。代理正在进行的行动也需要资产。因此，代理在攻击或防御时必

---

① 原文为"first-principled"，疑为"first-principles"，即"第一性原理"的之笔误。——审校者注
② cognitively plausible（认知上合理的）是认知研究领域常用的提法，但是由于本章中将 Cognitively-Plausible 作为模型名称，综合考虑下还是将其翻译为"认知-合理"，以体现出专有名词的特点。——审校者注
③ 代理可能采取防御或进攻的动作，对应的实力分别是网空安全基础设施或可以攻击利用的漏洞。
　　——审校者注

须花费资产[①]，类似地，资产的变化也会直接影响代理的实力。每一轮次 r 中，决策在 $n(n-1)$ 群体中所有可能的每对代理之间同步发生。注意，每个代理在每轮次中针对每个其他代理做出（$n-1$）个决策。这意味着所有决策都是在上一轮次结束时，代理根据所具有实力和资产的上下文背景制订和解决的。

攻击或多或少会具有破坏性，由攻击的烈度 f 定义（$0 \leqslant f \leqslant 1$）。这是被攻击的代理所被窃取的资产比例。严重攻击会具有高 f 值（如 > 0.5），而较弱的攻击将具有低 f 值（如 < 0.5）。此外，每场战斗都会给参与的代理带来成本，包括攻击成本（C）和防御成本（D），而无作为动作的成本为零。$C(0 \leqslant C \leqslant 1)$ 和 $D(0 \leqslant D \leqslant 1)$ 是代理为了执行动作必须花费的资产比例。

每次攻击或防御动作的影响由 Win_{ab} 度量，它是由一个函数计算出来的比例，函数的分子是代理（a）执行动作的实力，分母是参与战斗的两个代理（a 和 b）的总实力。

$$Win_{ab} = \frac{P_a}{P_a + P_b}, \quad 注意 0 \leqslant Win_{ab} \leqslant 1$$

在每一轮次 r 中，代理 a 决定以代理 b 为目标采取一个动作（其中 $a \neq b$）。当且仅当代理的资产大于零时，代理才可以对其他代理采取攻击或防御动作，或者受到来自其他代理的攻击或防御动作。无论代理资产情况如何，都可以采取无作为的动作。第 r 轮次中一对代理所采取动作的结果 x_{ab} 和 x_{ba} 定义如图 1 所示。

代理 b

		攻击	防御	无作为
攻击	$x_{ab} =$	$Win_{ab} \times f \times A_b - C \times A_a -$ $Win_{ba} \times f \times A_a$	$Win_{ab} \times f \times A_b - C \times A_a$	$Win_{ab} \times f \times A_b -$ $C \times A_a$
	$x_{ba} =$	$Win_{ba} \times f \times A_a - C \times A_b -$ $Win_{ab} \times f \times A_b$	$Win_{ba} \times A_b - D \times A_b -$ $Win_{ab} \times f \times A_b$	$-Win_{ba} \times f \times A_b$
防御	$x_{ab} =$	$Win_{ab} \times A_a - D \times A_a -$ $Win_{ba} \times f \times A_a$	$Win_{ab} \times A_a - D \times A_a$	$Win_{ab} \times A_a -$ $D \times A_a$
	$x_{ba} =$	$Win_{ba} \times f \times A_a - C \times A_b$	$Win_{ba} \times A_b - D \times A_b$	0
无作为	$x_{ab} =$	$-Win_{ab} \times f \times A_a$	0	0
	$x_{ba} =$	$Win_{ba} \times f \times A_a - C \times A_b$	$Win_{ba} \times A_b - D \times A_b$	0

代理 a（出现在"防御"行左侧）

图 1 动作结果

[①] 结合网空安全的实践，可以理解为，防御动作需要投入资源用于网空安全设施，而攻击动作会消耗漏洞、DNS 和 C2 节点等攻击者资源。——审校者注

在 $r=0$ 时，网络中的所有代理都被赋予大于零的初始资产和实力。每个代理的资产和实力的取值，根据每轮次中所有结果的总和进行更新。每个代理 a 在第 $r+1$ 轮次的资产按照当前轮次资产加上代理 a 在第 r 轮次针对其他代理的所有攻击、防御和无作为动作的结果之和来计算。

$$A_a^{r+1} = A_a^r + \sum_{b=1}^{n-1} x_{ab} \tag{1}$$

因此，作为每个代理的动作以及每个其他代理的动作的结果，资产在博弈期间动态地发生改变。在任何给定的轮次中，如果第（$r+1$）轮次的一个代理的新资产取值是负数，即 $A_a^{r+1}<0$，则该代理的资产被设置为零，因此该代理不能攻击，也不能防御，同时它不能被攻击也不能被防御。它成为一个静止的代理，唯一的选择是在剩余的博弈过程中保持不活动状态（采取无作为动作）。

第（$r+1$）轮次中的代理 a 实力的变化可以表示为从当前轮次到下一轮次资产变化比例 $\left(\dfrac{A_a^{r+1} - A_a^r}{A_a^r} \right)$ 的一个函数。如果资产没有发生变化（$A_a^{r+1} = A_a^r$），那么下一轮的实力也将保持不变（$P_a^{r+1} = P_a^r$）；如果一个代理增加了它的净资产（$A_a^{r+1} > A_a^r$），那么它在第（$r+1$）轮次的实力将增加；如果净资产减少了（$A_a^{r+1} < A_a^r$），那么它在第（$r+1$）轮次的实力将降低。

$$P_a^{r+1} = P_a^r + P_a^r \times \left(\frac{A_a^{r+1} - A_a^r}{A_a^r} \right) \tag{2}$$

3 在网络战博弈中做出决策：基于实例的学习模型

我们拓展了二元选择的 IBL 模型[9,16]，允许每个代理对（$n-1$）群体中可选的其他每个可能的代理采取 3 种可能的动作。也就是说，我们创建了一个具有上述网络战博弈的特点的多代理框架，其中每个代理是 IBL 认知代理，保持着 IBL 模型的学习和决策机制[9,16]。

IBL 代理是有限理性的。也就是说，IBL 代理旨在最大化其结果，但是诸如记忆、近因效应和频率效应的认知限制因素，以及代理检索此类信息的能力，也会使该结果受到限制。实例是属性（情境）、动作（决策）和结果（效用）的唯一组合，在 IBLT 中称为 SDU[10]。在网络战博弈中，每个代理都是一个 IBL 模型，它拥有单独的记忆，也具有相同的机制、目标和认知特点，但可能根据实力和资产的特定设置以及博弈的动态性而有所不同。

在第 $r = 0$ 轮次，创建一个实例来表示每个代理可能针对其他每个代理执行的每个可能的动作。创建实例时使用资产的初始值 A_a^0 和实力的初始值 P_a^0，以及默认的结果 x_{ab}^0（这些称为预填充实例，参见 Lejarraga 等的研究[16]）。由于默认结果值对所有代理和所有可能的动作都是相同的，因此所有代理都会随机选择。

IBL 模型中的每个实例 i 都具有激活（activation）值，它表示有多易于从记忆中获得信息[3]。当前模型中使用的激活方程是对过去研究[9,16]的一个扩展，在其中添加了一个来自 Anderson 和 Lebiere[3]的部分匹配（partial matching）组件。因此，激活是 3 个组成部分的总和：基本水平（base-level）、部分匹配和噪声。

$$A_i = \ln \sum_{r_p \in obs} (r - r_p)^{-d} + \sum_{\alpha \in sit} P(M_\alpha - 1) + \sigma \ln\left(\frac{1 - \gamma_{i,r}}{\gamma_{i,r}}\right) \qquad (3)$$

3.1 基本水平

在 $\ln \sum_{r_p \in obs} (r - r_p)^{-d}$ 中，r_p 是观察到此实例的时间（轮次数）；d 为衰减，是 IBL 的一个非负自由变量。因此，基本水平表示频率和近因的激活。对于该组成部分，频繁被观察到的实例的值会更高，而且近期被观察到的实例的值也会更高，并将随着时间推移而衰减。

3.2 部分匹配

$\sum_{\alpha \in sit} P(M_\alpha - 1)$ 是情境的属性（α）的总和，P 为不匹配的惩罚系数，是一个非负自由变量；M_α 是实例中属性 α 与情境-决策（situation-decision）中对应属性之间的相似度，其中情境-决策作为该步骤的决策过程的一部分进行考虑。每个 M_α 被定义为 $0 \leq M_\alpha \leq 1$，其值为 1 表示完美匹配，即属性值是相同或等价的；其值为 0 则表示完全不匹配。对于中间的值，越接近 1 说明所考虑的属性相似度越高。需要注意的是，激活的部分匹配组成部分始终为零或负，这是由于在激活中采用了不匹配惩罚系数。当所有属性完美匹配时，就没有惩罚。随着更多属性无法完美匹配，并且不匹配的情形变得更加明显，惩罚也会增大，从而降低了该实例的激活值。在网络战博弈的情况下，情境包括 4 种属性：代理在本轮次持有的资产、代理在本轮次持有的实力、代理确定对其采取动作的对手在本轮次持有的资产和代理的对手在本轮次持有的实力。根据博弈的定义，这 4 个值都是非负实数，均使用相同的二次相似度函数进行计算。如果 α_a 和 α_b 是一个属性的两个值，则它们的相似度由公式（4）给出。

$$M_\alpha = \begin{cases} \left(1 - \dfrac{\alpha_b - \alpha_a}{\alpha_b}\right)^2, \alpha_a < \alpha_b \\ 1, \quad \alpha_a = \alpha_b \\ \left(1 - \dfrac{\alpha_a - \alpha_b}{\alpha_a}\right)^2, \alpha_a > \alpha_b \end{cases} \quad （4）$$

因此，网络战博弈的部分匹配是对 M_α 的 4 个值取总和。

3.3 噪声

噪声 $\sigma \ln\left(\dfrac{1 - \gamma_{i,r}}{\gamma_{i,r}}\right)$ 是一种向激活值增加可变性的组成部分。σ 是 IBL 的自由参数，而 $\gamma_{i,r}$ 是为每个结果和试验从限定在 $0 \sim 1$ 的均匀分布中抽取的随机数。

一旦获得所有相关实例的激活，就可以计算出一个实例的概率。

$$P_i = \frac{e^{\frac{A_i}{\tau}}}{\sum_{j \in K_o} e^{\frac{A_j}{\tau}}} \quad （5）$$

其中 K_o 是动作（决策）o 的所有实例的集合。τ 是随机噪声，被定义为 $\tau = \sigma\sqrt{2}$，其中 σ 是与上述公式（4）的激活函数中相同的自由参数。

根据检索的概率和每个动作（决策）o 的结果，可以计算出融合价值（blended value）。对于网络战博弈，有 3 种可能的决策：攻击、防御或无作为（如果某个代理或其对手没有资产，那么就只有无作为这一个可能的决策）。网络战博弈中计算得到的 x_{ab}（或 x_{ba}）值作为结果（效用）存储在 IBL 模型的实例（U_i）中，一个决策的融合价值由公式（6）给出。

$$BV_o = \sum_{i \in K_o} P_i U_i \tag{6}$$

在任何一轮中，选出具有最大融合价值的行动（决策）。

4 网络战博弈：问题和模拟结果

上文提出的网络战博弈具有很大的潜力来解答许多与网空安全相关的问题，前提是它被证明能够可靠表示人类选择的运算代理。本项研究的目标是揭示博弈中群体的动态，其中代理的实力和资产各不相同，并且攻击成本逐渐增加。我们使用模拟方法，其中由 n 个代理组成的多个群体参与到 r 个战斗（轮次）中，我们观察在哪些模拟中攻击更常见，以及是什么因素导致更多的防御性动作或代理失活。我们的目标是揭示网络战博弈中的属性（如实力、资产、攻击和防御成本）将如何导致代理更具攻击性（攻击动作）、防护性（防御动作）或惰性（无作为），并确定这些动态（过程）的后果。

为此，我们采取了一种新的方法，通过试验性地操控各个群体中的属性，并将其结果与一个处于"均衡状态"的群体（试验的控制条件）进行比较，发现其中所有代理都是平等的：所有代理具有相同的起始实力和资产，它们的攻击（C）和防御（D）成本都是相同的，并且所有攻击都有相等的强度（强度值 $f = 0.2$）。然后我们操控网络战博弈和代理的不同属性，而其他属性保持与控制条件相同。

在接下来报告的数据中，我们在 30 个轮次上运行一个具有 12 个代理的平等群体。该控制条件所包括的代理具有相同的初始资产和相等的初始实力（初始资产为 50，初始实力为 50），其中 $C=D=0.2$。也就是说，群体中的所有代理在初始时都是相同的，而且攻击和防护的成本是任何一轮次中可用资产量的 20%。接下来进行该条件下结果与其他试验条件下结果的比较。

4.1 代理的多样性及其对选择动态过程的影响

控制条件中群体是同质化的（代理具备相同资产和实力），并且进攻与防御的成本相等，我们将其取得的结果与 3 种类型的异质群体进行比较：（i）一个群体，其中一半的代理开始是富有的（资产=90），一半的代理开始是贫穷的（资产=10），但都拥有相同的实力（实力=50）；（ii）一个群体，其中一半的代理开始强大（实力=90），一半的代理开始弱小（实力=10），但都具有相同的资产（资产=50）；（iii）一个多样化的群体，其初始属性分为4组，即富有且强大（90-90）、富有但弱小（90-10）、贫穷但强大（10-90）以及贫穷且弱小（10-10）。在这 3 个比较组中，我们将成本定义为与控制条件相同（*C=D*=0.2）。

图 2 展现了控制条件和 3 个比较组在 30 轮次过程中选择的平均比例。根据

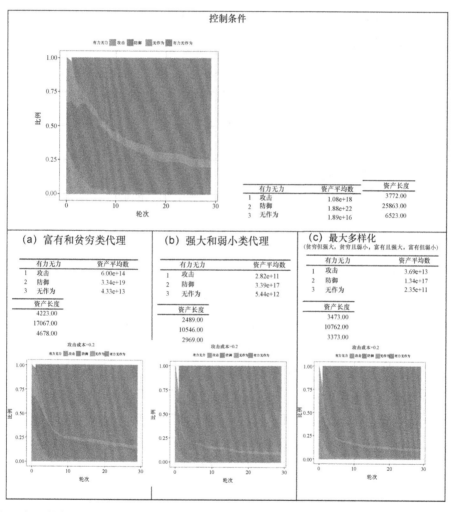

图 2   在 30 轮次的过程中每次的动作总体比例：在控制条件（顶部图片）与对群体中代理的初始资产和
    实力进行操控的 3 个试验条件的对比（见彩图文件）

网络战博弈的定义，只有当资产大于零时，代理才能对另一个代理进行攻击或防御，并且当资产小于或等于零时，该代理将被迫不做任何事。因此，图1还展示了每轮"被迫-无作为"动作的比例（此后忽略对这些动作的解释）。如在控制条件下观察到的，在30轮次的战斗中，代理的动作（攻击、防御、无作为）在逐渐减少。代理采取的常见动作类型是防御以保护它们的资产（25863个这类型的决定），然后是无作为（6523个），最后是攻击（3772个）。保护资产也是更有利可图的动作，因为代理在正常运行的同时可以通过在防御方面进行投资以增加资产。即使是最不常见的动作，攻击也是第二有利可图的行为，因为它涉及通过窃取其他代理的资产来增加该代理自身的资产。

通过对群体中代理属性的操控，我们观察到，随着群体变得更加多样化（不同类型代理由定义群体的资产和/或实力所确定），动作的总数递减更快。这可能表明，多样化的群体会更快地卷入自我毁灭的战争中。然而，防御仍然是最常见也是最有利可图的动作。

4.2 降低参与战争的成本

上文的模拟结果是基于攻击成本和防御成本相同的假设。在现实情况下则完全不同。实际上防御成本已经大幅增加，而对于不熟练的防御者来说攻击的成本则相对较低。本节介绍了类似上述定义异构群体的模拟结果，但其中攻击成本是防御成本的1/4（$C=0.05$，$D=0.2$）。

图3中左侧展示了当$C=D=0.2$时3个异质群体（与上述相同）在30轮次过程中不同类型的选择的平均比例；图3中右侧则显示了当$C=0.05$、$D=0.02$时对应的比例。总体而言，当攻击成本较低时，动作总数会增加。这是一个反直觉的预测。总体来看，攻击变得更具吸引力，但比人们预期的程度小。降低攻击成本确实增加了攻击的比例，但却对防御动作比例的增加有更大的影响。此外，虽然攻击成本降低，但从活跃代理数量来看（被强制动作的代理比例较低），群体的最终状态要更好（对比更高攻击成本的情况）。因此，无论攻击成本如何变化，防御仍然是最常见并且最有利可图的动作。

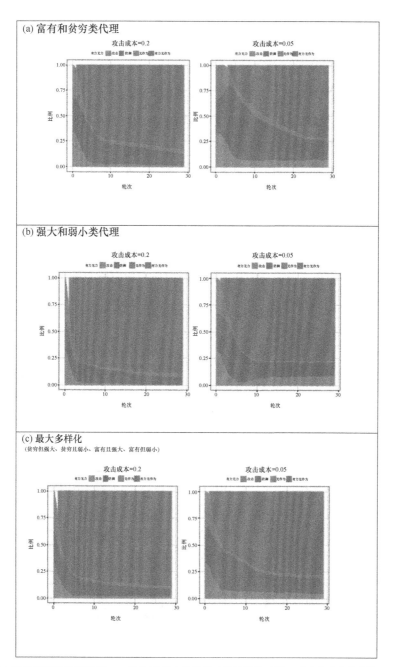

图 3　在 3 种异质群体的情况下，30 轮次过程中的各类动作的总体比例，对攻击成本高的情况
　　　（左侧图片）和攻击成本低的情况（右侧图片）进行比较（见彩图文件）

4.3　不同类型的代理会如何对较低的攻击成本做出反应

通过对群体和攻击成本进行操控，引出了一个关于这些群体中代理的不同类型与成本的动态关系的问题。我们能否根据代理的初始实力和资产状况，以及它们在群体中的隶属关系来预测代理未来的状况？

图 4 显示了在最多样化的群体中形成的 4 组代理的平均选择比例，代理的初始设置为贫穷但强大、贫穷且弱小、富有且强大以及富有但弱小。左侧图片展示了高攻击成本（C=0.2）条件下的结果，右侧图片展示了低攻击成本

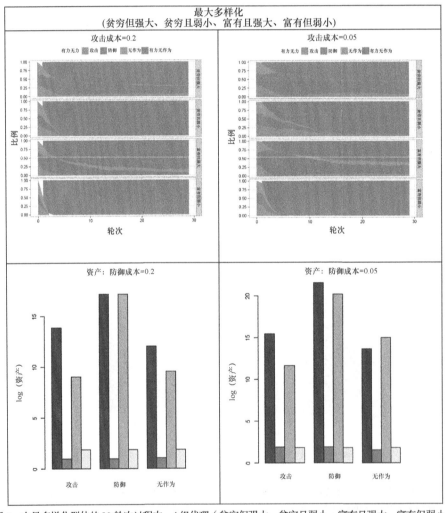

图 4　在最多样化群体的 30 轮次过程中，4 组代理（贫穷但强大、贫穷且弱小、富有且强大、富有但弱小）的动作总体比例以及攻击成本比较，左侧图片为高攻击成本，右侧图片为低攻击成本（见彩图文件）

（C=0.05）情况下的结果。总体而言，为了生存，开始时强大比开始时富有更重要。开始时弱小的代理仅在前几轮中活跃，而强大的代理能在 30 轮次的过程中得以存活。经过所有类型的动作，与弱小代理相比，贫穷但强大的代理和富有且强大的代理所拥有的资产总量更大。此外，无论初始资产如何，实力强大的代理明显更多采取防御动作，比攻击或无作为的动作多。并且，实力强大的代理在以防御动作为主期间最终拥有最多的资产。

5 探讨

网络战不是抽象的猜测。由其他代理（个人、政府和国家）对美国军事和商业网络形成的威胁，以及造成的潜在和实际损害，都是真实存在的。迄今为止，我们对于国家和组织之间网空攻击活动的潜在动机、策略和影响，以及对于我们的网空防御应该如何应对和阻止国际网空攻击活动等方面，都还是知之甚少。

在本研究中，我们的目标是利用社会认知计算方法研究的成果，更好地理解网空攻击和防御行动的潜在活动和动态。我们研究由强大或弱小以及富有或贫穷的异质代理所组成的群体，群体中的代理表现出人类在决策上的有限理性特点。我们提出了一个新的研究框架，并称之为网络战博弈，它呈现了一个动态的世界，其中代理会采取动作，或者攻击其他代理并窃取其资产，或者防御以保护其自身的资产，或者保持静止不作为。与其他基于代理的网络相比，我们的研究对通常只关注个体层面影响的认知模型进行了拓展，并进一步研究了由有限理性的代理所组成的网络，在代理采取动作的动机多样化的不同群体里，将会如何表现。

我们的模拟结果表明，在代理实力和资产不同的多样化群体中，代理更容易参与到自我毁灭的活动中，并迅速演变成只有少数代理变得富有且强大的状态。然而，与侵略性攻击策略或代理既不攻击也不防御的被动策略相比，防御策略是保护资产的最佳策略。当与防御成本相比攻击成本降低时，多样化群体中出现了一些有趣的结果，我们发现攻击动作的比例有所增加，但攻击成本降低对防御动作增加比例的影响却更大。也就是说，即使在攻击成本比防御成本更低的世界中，采取防御策略仍然是最有利可图的活动。

然而在现实环境中，网空防御是有不确定性的。信息技术在迅速变化，当开展高烈度攻击的成本在降低的同时网空攻击的复杂性在提升，这导致即使对强国而言，网空防御也非常具有挑战性。因此，随着攻击烈度的提高和攻击成本的降低，强大且富有的国家预计将更容易受到潜在的危险破坏。我们的研究方法为测试这一假设以及其他关于网络战潜在影响的假设提供了平台。

参考资料

[1]   Abbasi,Y.D.,Ben-Asher,N.,Gonzalez,C.,Kar,D.,Morrison,D.,Sintov,N.,Tambe,M.: Know your adversary: insights for a better adversarial behavioral model. In: 38th Annual Meeting of the Cognitive Science Society(CogSci 2016),10–13 August 2016,Philadelphia,PA(2016)

[2]   Alpcan,T.,Basar,T.: Network Security: A Decision and Game-Theoretic Approach. Cambridge University Press,New York(2011)

[3]   Anderson,J.R.,Lebiere,C.: The Atomic Components of Thought. Lawrence Erlbaum Associates,Mahwah(1998)

[4]   Ben-Asher,N.,Gonzalez,C.: CyberWar Game: A paradigm for understanding new challenges of cyber war. In: Jajodia,S.,Shakarian,P.,Subrahmanian,V.S.,Swarup,V.,Wang,C.(eds.) Cyber Warfare,pp. 207–220. Springer International Publishing(2015)

[5]   Dutt,V.,Ahn,Y.,Gonzalez,C.: Cyber situation awareness: modeling the security analyst in a cyberattack scenario through instance-based learning. In: 25th Annual WG 11.3 Conference on Data and Applications Security and Privacy(DBSec 2011). Richmond, Virginia,USA,11–13 July 2011

[6]   Gonzalez,C.: From individual decisions from experience to behavioral game theory: lessons for cybersecurity. Invited panelist to perspectives from cognitive engineering on cyber security. In: Cooke,N.,et al.(eds.) Proceedings of the Human Factors and Ergonomics Society 56th Annual Meeting,(HFES 2012),Boston,MA,22–26 October 2012,pp. 268–271. Human Factors and Ergonomics Society(2012)

[7]   Gonzalez,C.,Ben-Asher,N.,Martin,J.,Dutt,V.: A cognitive model of dynamic cooperation with varied interdependency information. Cogn. Sci. 39,457–495(2015)

[8]   Gonzalez,C.,Ben-Asher,N.,Oltramari,A.,Lebiere,C.: Cognition andtechnology. In: Kott,A.,Wang,

C.,Erbacher,R.(eds.) Cyber Defense and SituationAwareness,pp. 93–117(2014)

[9]   Gonzalez,C.,Dutt,V.: A generic dynamic control task for behavioral research and education. Comput. Hum. Behav. 27,1904–1914(2011)

[10]   Gonzalez,C.,Lerch,F.J.,Lebiere,C.: Instance-based learning in dynamic decision making. Cogn. Sci. 27,591–635(2003)

[11]   Grossklags,J.,Christin,N.,Chuang,J.: Secure or insure? A game-theoretic analysis of information security games. In: 17th International Conference on World Wide Web. ACM,New York,(2008)

[12]   Hazon,N.,Chakraborty,N.,Sycara,K.: Game theoretic modeling and computational analysis of n-player conflicts over resources. In: 2011 IEEE Third International Conference on Privacy,Security,Risk and Trust(PASSAT) and 2011 IEEE Third Inernational Conference on Social Computing(SocialCom),pp. 380–387. IEEE(2011)

[13]   Juvina,I.,et al.: Intergroup prisoner's dilemma with intragroup power dynamics. Games 2,21–51(2011)

[14]   Kotenko,I.: Agent-based modeling and simulation of cyber-warfare between malefactors and security agents in Internet. In: 19th European Simulation Multiconference Simulation in wider Europe(2005)

[15]   Kotenko,I.: Multi-agent modelling and simulation of cyber-attacks and cyber-defense for homeland security. In: 4th IEEE Workshop on Intelligent Data Acquisition and Advanced Computing Systems: Technology and Applications,IDAACS 2007,pp. 614–619. IEEE(2007)

[16]   Lejarraga,T.,Dutt,V.,Gonzalez,C.: Instance-based learning: a general model of repeated binary. J. Behav. Decis. Mak. 25(2),143–153(2012)

[17]   Lye,K.-W.,Wing,J.M.: Game strategies in network security. Int. J. Inf. Secur. 4(1–2),71–86(2005)

[18]   Manshaei,M.H.,Zhu,Q.,Alpcan,T.,Bacşar,T.,Hubaux,J.P.: Game theory meets network security and privacy. ACM Comput. Surv.(CSUR) 45(3),25(2013)

[19]   Moisan,F.,Gonzalez,C.: Learning Defense Strategies in an Asymmetric Security Game(2015)

[20]   Oltramari,A.,Lebiere,C.,Ben-Asher,N.,Juvina,I.,Gonzalez,C.: Modeling strategic dynamics under alternative information conditions. In: 12th International Conference on Cognitive Modeling(ICCM 2013),Carleton University,Ottawa,Canada,11–14 July 2013(2013)

[21]   Pita,J.,John,R.,Maheswaran,R.,Tambe,M.,Yang,R.,Kraus,S.:   A   robust   approach   to addressing human adversaries in security games. In: Proceedings of the 11th International Conference on Autonomous Agents and Multiagent Systems,vol. 3,pp. 1297–1298. International Foundation for Autonomous Agents and Multiagent Systems,Richland,SC(2012)

[22]   Roy,S.,Ellis,C.,Shiva,S.,Dasgupta,D.,Shandilya,V.,Wu,Q.: A survey of game theory as applied to network security. In: 2010 43rd Hawaii International Conference on System Sciences(HICSS),pp. 1–10. IEEE(2010)

[23]   Sun,R.: Cognition and multi-agent interaction: From cognitive modeling to social simulation. Cambridge University Press,New York(2006)

对网空防御态势分析中分析人员数据分类分流操作的研究

Chen Zhong[3]，John Yen[1]，Peng Liu[1]，Rob F. Erbacher[2]，
Christopher Garneau[2]，Bo Chen[4]

[1] 美国宾夕法尼亚州立大学信息科学与技术学院

[2] 美国陆军研究实验室

[3] 美国印第安纳大学科科莫分校

[4] 美国孟菲斯大学

摘要：网空防御分析人员在安全运行中心（SOC）发挥关键作用，他们通过理解大量网络监测数据以对网空攻击行动进行检测和做出响应，其中包括涉及高级持续威胁的大规模网空攻击行动。众多网空防御系统不断产生网络数据，其中可能包含许多误报，这使分析人员难以有效处置应对。分析人员通常需要根据他们对当时态势情境的感知，在非常短的时间内快速做出决策/回应。数据分类分流是分析人员例行工作的第一步也是最基本的步骤——它过滤大量的网络监测数据，以识别已知的恶意事件。由于网络监测数据的高噪信比（noise-to-signal ratio），这一步骤会占用入侵检测分析人员大量的时间和注意力。因此，能够提高安全运行中心中数据分类分流操作效率的智能人机系统是非常必要的。在本文中，我们将介绍一种以人员为中心的智能数据分类分流系统，该系统利用了入侵检测分析人员的认知轨迹。我们的方法基于整合了以下 3个维度的动态的网络 – 人系统（cyber-human system）：网空防御分析人员、网络监测数据和攻击活动。该方法利用了记录下来的入侵检测分析人员分析过程，我们称之为"认知轨迹"。这些分析人员的认知轨迹描述了从网络监测数据中检测发现恶意事件过程的示例。来自资深分析人员的认知轨迹对培训初级分析人员执行数据分类分流操作很有帮助。为了发挥这一潜力，我们还开发了一个智

能检索框架，可根据与初级分析人员已识别事件的相似度自动检索出其他资深安全分析人员的认知轨迹。正如案例研究所表明的那样，分析人员的认知轨迹也使我们能够以系统化且最优的方式更好地理解他们的分析过程。在本文的结尾，我们会讨论所提出框架的局限性，以及未来改进网空防御分析人员数据分类分流操作的研究方向，从而给出总结。

1　引言

随着各种组织越来越多地依赖网络来开展业务经营及日常活动，它们也越来越需要保护网络免受各种类型的网空攻击[1]。因此，许多组织（如金融公司、政府和军事部门）决定建立自己的安全运行中心（SOC），通常是对"人在环中"式网空防御系统的定制化应用。

安全运行中心从内部网络和外部情报源收集数据。如今，大多数网络都配备了监测网络流量并检测网空攻击活动的传感器。这些传感器包括网络和主机入侵检测/防护系统（IDS / IPS）、防火墙监测和日志记录、漏洞评估以及安全信息和事件管理（SIEM）产品。根据监测数据，安全运行中心通常在很大程度上依赖于分析人员来理解这些数据，从而实现网空态势感知（Cyber SA）。更具体地说，需要回答以下问题：网络是否受到攻击？攻击是如何发生的？攻击者接下来会做什么？

很多数据（如 IDS 告警和防火墙日志）是以快速且大量的方式从传感器收集的。它要求分析人员进行一系列分析以实现网空态势感知。现有对网空防御态势分析的认知任务分析研究表明，分析人员可以进行各种类型的分析。D'Amico 和 Whitley 描述了计算机网络防御（CND）分析人员的 6 个广泛的分析任务：分类分流分析、升级上报分析、关联分析、威胁分析以及事件响应和取证分析[2]。数据分类分流是网空态势感知分析中的第一个也是最基本的阶段，因为它可以为进一步分析以最终生成关于攻击行动的安全事件报告①提供调查的基础。安全事件报告在战术层面和战略层面同时为安全事件响应、威胁分析、取证分析和其他网空防御操作提供基础。由于来自传感器的网络监测数据迅速

---

① 考虑到本章中同时出现通常被简单翻译为"事件"的"event"与"incident"概念，特此进行区分，将相对中性的"event"翻译为"事件"，而将包含负面含义的"incident"翻译为"安全事件"。——审校者注

涌入，因此分析人员通常需要在很短的时间内做出快速决策/响应。比如，对传入的数据进行过滤以识别出可疑事件的迹象标示，清除误报，生成关于恶意事件的假设，调查不同监测设备关于可疑事件的数据。

网空态势感知的数据分类分流给当今安全运行中心的分析人员带来了多重挑战。首先，由于多个网空防御系统不断产生的网络数据量巨大，并且可能包含许多误报，因此分析人员需要应用他们的领域专业知识和经验来做出高质量的判断，确定网络数据中哪些部分值得进一步分析，以及哪些是应当作为安全事件进行上报的可疑恶意事件。其次，分析人员必须在时间压力下进行数据分类分流。快速决策是必要的，因为早期发现网空攻击行为，不仅可以减少攻击行为的负面影响，还可以打断网空攻击行为的链条，阻止它们达成原有的攻击目标。最后，安全运行中心的数据分类分流过程需要由分析人员 7×24 h 连续执行，他们被分组以通过工作班次覆盖不同的时间周期。如何将一位分析人员所获得的知识（如疑似但尚未确认的恶意事件、观察到的攻击行为等）转交到下一班次，是数据分类分流过程的第三个挑战。

决定安全运行中心在应对这些挑战方面能够取得成功的关键因素，是网空防御分析人员在执行数据分析任务时的认知过程的有效性。数据分类分流分析人员的详细认知过程相当复杂，但尚未得到很好的理解。由于分析人员会使用不同的分析策略，而且在使用安全运行中心的现有工具时存在各自偏好，因此即使在给定相同监测数据的情况下，不同的分析人员也经常会表现出不同的认知过程，进而使理解分析人员的认知过程变得更为复杂。更好地理解数据分类分流分析人员的认知过程，可以为提高安全运行中心的有效性提供多种关键性帮助。它可以增强决策的问责制，改进分析人员的培训，并开发更好的认知辅助和协作支持工具，以解决上述 3 个挑战。

当前已经开展了多项认知任务分析（CTA）研究，以提供对分析人员高阶流程的宝贵见解，如他们的角色和工作流程[2,3]、他们的认知需求[4]以及他们在网空态势感知数据分析中的工作表现[5]。然而，分析人员在数据分类分流中的细

---

① 在威胁情报领域的关键概念"indicator"一直未有比较恰当的翻译。常见"指标""指示器"和"信标"等翻译方法，要么存在歧义，要么含义过窄。结合在情报分析等领域中"indicator"的业务含义，在这里提出采用"迹象标示"的翻译，以强调"根据迹象研判场景"的特点。——审校者注

粒度认知活动仍不清晰[6]。理解分析人员的细粒度认知过程是开发自动化工具以促进数据分类分流的基础。资深分析人员的细粒度认知过程也提供了一个机会，使其他初级分析人员能够利用它来改进自己的分析工作。

因此，我们研究的目标是采集、分析和利用分析人员的细粒度数据分类分流过程，以便显著提升安全运行中心的数据分类分流工作表现。更具体地说，我们的研究试图回答以下问题。

- 网空态势感知中数据分类分流的特点是什么？我们是否能在这种情况下形式化定义数据分类分流过程？
- 分析人员认知过程中的关键组成部分是什么？如何在网空态势感知数据分类分流中表示分析人员的认知过程？
- 如何跟踪分析人员的数据分类分流过程？
- 如何利用所采集的数据分类分流过程来提高分析人员在网空态势感知中的数据分类分流操作效率？

为了回答这些问题，我们首先将现有认知任务分析研究的结果，与意义构建理论和决策理论联系起来，并指出网空态势感知中数据分类分流的特点（第 2 节）。根据我们的理解，数据分类被定义为一个动态的"网络 – 人系统"（Cyber-Human System，CHS），包括网空态势感知数据、安全事件、"客观世界的知识"、分析人员和分析人员数据分类分流操作以及心智模型（将在以下部分中详细解释）。分析人员在数据分类分流中的认知过程主要在于分析人员与网空态势感知数据之间的互动。我们首先介绍了一个概念模型，用于识别分析人员认知过程中的关键组成部分。概念模型使我们能够用分析人员认知过程中的原子组成部分来定义数据分类分流操作。基于这样的数据分类分流操作定义，我们用一种操作轨迹表征（trace representation）以细粒度方式表示分析人员的认知过程。

基于轨迹表征，我们设计并实现了人机交互工具包，以采集网空防御分析人员在执行网空分析任务时的操作轨迹。该工具包并不用于辅助分析人员实现研究工作的预期结果，而是在我们的试验中用于采集受试人员的认知过程。为了收集分析人员在数据分类分流过程中的认知轨迹，我们设计了一个具有一组网络数据源和一个潜在攻击场景的试验。我们在试验中招募了 30 名专业网空防御分析人员使用操作审计（operation-auditing）工具包来进行网空防御态势分析。该工具包以非侵入方式将每个分析人员的操作记录在轨迹文件中。对于给定的分析人员操作轨迹，我们通过进行图分析来探究与数据分类分流相关的操作。为了利用采集的操作轨迹，我们开发了基于上下文的检索系统，该系统可以为初级安全分析人员提供逐步指导。系统对所采集的专家级分析人员的操作轨迹进行管理，并根据分析人员当前分析的上下文来检索相关的数据分类分流操作。

本文章节内容组织如下。在第 2 节，我们将描述网空态势感知中数据分类分流的主要特点。基于对特点的理解，我们将在第 3 节中对数据分类进行定义。这是一个动态的"网络 – 人系统"，包含 6 个主要组成部分：（i）网络上进行中的攻击活动；（ii）庞大而快速变化的网络监测数据；（iii）为上报可疑攻击杀伤链而创建的一组安全事件报告；（iv）一套"客观世界的知识"；（v）分析人员的心智模型；（vi）为数据分类分流而执行的操作。聚焦分析人员，我们在第 4 节将进一步对数据分类分流操作做出定义。作为实现我们研究目标的第一步，在第 5 节中将提出一种采集分析人员细粒度数据分类分流操作的最小反应（minimum-reactive）方法。借助数据分类分流操作的定义，我们提出了一种轨迹表征来表示数据分类分流过程，并且开发了一个交互式工具包，用于记录分析人员进行数据分类分流时的操作。我们和参与研究的专业分析人员开展了一个实验室试验，记录他们在完成模拟的网空防御态势分析任务时数据分类分流过程的轨迹。我们进行了一个案例研究，作为对所采集轨迹进行评价的第一步，并将在第 6 节对其进行描述。作为利用所采集轨迹的初步尝试，我们开发了一个检索系统，通过推荐资深分析人员先前执行操作时采集的相关轨迹，为初级安全分析人员提供逐步指导，这部分工作将在第 7 节中描述。之后，我们将研究工作与第 8 节中的相关理论、方法和技术联系起来。网空态势感知的数据分析是一个崭新而又充满前景的领域，但其中仍有许多研究问题未得到解答。因此，我们将在第 9 节探讨该领域的研究方向。

2 网空态势感知中数据分类分流的特点

2.1 网空态势感知驱动的数据分析

对网空防御分析人员工作的概念化在不同组织中存在差异，这导致指定给不同级别分析人员的预期、任务和职责存在多样性[2,44]。然而，它们都是由获得网空态势感知的目标来驱动的[2,8,9]。

网空态势感知的概念起源于态势感知。Endsley 将态势感知定义为包含 3 个主要阶段的过程：（ⅰ）"对具有时间和空间体积的环境中元素的观察"；（ⅱ）"对元素含义的理解"；（ⅲ）"对元素在不久的将来的状态的预测"[10]。网空防御领域的态势感知涵盖了观察、理解和预测的阶段。更具体地说，它包括对当前网空态势的观察（如识别出可疑网络活动和攻击类型）、对攻击影响的感知、对攻击活动演化和表现情况的感知、对攻击活动发生原因和方式的感知、对所收集信息项可信度及基于这些信息项所做出的决策是否良好的感知，以及对未来威胁评估的可能有效性的感知[8]。

Klein 提出的识别启动决策（Recognition Primed Decision，RPD）模型提到了态势感知的概念，"专家决策者评估一个态势并将该态势匹配至先前遇到的态势"。Boyd 提出的 OODA 循环是一个类似的术语，可将其描述为观察、调整、决策和行动[11]的决策过程，它被应用于军事作战中。理解监测数据的含义，是态势感知的关键。Pirolli 和 Card[12]提出了一种意义建构循环（sense making loop）模型，其中包含一个搜寻循环以及一个基于对情报分析的认知任务分析结果的意义建构循环。搜寻循环和意义建构循环都是迭代的。搜寻循环侧重于分析人员如何找寻信息，而意义建构循环则关注分析人员的心智模型是如何在此过程中发展的。这种嵌套循环结构是"对自下而上流程和自上而下流程的整合"[12]。根据 Pirolli 和 Card 的说法，自下而上的流程是从理论①到数据的过程，如搜索和过滤、查看和提取、模式化（schematizing）、立案调查和讲述理论。自上而下的过程是从数据到理论的过程，分析人员重新评估、寻找支撑点、寻找证据、寻找相互关系以及搜索信息[12]。

意义建构模型还指出，数据分析是一个迭代过程，在此期间原始数据转化为有效信息，并基于新的观察对分析人员的心智模型进行调整。因此，数据分析过程是由分析人员加强对潜在网络威胁的理解的目标所驱动的。

2.2 大规模和快速变化的数据

为了获得网空态势感知，在网络中通常会部署多个传感器以监视各种网络活动。Bass 首先指出，用作入侵检测系统输入的多个传感器所收集的数据是异构的。数据（来源）可能包括"大量分布式网络包采集探针、系统日志文件、SNMP 陷

---

① 此处的"theory"/"理论"是科学方法中的重要概念，是指根据包括数据、理解和经验形成的假设，经过泛化和推理演绎等过程，所进行的合乎逻辑的推论性总结。为了加强对本章关键内容的理解，建议读者先对科学方法形成一个初步了解。——审校者注

阱和查询、基于检测特征的入侵检测系统、用户配置文件数据库、系统消息、威胁数据库和操作员命令"[13]。除计算机/网络传感器所收集的数据外，其他的一些重要数据源来自由人类智能产生的数据，包括 SIEM 系统的数据（如威胁数据库）、来自外部源的数据（如外部攻击或威胁报告）和从社交媒体（如 Facebook 和 Twitter）收集的数据[14]。异构数据在类型和格式上有很大差异，包括定量数据和定性数据（类型），结构化、半结构化和非结构化数据（格式）。此外，随着时间的推移，网空态势感知数据与攻击威胁都会不断变化[15]。这是由于网空安全环境的高度动态化特质，主要来自不确定的网络活动以及攻击者行为和攻击利用技术的变化[8]。因此，网空防御分析人员面对着大规模且快速变化的数据。

D'Amico 等人描述了计算机网络防御（CND）分析人员将原始数据转化为态势感知的过程，其中原始数据被逐渐转化为所关注活动、可疑活动、常规事件（event）、安全事件（incident）和入侵集合[2]。D'Amico 指出，原始数据经过过滤，并通过不同的分析阶段逐步转化为信息，其中包括分类分流分析、升级上报分析、关联分析、威胁分析和安全事件响应分析[12]。分类分流分析是通过清除误报或正常网络活动报告来过滤原始输入数据的第一个阶段。分类分流的结果将用于分析人员接下来的升级上报分析和关联分析，从而获得对攻击的活动、方法和目标对象的进一步感知。相关数据被分组并转化为多组的入侵事件。威胁和安全事件响应分析超越了基本的网络连接层面数据分析，它是一种更高阶的数据分析，主要依赖各种类型的情报/见解来进行预测和攻击预报[2]。

2.3   "人在环中"式数据分类分流

由于人类的认知局限性，网空防御分析人员似乎很难将原始数据转化为入侵集合，这些原始数据规模巨大而且随着时间的推移迅速变化。在意识到网空防御分析人员的要求之后，业界开展了许多研究来探究分析人员如何进行数据分析以及数据分析过程应当如何改进。安全专家被认为是网络入侵检测中的重要角色[16]。为了辅助网空防御分析人员理解大量数据，我们开发了各种可视化工具来展现不同的网络数据，以帮助分析人员完成监测、分析、响应、前期系统开发和未来系统开发任务[7]。

虽然与计算机相比，分析人员的工作记忆和计算能力非常有限，但人类大脑在解释数据、理解情境、产生假设以及以灵活方式做出决策方面要好得多。

通过在工作中不断训练获得了丰富的经验，资深分析人员通常可以比初级分析人员更有效地进行数据分类分流[17, 18]。因此，研究分析人员进行数据分类分流以获得专家的专业知识是有益的。

研究人员使用认知任务分析来研究网空防御分析人员在网空态势感知中的认知过程。美国空军进行了一项入侵检测专家的认知任务分析研究，使研究人员能够识别出网络入侵检测的认知要求，这对成功的入侵检测至关重要[16]。D'Amico 等人聚焦计算机网络防御分析人员，研究了分析人员的角色和数据分析的工作流程，并确定了提升计算机网络防御可视化技术的认知要求[2]。他们通过多阶段认知任务分析研究进一步探究网络分析人员的工作流程，重点关注分析人员对可视化的要求，提供了关于分析人员的任务、关注点和目标的详细信息[4]。

网空态势感知中现有的认知任务分析研究表明，分类分流分析作为对数据的首次检验，是进一步分析的基础步骤[2]。安全运行中心的大部分分析人员进行分类分流分析并在时间压力下做出决策，而且轮班工作以保证 7×24 h 的全天候覆盖。因此，分类分流分析值得特别关注。

2.4 为安全事件响应上报安全事件

根据 D'Amico 和 Whitley 的数据转换模型[2]，数据分类分流的结果是进一步分析的基础（如威胁分析、取证分析等）。一个安全事件被定义为"对计算机安全策略、可接受的使用策略或标准安全实践的违反（或将会导致违反）的迫切威胁"[19]。数据分类分流过程的输出是一组安全事件报告，每个报告通常包含以下信息[20-22]。

- 状态（报告已完成或未完成）。
- 报告者。
- 安全事件类型（如账号泄露被控、拒绝服务、恶意代码、系统滥用、侦察、垃圾邮件、网络钓鱼、诈骗、零日攻击、未经授权的访问等）。
- 源 IP（攻击网络包来自哪里）。
- 安全事件范围（如哪些机器受到影响）。
- 安全事件时间线。
- 安全事件描述（如解释此攻击事件发生的方式和原因）。
- 证据数据（哪些数据源、告警、网络流、连接或载荷为安全事件提供证据）。

- 补救措施（如推荐建议）。
- 相关联的安全事件。

在数据分析的过程中，分析人员需要快速预估数据中上报的网络事件，生成安全事件报告以上报异常状况。如果分析人员怀疑某些安全事件属于同一攻击链，那么他们可能会进一步指明安全事件之间的关系。生成的安全事件报告将会在进一步分析中得到完善，而且在此过程中将对安全事件开展更为细致的调查，或者从更广泛的社群范围开展调查。

3 网空态势感知中数据分类分流的定义

考虑到网空态势感知中数据分类分流的特点，值得以形式化方法对此数据分类分流过程做出定义。本节中描述的形式化定义识别出了数据分类分流过程的关键构件，这是进一步研究细粒度的基础。

3.1 数据分类分流：动态的网络-人系统

图 1 展示了数据分类分流过程的示例，将随时间推移收集到的若干个数据源中的数据项按时间顺序依次呈现给分析人员。每个数据项用于上报恶意或正常的网络事件。恶意事件可能属于不同的攻击链。向分析人员提供数据源，可以使他们能够执行一系列数据分类分流操作（将在本节中详细描述），以将搜索范围缩小到较小的关注子集。这些分类分流操作是基于分析人员对网络事件的现有观察以及他们的领域知识和经验而进行的。作为结果，分析人员在安全事件报告中上报他们对可能的攻击链的假设，或者相应地修订现有的安全事件报告。

给定一个网络，分析人员的数据分类分流过程是一个随着时间的推移而演化的动态网络-人系统。这种动态网络-人系统的组成包括：(ⅰ) 网络上进行中的攻击活动；(ⅱ) 收集自多个来源的大规模且快速变化的监测数据；(ⅲ) 一组上报的安全事件及所推断的安全事件与攻击杀伤链的时间与因果关系；(ⅳ) 一组"客观世界的知识"（如关于攻击的情报和保护网络的任务）；(ⅴ) 分析人员的心智模型，由关于网络上可能进行中的攻击的假设所组成；(ⅵ) 逐步过滤出指示可疑网络事件数据的分析人员所执行的数据分类分流操作。

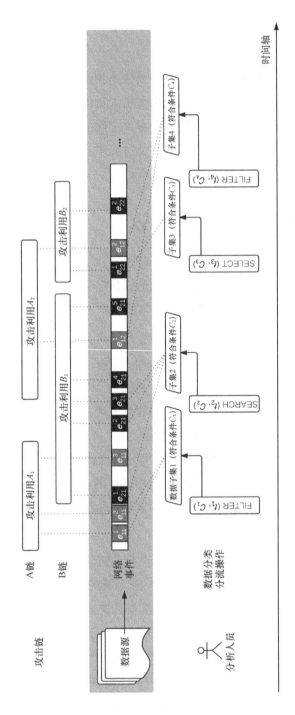

图 1　数据分类分流过程涉及分析人员逐步过滤数据源以检测可疑网络事件，并将它们链接到可能的攻击链

我们通过定义每个"CHS 的状态"来定义数据分类分流。假设一个分析人员正在执行某个网络的数据分类分流操作。在分析过程中的特定时间点 t，数据分析过程的状态可以由一个元组定义。

$$S(t) = (t', D(t')_t, A(t')_t, J_t, K_t, H_t, O_t)$$

- t 是分析系统的当前时间。
- t' 是网络事件发生的时间。
- $D(t')_t$ 是在时间 t 要分析的多个数据源，可以被泛化为在时间 t' 发生的一个网络事件的序列。
- $A(t')_t$ 是在时间 t 发现的攻击链，其可能在 $D(t')_t$ 中留下证据。
- $J_t = (\{e(t')_t\}, R_{e(t')_t})$ 是在时间 t 检测到的一组安全事件。$\{e(t')_t\}$ 是在时间 t' 发生并在时间 t 被分析的一组可疑网络事件，并且 $R_{e(t')_t}$ 由 $\{e(t')_t\}$ 中事件之间的时间和因果关系所组成。
- K_t 是分析人员在时间 t 的关于网络和攻击的领域知识，以及数据分析的经验知识。
- $H_t = (\{h_t\}, R_{h_t})$ 是分析人员在时间 t 的心智模型。$\{h_t\}$ 是分析人员关于可能攻击的一组假设。R_{h_t} 包含 $\{h_t\}$ 中假设之间的关系，这些假设由分析人员在时间 t 确定。
- O_t 是到时间 t 为止进行的一组数据分类分流操作，将在第 4 节进行解释。

该定义表明，作为一个 CHS 系统，数据分类分流会随着时间的推移从一种状态变为另一种状态。在该 CHS 系统中，由传感器收集的数据源 $D(t')_t$ 上报网络中的事件，这些事件由现实世界中的网络活动和攻击者行为 $A(t')_t$ 所确定。时间 t' 指的是数据源 $D(t')_t$ 中的网络事件的发生时间，其不同于 CHS 系统的时间 t。分析人员在收集的数据 $D(t')_t$ 上进行交互，目的是检测出 $A(t')_t$ 的证据。通过执行数据分类分流操作(O_t)，分析人员逐渐过滤出可疑网络事件并基于自己的观察产生关于可能攻击链的假设，并且更新其心智模型(H_t)作为回应。根据更新的心智模型，分析人员将能够上报已识别的攻击事件(J_t)。同时，检测到的安全事件可能会进一步加深分析人员的领域知识和经验知识(K_t)。

3.2 数据分类分流的输入：大规模和快速变化的数据源

图 2 展示了网空态势感知中大规模且快速变化的数据源。我们以 6 个不同

的维度表示数据类别（可以进一步扩展）。我们对类别的描述如下。

- 可以基于收集数据的传感器类型对数据进行归类。常见数据源包括来自入侵检测系统（IDS）的告警、防火墙日志、流量包、漏洞报告、网络配置、服务器日志、系统安全报告和防病毒报告。
- 就数据格式而言，数据可以分为结构化、半结构化和非结构化数据。
- 就监测范围的层级而言，数据可以分为网络、主机、数据库、应用程序和目录的活动。
- 就可访问性而言，数据可分为内部数据和外部数据。内部数据是指安全运行中心的分析人员可以直接访问的数据，而外部数据是指安全运行中心之外的数据，只能通过申请获得。
- 就一般类型而言，数据包括定性数据和定量数据。
- 根据数据是否是时间敏感（时序），可以将数据分为稳定数据和流数据。稳定数据是相对固定的，并且不一定随时间变化，如网络配置和漏洞报告。流数据是指在整个网络运行过程中不断被收集的数据源，如 IDS 告警和防火墙日志。流数据的大容量和时间敏感特性为数据分类分流带来了重大挑战。因此，我们聚焦于流数据。

很多流数据格式完整，但在各种来源中可能具有不同的格式。流数据源的共同点是，考虑到它们是随时间被收集的，可以被视为一个按时间顺序排列的数据条目序列。数据条目可以是告警、报告或日志项。

网空态势感知的原始数据上报了由监测传感器（包括人类智慧）观察到的网络事件。从网空态势感知数据分析的角度来看，我们将分析的单元定义为网络事件。网络事件可以由来自不同数据源的一个或多个数据条目所指定。比如，IDS 告警和防火墙日志中的条目对应同一网络事件。我们对网络事件的定义如下。

定义 1 给定一个网络，网络事件 e 是一个多元组，它指定网络中发生的连接活动的特征。

$$e =< occurTime, detectTime, eventType, attackType_{prior}$$

$$srcIP, srcPort, dstIP, dstPort, prot, sensor, severity, conf, msg >$$

其中，$occurTime$ 是事件的发生时间；$detectTime$ 是被检测到的事件的最早时间戳；$eventType$ 是网络连接的类型（如新建、断开、拒绝）；$attackType_{prior}$ 是来自检测到此事件的传感器/代理的先验知识，它指定此事件所属攻击类型，默认情况下，$attackType_{prior}$ 为空；$srcIP$ 和 $srcPort$ 分别是网络连接源的 IP 地址和端口；$dstIP$ 和 $dstPort$ 分别是目标的 IP 地址和端口；$prot$ 是网络协议；$sensor$ 是指检测到该事件的传感器；$severity$ 和 $conf$ 分别指定事件的严重程度和可置信度；msg 指定由传感器确定的事件的其他重要特征。

3.3　数据分类分流的输出：攻击链中的安全事件

数据分类分流作为网空态势感知数据分析的第一个阶段，会执行许多功能：（ⅰ）协调不同的数据源并识别值得注意的网络事件；（ⅱ）从多步骤攻击的角度将这些事件连接起来以支持智能响应。攻击链被建模表示为对漏洞暴露的攻击利用所引起网络状态变化的一个序列[23,24]。在网空态势感知数据分析的上下文中，攻击链可以由多个（异构）传感器上报的一系列网络事件所表征。

由于从不同来源生成的数据可能表明不同的网络活动，因此分析人员需要从中检测出真实"信号"并"连点成线"，以获得对潜在网络攻击活动的高阶理解。我们将两个事件之间的关系定义如下。

定义 2　e_i、e_j 表示两个网络事件。我们将 e_i 和 e_j 之间的时间和逻辑关系"*happen-before*（在……之前发生）"和"*is-a-pre-step*（作为先前步骤）"定义为如下形式。

- *happen-before*(e_i,e_j)：$e_i.occurTime < e_j.occurTime$。
- *is-a-pre-step*(e_i,e_j)：e_i 和 e_j 处于相同的攻击链中，并且在该攻击链中 e_i 是 e_j 的一个先前步骤。

网空防御态势分析的预期结果是网络安全事件报告，描述可疑网络事件及其关系。攻击链的实例被定义为网络安全事件。下面给出网络安全事件的形式化定义。

定义 3　攻击事件被定义为一个元组 <att, E, R>，其中 att 是指定了某一攻击链的一个攻击标识符（indentifier）；$E =(e_1,\cdots,e_n)$ 是为了实施攻击链 att 而发生的一个网络事件的序列。$R = \{happenbefore(e_i, e_j), is-a-pre-step(e_i, e_j)\}$，表示 E 中两个事件 e_i 和 e_j 之间的时间或逻辑关系。

3.4　数据分类分流过程中人的作用：分析式推理过程

为了完成数据分类分流操作并上报关注的安全事件，分析人员根据他们的领域知识和专业知识执行一系列信息搜寻活动，包括查看、搜索、过滤和提取[3]。这个过程称为分析式推理过程，它指的是"将人类判断能力应用于证据和假定的组合以得出结论的分析人员任务的核心"[25]。分析人员与所收集数据之间进行的交互是了解分析人员如何完成数据分类分流任务的关键。因此，我们聚焦于数据分类分流过程中的人–数据交互，如图 2 所示。这个过程生成两种产物：（i）识别出的网络事件以及它们如何相互关联；（ii）分析人员的心智模型。分析人员的认知过程涉及动作、观察和假设，是该交互的驱动力。

我们在宏观层面认知任务分析研究和微观层面关于分析单元的行为统计分析两者之间的中间层面对人员的数据分类分流过程进行研究。宏观层面的认知任务分析（CTA）通常关注人员的任务表现、认知负载（如短期记忆）、思维和认知偏差（如对态势感知分析人员的工作需求和认知需求的研究[2-4]），以及对网空态势感知度量的研究[26,27]。这些研究通常涉及访谈、观察、口语报告法和问卷调查，其中认知评估过程对被评估分析人员的行为会有影响（如参考资料[28]中的"反应性记录"方法）。相反，微观层面的行为统计分析通常使用来自非反应性记录的数据，这可能涉及自动击键记录[29,30]、眼动追踪[29,31]甚至是大脑皮层级的 EEG / fMRI 记录[32]。

开展中间层面的分析，主要是由于在网空态势感知领域进行宏观和微观层面认知研究都存在不足。一方面，难以对网空态势感知数据分析进行宏观层面的研究。考虑到网空防御分析人员在压力下开展工作并完全专注于任务，他们对中断很敏感。因此，反应性行为记录方法可能会影响分析人员的任务表现。此外，对分析人员来说，对思维过程的关键方面进行言语表达也很困难，因为有些思维是"由于他们先前的知识和/或训练而变得如此自动化"[33]。此外，考虑到 7×24 h 全天候安全运行，分析人员可能没有时间接受访谈。网空态势感知研究人员面临的另一个实际限制是，由于保密问题，他们对组织机构的网络以及专业人员的访问权限有限。因此，有必要结合自动记录来采集数据分类分流过程中的关键方面。另一方面，微观层面研究的一个主要局限是，由于缺乏分析人员在情境中给出的确认/解释，可能存在许多重要行为无法被采集，或者无法在后续的反思分析中被恢复的问题[28]。

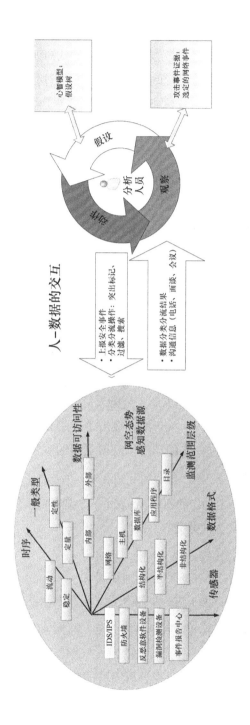

图 2 分析人员与庞大且快速变化的网空态势感知数据进行交互的架构

为了解决这个问题，我们在一个中间层面对网空态势感知数据分类分流中的人类认知过程进行研究，该层面将数据分类分流中关键的认知组件与自动化的操作记录联系起来，以更好地理解网空态势感知中的数据分类分流过程。分析人员的操作包括过滤误报和识别所关注数据，而且这些操作被分析人员关于可能攻击的假设所引导。与此同时，分析人员的假设是基于分析人员对可疑数据的当前观察而产生的。通过这种方式，原始数据源逐渐被转换成为攻击事件的证据，同时分析人员通过生成关于攻击事件的假设来获得他们的网空态势感知。接下来，我们介绍一个在数据分类分流中分析人员的分析式推理过程的概念模型，作为中间层面的细粒度分析的基础。

分析人员的分析式推理过程的 AOH 模型。分析人员的认知过程涉及信息搜寻和意义建构活动[12]。这些活动可以被涵盖在动作–观察–假设（Action-Observation-Hypothesis，AOH）[35,45]模型中，如图 2 右侧①所示。AOH 模型中有 3 个关键的认知构件：action（动作）、observation（观察）和 hypothesis（假设）。动作是指分析人员对网络数据进行的过滤和关联操作；观察是指被分析人员视为可疑网络事件的数据；假设是指分析人员关于潜在攻击事件的假设。动作、观察和假设的实例被称为"**AOH 对象**"[34,35]。

AOH 对象迭代并形成推理周期：分析人员采取的动作产生新的观察；通过这种观察，分析人员可以产生关于潜在攻击事件的新的假设；为了调查一个新的假设，分析人员进行进一步的动作以获得更多的观察[6,34]。动作、观察和假设之间的关系定义如下。

定义 4 a_i 表示一个动作的实例，o_j 表示一个观察的实例，而 h_k 表示一个假设的实例，我们可以定义 3 种类型的关系。

- *results*(a_i, o_j)：执行动作 a_i 导致观察 o_j。
- *triggers*(o_j, h_k)：基于观察 o_j 生成假设 h_k。
- *motivates*(h_k, a_j)：为了进一步调查假设 h_k 而被激发去执行一个新的动作 a_j。

AOH 对象之间的关系可以用树结构表示，称为 AOH 树。AOH 树的一个例子如图 3 所示。节点是 AOH 对象，连接是 AOH 对象之间的关系。基于 AOH 树，构造**假设树**（H 树）以表示在分析人员的数据分类分流认知过程中的心智

---

① 此处原文为"图 2 左侧"，但结合本章实际情况，应当是"图 2 右侧"。——审校者注

活动。在 H 树中，节点仅有假设，并且两个节点之间的边表示两个假设之间的 lead-to（导致）关系。以下是 lead-to 关系的定义。

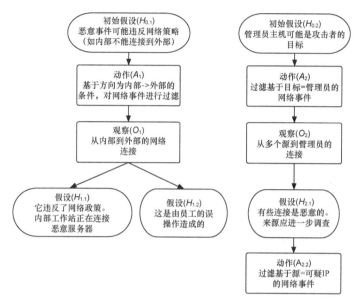

图 3　表现 AOH 对象之间关系的 AOH 树

定义 5　h_i 和 h_j 表示两个假设，从 h_i 指向 h_j 的边代表关系 *lead-to*(h_i, h_j)。当存在满足 *motivates*(h_i, a_p)、*results*(a_p, o_q) 与 *triggers*(o_q, h_j) 的 a_p 和 o_q 时该关系成立。

图 4 是从图 3[①]的 AOH 树中提取的假设树示例。假设树被用于表示网空态势感知数据分析过程中分析人员的心智模型，因为它代表了分析人员维护的所有假设及其关系。

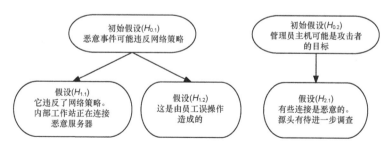

图 4　对应于图 3 中 AOH 树的假设树（H 树）

---

① 原文为"图 3(a)"，结合上下文应当是"图 3"。——审校者注

4 数据分类分流中分析人员的操作

分类分流中的任务（对应于参考资料[2]中提到的分类分流分析，以及升级上报分析的某些部分）。

- 检测可疑的网络连接事件：识别出可疑的网络连接（清除误报）。
- 关联可疑的网络连接事件：根据潜在的攻击路径将网络连接关联起来。
- 按顺序组织可疑的网络连接事件：根据检测到的网络连接事件序列来生成安全事件报告，以满足进一步调查的需要。

数据分类分流操作是指分析人员在完成数据分类分流任务过程中执行的动作实例。分析人员的心智模型决定了要执行的分类分流操作。它还解释了激发关系 $motivates(h_k, a_j)$：假设可能会激发分析人员为了更细致的调查而采取新的动作。数据分类分流操作的结果是一组受关注的网络事件，分析人员可能会发现这些事件有助于丰富某些攻击事件的证据。它解释了结果关系 $results(a_i, o_j)$：一个动作导致观察。

分析人员通过对数据进行操控和分析来与网络数据源进行交互。数据分类分流操作可能会对两个方面产生影响：数据转换和心智模型转换。我们接下来分别进行详细解释。

4.1 与数据转换相关的数据分类分流操作

进行分类分流操作使分析人员能够识别出表明可疑网络事件的网络数据子集，即一个观察，这可以加强对攻击事件的态势感知。因此，分类分流操作将原始网络数据转换为攻击事件的证据。每个数据分类分流操作从数据源所指定的网络事件原始集合中过滤出一个网络连接事件的子集合。子集合中网络事件的特征由数据分类分流操作中指定的约束条件来确定。

根据对信息搜寻的研究[36,37]以及对网空态势感知数据分析的已有研究[4]，确定了可导致数据转换的 3 种主要类型的数据分类分流操作：（ⅰ）根据条件在数据源上进行过滤（ F ）；（ⅱ）使用关键字对数据进行搜索（ S ）；（ⅲ）对具有共同网络事件特征的一批数据进行选择（ H ）。定义如下。

- $F(D_{input}, D_{output}, C)$：根据条件（ C ）过滤输入数据集（ D_{input} ）并产生子集（ D_{output} ）。

- $S\,(D_{\text{input}},\ D_{\text{output}},\ M)$：在数据集 (D_{input}) 中搜索关键字（M）并产生子集 (D_{output})。

- $H\,(D_{\text{input}},\ D_{\text{output}},\ N)$：选择输入数据集 (D_{input}) 的数据子集 (D_{output})，子集 (D_{output}) 的网络事件 (D_{output}) 具有共同特征（N）以成为受关注的网络事件。

4.2　与分析人员心智模型相关的数据分类操作

分析人员可以通过执行与数据转换相关的数据分类分流操作来获得新的观察。新的观察可能会触发产生分析人员的新假设，或对其以前的假设进行确认或否定。在上述两种情况下，对应的 H 树（代表分析师的心智模型）都会被修改。因此，开展分类分流操作能够使分析人员更新他们的心智模型。我们可以进一步定义对新观察和假设进行创建与修改的数据分类分流操作。

- $NEW\_HYPO(h,\ O)$：在观察 O 的上下文中生成一个假设 h。
- $MODIFY(h,\ v_1,\ v_2)$：将假设 h 的内容从 v_1 修改为 v_2。
- $CONFIRMDENY(h,\ TF)$：确认或否定一个假设 h。

一旦分析人员的心智模型（H 树）中有假设被更新了，分析人员就可以开展进一步的分类分流操作以获得更多证据来证实被更新的假设。在这种情况下，接下来的分类分流操作由分析人员的心智模型所决定。分类分流操作的约束条件表明分析人员关注网络数据的哪些方面。

4.3　轨迹表征

轨迹定义了分析人员在数据分类分流中的分析式推理过程。

定义 6

$$T =(G_{\text{AOH}}, G_{\text{H}}, S_{\text{op}})$$

其中

- G_{AOH} 即 AOH 树，它是包含分析人员行为（执行与数据转换相关的数据分类分流操作）、对受关注事件的观察以及假设的异构网络。其中的边是分析人员所识别出的 AOH 对象之间的因果关系。

- G_{H} 是对应的 H 树，仅包含分析人员关于可能的恶意网络事件和攻击链的假设。H 树代表分析人员的心智模型。

- S_{op} 是按时间顺序排列的数据分类分流操作的一个序列（$p_1,\dots,p_n$）。

$\forall p_i (1 \leqslant i \leqslant n)$, p_i 是元组$(t_i(\text{op})_i(I, C_i))$, 其中 t_i 是时间戳, 而且 "$(\text{op})_i(I, C_i)$ 是在 C_i 的上下文中对认知活动 I 进行的操作。I 是一个动作、观察或假设, C_i 是 I 与现有动作、观察和假设之间的一组联系" [35]。

5　采集分析人员细粒度数据分类分流操作的最小反应方法

一个数据分类分流过程涉及复杂的人类认知活动。我们已列举了对人类认知活动获得更好理解的几个潜在好处。实现这个目标的一个必需步骤是, 采集分析人员在一个数据分类分流过程中的**细粒度**认知过程。开发这样的采集方法有 3 个主要挑战。

- （C_1）该方法应当采集在数据分类分流过程中分析人员认知过程的细粒度信息。从对数据分类分流过程的已有理解开始, 我们专注于理解的细粒度程度上, 因为这是对分析人员的数据分类分流过程背后的理由和策略进行仔细研究的基础, 也是利用它们来提升智能系统的基础。这个细粒度认知过程就是一个数据分类分流的详细表征, 其中显式地描述了分析人员的动作, 包括对数据的过滤、对可疑事件的观察以及分析人员对可能攻击链的假设。

- （C_2）该方法应该是最小反应的（minimum reactive）。反应性（reactivity）是指观察分析人员开展分析的过程对他们被观察的行为所产生的影响。网空防御分析人员在极高的时间压力下面向快速变化的网空环境开展工作, 而且维持工作记忆对找出已识别网络事件之间的关系来说是非常关键的。因为这个采集方法而引起分析人员的任何分神, 都会影响他们在网空分析任务中的工作表现。

- （C_3）收集网空防御分析人员的数据分类分流过程的轨迹, 面临来自现实世界的挑战, 包括分析人员的可接近性, 以及机构组织对保密信息泄露的担忧。

我们介绍一个计算机辅助方法来跟踪细粒度的数据分类分流过程, 该方法将自动化的采集和在情境中的自行报告整合在一起。这个方法包括 3 个主要组成部分:（ⅰ）一种对数据分类分流中分析人员认知过程的表征;（ⅱ）一个跟踪各个分析人员在数据分类分流任务中的操作的计算机工具;（ⅲ）一个招募专业分析人员来完成模拟的网空防御态势分析任务并同时跟踪他们的操作的试验[35]。图 5 展示了该方法的框架。在第 4.3 节中，我们已经介绍了能够应对关于采集方法的第一个挑战（C_1）的表征形式。接下来，我们主要介绍如何应对挑战 C_2 和 C_3。

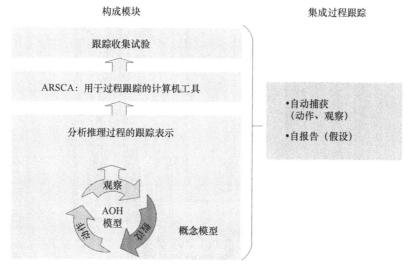

图 5　采集分析人员细粒度数据分类分流操作的最小反应方法框架

5.1　ARSCA：一个用于追踪数据分类分流操作的计算机工具

为了解决第二个挑战（C_2），开发了一个名为 ARSCA 的计算机工具，以非侵入的方式用预先确定的表征形式，在试验中记录一名分析人员的数据分类分流操作。为了保证非侵入性，遵循了以下原理来设计这个工具。

* 不会因使用该工具而影响分析人员在数据分类分流中的惯常做法。
* 该工具不会给分析人员增加额外的工作量。
* 该工具应该易于学习和使用。

图 6 的 ARSCA 用户界面包含两个主要视图：（i）数据视图显示了所有数据源；（ii）分析视图显示了现有的动作、观察和假设实例以及它们之间的关系。

ARSCA 所提供的功能包括：（i）使能分析人员的数据分类分流操作；（ii）记录分析人员的数据分类分流操作；（iii）可视化展现和管理由分析人员数据分类分流操作所创建的 AOH 树和 H 树。更多细节介绍在参考资料[38]中。

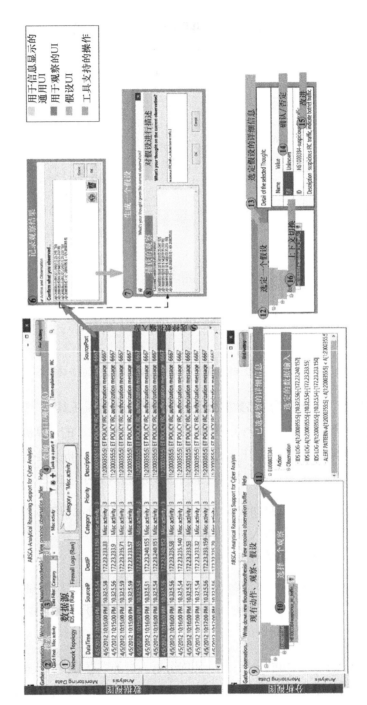

图 6　ARSCA 用户界面的主要组成部分（数据视图和分析视图）[35]

- **使能分析人员的数据分类分流操作。** ARSCA 支持第 4 节中定义的数据分类分流操作，包括搜索、过滤和选择。在图 6 中，区域 2 和区域 3 提供了基于关键字进行搜索和根据条件进行过滤的功能，从而支持搜索操作和过滤操作。区域 4 使分析人员能够根据特定端口或出现在数据源中的特定词语进行查询。区域 5 让分析人员在所提供的数据源中选择数据项作为受关注的网络事件。一旦选定，被选择的数据项就会被显示在另一个窗口（区域 6）中，方便分析人员进行审查并将它们确认为受关注的网络事件，从而支持选择操作。使用这个工具的分析人员可以写下在此时刻对某个观察做出的假设。这个功能显示在区域 7 和区域 8 中，可以支持 NEW_HYPO（新建假设）操作。ARSCA 工具可视化展现分析人员的现有假设，并支持分析人员对其进行更改。区域 13 使分析人员能够修改所选定假设的文字描述和真实性取值（truth value），从而支持 MODIFY（修改）操作和 CONFIRM/DENY（确认/否定）操作。

- **记录分析人员数据分类分流操作。** 一旦分析人员使用 ARSCA 工具执行数据分类分流操作（可以是关于数据转换的操作，也可以是关于心智模型完善的操作），这个操作与时间戳就会被 ARSCA 工具一同自动采集。比如，若分析人员开展一个过滤或查询操作，ARSCA 会记录时间并过滤条件或查询关键词；若分析人员选择了一个数据子集作为受关注的网络事件，ARSCA 工具会自动记录这个数据子集并将其作为一个如第 3.4 节中所定义的观察（见图 6 中的区域 5）；若分析人员的脑海里有了新的想法，他可以在区域 8 中记录下这个想法，并将区域 7 中显示的被选定的可疑数据作为该想法的当前上下文，ARSCA 会记录下这个假设及其与相关观察的关系。

- **AOH 树和 H 树的可视化展现。** 分析人员关于数据转换的数据分类分流操作被 ARSCA 自动采集为一组动作，作为可疑网络事件被选定的一个数据子集被 ARSCA 自动采集为一个观察，由分析人员写下的想法被 ARSCA 记录为一个假设。由此，ARSCA 工具记录了分析人员的动作、观察和假设，即第 3.4 节里定义的 AOH 对象。ARSCA 根据这些 AOH 对象之间的关系进行可视化展示，如图 6 的区域 10 可视化展示 AOH 树。

- 一个动作，作为一个节点与一个观察显示在一起，表明这个动作导致了这个观察；一个假设被嵌套在一个观察里，意味着分析人员基于这个观察创建了这个假设；一个动作嵌套在一个假设里，表明这个假设激发分析人员在进一步的调查中去执行这个动作。

- 在 AOH 树（区域 10）上被可视化展示的一个节点，它代表一个动作及其对应观察组成的一对对象，或者代表一个假设。为了查看节点所代表的动作与观察对象的详情，分析人员可以在区域 10 里点选相应节点，然后 ARSCA 会在区域 11 里显示在对应的动作中曾经选定的数据项，作为对可疑网络事件的一个观察。

一旦分析人员完成一个分析任务，ARSCA 就会输出 AOH 树、H 树和一个按照时间顺序的分析人员数据分类分流操作序列。这些文件保存为 XML 格式。在表 1 中展示的一部分 XML 文件显示了数据分类分流操作的序列。

表 1 ARSCA 所记录的一个数据分类分流操作序列的示例

#	数据分类分流操作

1	`<Item Timestamp ="05/24 13:24:15">`
	`FILTER(SELECT * FROM Task2Firewall WHERE Protocol = 'TCP',Task2Firewall)`
	`</Itam>`

2	`<Item Timestamp = "05/24 13:25:29">`
	`SELECT(`
	`FIREWALL-[4/5/2012 10:15:00 PM]-[Built]-[TCP](172.23.240.254,10.32.5.59)`
	`FIREWALL-[4/5/2012 10:15:00 PM]-[Built]-[TCP](172.23.30.220,10.32.0.100)`
	`</Item>`

3	`<Item Timestamp = "05/24 13:34:41">`
	`NEW_HYPO(H_(3524121)`
	`H_(44524411) "this is a thought" )`
	`</Item>`

这个示例中，分析人员先用条件"Protocol= 'TCP'"执行了一次 FILTER（过滤）操作，然后从过滤结果中选择了两个数据项（SELECT 操作）。根据该观察，分析人员写下了一个想法（NEW_HYPO 操作）。

5.2 试验：收集数据分类分流操作轨迹

需要在分析人员进行网空安全数据分析时收集轨迹数据。存在几个现实世界中的挑战（如 C_3 曾提到的）：（ⅰ）机构组织既不愿意外部研究人员访谈他们的员工（如计算机网络防御分析人员），也不愿意外部研究人员访问他们的内部网络；（ⅱ）大多数分析人员必须在非常紧密的时间安排下以 $7 \times 24\,h$ 的方式换班工作，他们没有足够的时间来参加访谈。否则，机构组织中的日常安全工作将会被打断。

为了解决这些问题，我们设计了一个实验室环境，以及一个模拟的网空态势感知数据分析任务。为了消除机构组织对隐私和保密性的担忧，我们所采用的数据源和网络拓扑都不会透露关于机构组织网络在现实世界中设定的任何信息。另外，通过在数据收集中利用 ARSCA 工具，该试验被设计为对分析人员是高时间效率的。这意味着分析人员不再需要付出额外的努力来上报或总结他们的分析行为（如通过访谈或口语报告方法），只需在任务中写下他们的一些想法来方便自己的分析过程（在试验中这也不是强制性的）。接下来，我们会描述试验的详细设计。

试验设计。为了开展一个成功的试验，需要将现实世界的顾虑作为非常重要的因素在试验设计中加以考虑。这些因素如下。

- 我们应当能够感觉到分析人员的领域知识和专家经验，以及在试验时他们的身体和心智状态，因为这些都是影响分析人员工作表现的重要因素。
- 分析人员应当通过培训来熟悉试验环境，以保证他们在试验中也能具有与在平日现实工作环境中相同的工作表现。
- 如果分析人员的身份在机构组织中也是被保密处理的，则试验执行者就可能没有机会与被招募的分析人员进行面对面的交流。
- 我们最好假设网空防御分析人员（事件专家）不擅于或者没有足够的时间和精力来表述他们脑海中的关键想法。
- 我们应当能够将试验时间控制在网空防御分析人员可以接受的时间段内。
- 在分析人员完成他们的分析任务后，需要收集他们的意见和结论，从而能够对他们的任务工作表现有清晰的感觉。另外，当我们审阅在试验中收集的轨迹时，这些意见和结论可以用作来自分析人员自身有价值的参考和解释。

- 试验数据需要以一种易于机构组织在移交给研究人员之前审核的格式进行存储。

基于以上的限制条件，为试验设计了 4 个主要阶段：（i）任务前的问卷调查（5 min），用于询问分析人员的领域知识、专业知识、身体状态和心智状态；（ii）培训阶段（20 min），用于培训分析人员使用试验环境来开展数据分析工作；（iii）数据分类分流任务（最多 60 min），其中分析人员在 ARSCA 工具上进行网空态势感知数据分析任务；（iv）任务后的问卷调查（15 min），其中包含了开放式问题和封闭式问题，询问分析人员关于可能的网空攻击链的发现和结论。

阶段 1：任务前问卷调查。第一个阶段是一个耗时 5 min 的任务前问卷调查。任务前问卷的第一部分是关于年龄、性别、种族和母语的人员基础信息问题。第二部分的问题是关于分析人员的领域知识和专业知识。其中包括工作职务、工作年限、5 个关于网空安全知识的 5 分制利克特量表评分问题、两个关于安全专业知识的问题（对安全技术的熟悉程度，以及安全证书）、对 2012 VAST 比赛数据（被用于模拟网空安全分析任务）的熟悉程度、两个关于分析人员当前的心智和身体状态的 5 分制利克特量表评分问题。

阶段 2：培训阶段。培训课程被设计用于消除分析人员因为对试验环境熟悉程度不同而对任务中工作表现产生的影响。在培训课程中提供 5 个短视频，以演示在试验环境中使用 ARSCA 工具完成一个模拟任务的全过程。看完所有视频，每个分析人员必须通过一个测验（一系列关于实际操作的考题）。如未通过测验，分析人员必须再回到培训中以做到正确回答所有的测验问题。

阶段 3：数据分类分流任务。我们首先提供给分析人员一个任务介绍文档，其中描述了网络配置以及分析人员在任务中的角色和责任。另外，介绍文档也描述了在这个任务中提供给分析人员的数据源，以及其中每一个数据字段的含义。阅读完介绍文档，分析人员可以用自己的方式对所提供的数据源展开分析。同时，ARSCA 工具会与分析人员一同工作，从而能够记录分析人员在任务中开展的每一个数据分类分流操作。下面将对这个分析任务与数据源进行详细描述。

阶段 4：任务后问卷调查。分析人员在完成任务后需要接受一个问卷调查。任务后问卷的第一部分是开放式问题，问题被编码为"IMP_OBS""FD_OBS""IMP_HPY"和"EVTS"，如表 2 所示。"IMP_OBS"和"FD_OBS"问题会询问分析人员关于重要的观察。"IMP_HYP"问题会询问关于重要的假设。"EVTS"问题会要求分析人员通过提供可能攻击链的故事线来做到"连点成线"[35]。

表 2　任务后问卷的 4 个开放式问题

编　　码	问　　题
IMP_OBS	回想一下，你在数据中观察到并且支持你的结论的 3 个重要的证据是什么？
FD_OBS	请解释你是如何发现以上证据的？
IMP_HPY	回想一下，你在脑海中形成并且支持你的结论的 3 个重要的想法是什么？
EVTS	基于你的分析，请创建一个或多个描述网络上事件的陈述（讲述潜在事件的故事线）

任务后问卷的第二部分包含 4 个评分问题，使用 5 分制利克特量表来询问关于分析人员对试验设置的意见以及他们的任务表现。这些问题在表 3 中，问题被编码为"TASK_CMP""SET_CFT""EXP_RFL"和"CONC"。

表 3　关于试验设置和任务表现的 4 个评分题[38]

编　　码	问　　题
5 分制利克特量表：强烈不同意（1 分）、不同意（2 分）、中立（3 分）、同意（4 分）、强烈同意（5 分）	
TASK_CMP	询问这个任务是否具有合理的复杂度。"从任务所涉及的分析人员活动（如数据探索、思考推理、决策制定）来看，这个任务具有合理的复杂度。"
SET_CFT	询问是否对试验设置感到适应。"我对试验的设置（如所提供的软件和硬件环境）感到适应，我的工作表现没有因为试验设置而受阻。"
EXP_REL	询问对能力/专业知识的应用程度。"我的网空分析能力和专业知识被充分应用于和反映在完成这个任务的过程中。"
CONC	询问完成任务的专注度。"我完全专注于完成这个任务。"

招募：根据试验设计，我们成功获得了 IRB 许可，从美国陆军研究实验室（Army Research Lab）招募了 30 名专业分析人员，并采集了他们的数据分类分流过程。这些分析人员在不同领域专业知识方面具有不同的水平。除了这些专业分析人员，我们还招募了网空安全专业的博士生。虽然并非专业人员，但选择他们是因为他们在网空防御态势感知上具有足够的领域知识与经验。

模拟的网空防御态势分析任务。我们要求试验参与者完成一项网空态势感知数据分析任务，目标是报告出一组数据背后的可疑网络事件。我们选用了 2012 年 VAST 挑战赛 Mini 挑战 2[39]的网空分析任务，并从中剪裁出用于我们试验的任务。我们之所以选择这个数据集，是因为它的质量在数据规模和噪信比方面（包括 23711341 条防火墙日志和 35948 个入侵检测系统告警）与现实世界问题相似。另外，该数据集具有一个与其关联的背后的网空攻击场景描述，被作为该数据集所对应挑战的示例答案。这个网空攻击场景发生在一个包含大约 5000 个主机的组织机构网络上 40 h 内发生的多步骤攻击行动。

虽然 VAST 挑战赛的数据集有很高的质量，但由于参与者不可能在试验时间（最多 60 min 的试验时间）内分析完所有的数据，因此不能在试验中直接使用该数据集。我们必须将其裁剪为一个小块的数据集。给定攻击场景，我们从 40 h 时间段中选择了 10 min 的时间窗口，其中发生了 3 种类型的关键的恶意网络事件并在数据源中留下了证据。这 3 类网络事件包括：（ i ）内部工作站与外部指挥控制（C&C）服务器之间的 IRC 通信；（ ii ）被拒绝的使用 FTP 协议的文件窃取外泄（exflitration）尝试；（ iii ）成功使用 SSH 协议的文件窃取外泄。对应于这 10 min 攻击时间窗口的数据源被从这个数据集中抽取出来并用于试验中的任务，其中包括 239 个入侵检测系统告警和 115524 条防火墙日志。

我们必须从两个方面来评价这个任务。首先，我们必须确保该任务适合试验参与者在所需要的时间内完成。另外，在检测发现与攻击相关的恶意网络事件的难度方面，这个任务必须具有合理的复杂性。通过试点研究对该任务进行了评价，其中要求一名资深安全分析人员在试验环境中分析这个任务数据集以检测出恶意网络事件。这个试点研究帮助我们完善了培训课程中使用的培训材料，从而让整个试验进行得更加顺利。

6 所采集数据分类分流过程的一个案例分析

从试验中收集的轨迹使我们能够对采集方法做出评价。通过一个案例来分析收集到的分析人员数据分类分流操作轨迹，我们能够更好地理解在轨迹中采集到的分析人员的认知过程。这个案例分析专注于解释分析人员按照时间顺序进行的操作序列。分析单元是被关联至时间戳的一个操作。

6.1 定性的轨迹分析方法

轨迹分析的第一步是解释分析人员在分析过程中输入的假设。比如，一个试验参与者写道："网站正在与财务服务器通信。它们之间看起来像在 IRC 上进行通信，而且 IRC 通常被恶意软件所利用。"我们能够知晓这个试验参与者具有这样的领域知识——IRC 可以被恶意软件所利用，并且基于该知识产生了这个假设。然而，在轨迹中被显式记录的信息并不能完全揭示分析人员的认知过程。因此，下一步是推断在轨迹中没有被显式记录的认知活动（隐式信息）。从轨迹中通常可以推断出这些活动。

图 7 展示了一个局部轨迹的示例。这个局部轨迹包含了以简化形式表示的一系列操作。该图显示分析人员首先在时间 t_1 浏览了 IDS 告警，然后选择了一组关于 IRC 连接的告警，并将它们确认为一个观察（O_1）。基于观察 O_1，分析人员产生了一个关于违反策略的新假设（H_1）。由于 H_1 假设中提及网络策略，因此在图中将其显性地标记出来。之后分析人员根据"端口=6667"条件过滤了 IDS 告警。我们注意到一些使用端口"6667"的网络事件也出现在 O_1 里。因此，我们推断分析人员基于这个条件进行过滤的原因是，他认为值得对具有端口"6667"的 IDS 告警开展进一步的调查。他怀疑这些告警的理由可能是他所具有的领域知识，即端口"6667"是恶意 C&C 远控通信使用的常用端口。因此，我们在 NEW_HYPO（新建假设）操作和 FILTER（过滤）操作之间创建了一些隐性对象，来解释试验者 P_1 在产生假设之后进行过滤的原因。我们以同一种方式分析了 30 个轨迹，发现了不同分析式推理过程的 3 个案例，下面将详细介绍。

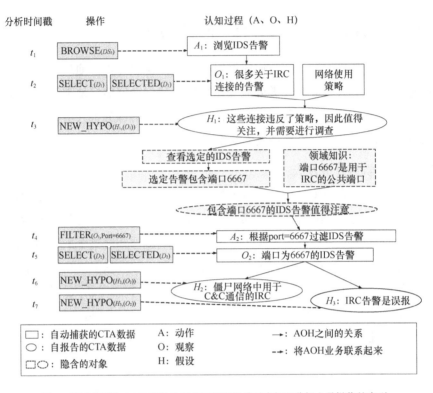

图 7 通过背后的 AOH 对象及其之间的逻辑关系来解释分析人员操作的序列

6.2 案例 1："逐步收窄搜索空间"

图 8 展示了从一个分析人员轨迹中恢复得到的认知过程。这个分析人员首先在时间 t_1 对 IDS 告警中的网络事件执行了一个 FILTER（过滤）操作，并观察到一组从外部 IP 地址到内部 IP 地址的网络连接（作为 O_1）。他认为这组网络事件是高度可疑的（H_1），因此他在时间 t_4 执行了另一个过滤操作，通过在时间 t_1 执行的 FILTER（过滤）操作的过滤条件上添加另一个条件"目的端口=6667"，来进一步收窄搜索空间。用这个方法，分析人员检测到一组恶意网络事件，其表明从若干个指挥控制（C&C，远控）服务器到一组内部工作站的恶意的 IRC 通信。这个案例说明分析人员逐步过滤掉不相关的数据，可以收窄搜索空间，从而找到关键证据。这是分析人员在试验中常用的策略。

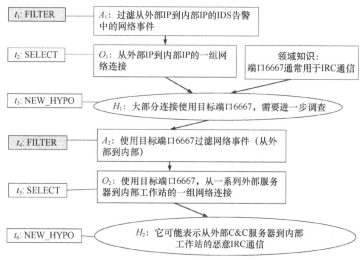

图 8　一个分析人员通过"逐步收窄搜索空间"检测可疑网络事件的案例

6.3　案例2："跟随线索"

图 9 是图 7 所示分析人员分析式推理过程的一个后续，表示了一种"跟随线索"的数据分类分流策略。依据对图 7 中案例的讨论，分析人员生成了一个关于在僵尸网络中恶意 IRC 通信的假设（H_2）。从假设 H_2 开始，图 9 展示了试验参与者 P_1 根据相同过滤条件"源端口=6667"过滤了防火墙日志中记录的网络事件，以寻找更多的细节来支持假设 H_2 的过程。由此获得了在同一组使用了源端口 6667 的内部 IP 之间的一组网络连接，因此加强了试验参与者 P_1 关于恶意 IRC 通信的假设。在这个案例中，"跟随线索"指的是分析人员在数据分类分流中使用的一种策略，即根据一个线索（如网络事件中涉及的同一组 IP 地址）在不同数据源中寻找代表某个攻击链上同一步骤的网络事件。

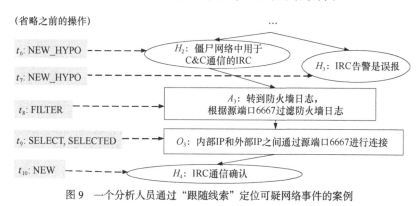

图 9　一个分析人员通过"跟随线索"定位可疑网络事件的案例

6.4 案例3："事件连接"

图10展示了根据攻击链中事件关系的知识获得3个关键观察的一个分析人员的认知过程。在这个部分操作序列的开始，分析人员在得到观察 O_1 之后，首先确认了关于僵尸网络中 IRC 通信的假设（H_1）。在确认关于恶意 IRC 通信的假设后，他创造性地思考攻击者的下一步动作可能是什么。一个常见的后续动作是从内部主机上窃取外泄数据，FTP 是用于文件传输的常见服务（使用端口 20 或 21）。因此，他通过过滤出使用 FTP 的网络事件（A_2）来继续进行数据分类分流，其结果为观察 O_2。O_2 使他知晓确实有失败了的恶意 FTP 连接尝试。他预测这些僵尸主机可能会选择其他方法，并且决定搜索使用 SSH（使用端口 22）的网络连接。他用"端口=22"对防火墙日志进行过滤（在时间 t_6 的 FILTER 操作），发现了 3 个在内部 IP 地址与外部 IP 地址之间成功建立的 SSH 连接。由此他生成了一个假设，即僵尸主机使用 SSH 将数据窃取泄露至外部的 C&C 远控服务器。

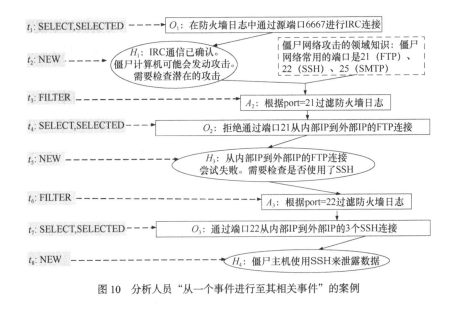

图 10　分析人员"从一个事件进行至其相关事件"的案例

依据对分析人员认知过程的理解，我们可以推断他熟悉常见的攻击链，并具有关于被用于 C&C 通信和数据窃取外泄的网络服务的领域知识。联想攻击链中的相关事件，使他能够非常高效地进行数据分类分流操作，这反映出他在长期工作中培养出的专业知识。

我们初步的轨迹分析结果表明，通过分析所收集的轨迹来理解分析人员的认知过程是可能的。这些轨迹包含了在执行数据分类分流操作时分析人员的关键认知活动与领域知识的相关信息。另外，在所收集的轨迹中，自动化采集的信息和自行上报的报告能够相互确认并相互补充。

7　数据分类分流认知轨迹的检索

通过初步的轨迹分析证明了所采集的分析人员的认知轨迹可以表现他们的专业经验和在任务中使用的分析策略。在现实世界的网空防御分析任务里，非常有必要基于专家分析人员的经验向初级分析人员提供一些指导。受到这个需求的驱动，我们开发了一个数据分类分流支持系统，能够基于其他（如资深的）分析人员相似的数据分类分流经验向初级安全分析人员提供推荐。该系统的一个关键使能技术是基于相似度的数据分类分流轨迹检索，正如在第 3.4 节中描述的框架。这个表征形式让我们可以有一个灵活且通用的方法来表示数据分类分流的上下文，并基于这些上下文间的相似度设计一种检索算法。

7.1　基于 AOH 模型的经验表征

为了构建一个经验检索系统，第一步是定义网空态势感知数据分类分流中的"经验"概念。我们按以下方法对经验建模。

分析人员完成一个特定任务所获得的一段经验，就是他完成一个数据分类分流任务的分析式推理过程。正如我们在第 3.4 节中讨论的，这个分析式推理过程可以通过 AOH 模型进行建模，其中每个动作导致一个新的观察，促使分析人员生成一个或多个假设，进而导致一个额外的动作，并且该循环会持续进行下去。

因此，一个经验的实例可以用 AOH 树来表示。考虑到一个过滤动作会导致对一组数据的一个观察的事实情况，我们把一个动作和它对应的观察组成一对，以表示组成当前上下文的一个单元，称之为"经验单元"（EU）。在经验单元里的观察会进一步触发分析人员生成关于可能攻击链的多个假设。

7.2 经验检索方法

上下文驱动的检索。我们基于上述经验表征提出了一个基于上下文的经验检索方法。为了向分析人员提供相关经验实例作为参考，这个方法根据当前数据分类分流的上下文，从经验库中检索出匹配的经验实例。任何对当前上下文的更新（获得更多观察）都会触发匹配结果的更新。数据分类分流的当前任务的"上下文"，由 AOH 树里的"EU path"（经验单元路径）所定义。"EU path"是从 $E-$ 树的根部到分析人员当前假设的唯一路径中的一个经验单元列表。

根据经验"上下文"的定义，经验检索方法的目标是搜索经验库找到与当前上下文相似的经验单元路径（EU path），并根据找到的经验单元路径与当前上下文的相似程度生成一个排名列表。下面定义了经验单元路径之间的相似度。

P 作为一个经验单元路径，P_C 作为当前上下文，相似度表示为 $Sim(P,P_C)$。每一个经验单元路径是一组经验单元，因此我们使用杰卡德相似度来计算 $Sim(P,P_C)$[34]。

$$Sim(P,P_C)=\frac{|P\cap P_C|}{|P\cup P_C|} \tag{1}$$

我们主要考虑经验单元的观察中的事件。

$$Sim(P,P_C)=\frac{|P\cap P_C|}{|P\cup P_C|}=\frac{|Obs_P\cap Obs_{P_C}|}{|Obs_P\cup Obs_{P_C}|}$$
$$Obs_P=\{obs_x\,|\,obs_x=\{e_x\},obs_x\in P\},$$
$$Obs_{P_C}=\{obs_y\,|\,obs_y=\{e_y\},obs_y\in P_C\} \tag{2}$$

这里 obs 代表一个观察实例，e 代表一个网络连接事件。一个 obs 包含一组事件。

因此，两个路径之间的相似度，取决于两个路径中包含的网络连接事件组之间的相似度。事件组之间的相似度定义如下。e_x 和 e_y 代表两个观察里的事件，它们之间的相似度表示为 $f(e_x,e_y)$，是通过对它们数据源的字段值进行匹配来确定的。这些匹配如下。

- 基础匹配（BM）。基础匹配是指最低匹配准则，也就是说，假如 e_x 和 e_y 的基础匹配是不满足的，则 $f(e_x,e_y)=0$。一个基本的基础匹配准则是 e_x 和 e_y 应该对应同一个数据源。专家可以通过识别必须有相同取值的某些网络连接事件属性来定义其他的基础匹配准则。

- 加权匹配（WM）。一旦满足了基础匹配 BM，加权匹配就会被用于计算匹配的程度。事件的每一个单独属性都会被赋予一个加权值（基于领域知识）。给定 e_x 和 e_y，加权匹配的评分如下。

$$\sum w_i \times Match(attr_i(e_x), attr_i(e_y))$$

这里的函数 *Match* 用于比较两个属性值（当两个属性值相等时为 1，否则为 0）。

经验检索系统。经验系统架构如图 11 所示。该架构包含 3 个主要组件：经验库、索引模块和相似度排名模块。经验库包含从专家分析人员的数据分类分流轨迹中抽取出的经验实例。

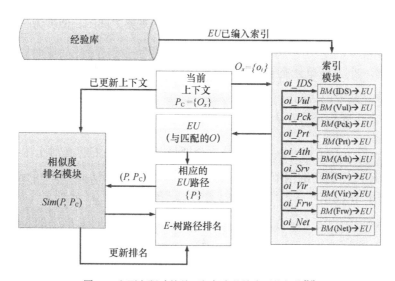

图 11 上下文驱动的基于相似度的检索系统架构[34]

按照经验实例观察中包含的网络事件对经验实例进行索引。给定一个经验实例，索引模块将该实例中网络事件的基础匹配属性值映射至包含这些事件的经验单元。一旦在经验库里新增一个经验实例，索引就会被更新。用这个办法，给定当前上下文中经验单元包含的事件，系统可以快速检索出相关的经验单元。

这个系统根据分析人员数据分类分流过程的当前上下文，从经验库中检索出相关的经验实例。给定当前上下文 P_C，系统首先会抽取出 P_C 的经验单元的所有基础匹配属性，然后在经验库里识别出所有匹配的经验单元。有了匹配的经验单元，系统会继续搜索至少包含一个匹配经验单元的经验单元路径，由此识

179

别出经验单元路径候选列表。

这些候选的经验单元路径还需要进一步基于这些经验单元路径与当前经验单元路径（当前上下文）的相似度进行排名。

我们提出用**匹配传播**（Match Propagation，MP）算法基于经验单元路径与当前上下文之间的相似度来高效地对经验单元路径进行排名。

可以基于 AOH 树的结构来描述匹配传播算法[34]。

- 一个经验单元可以有多个子节点。
- 一个经验单元有一个父节点。
- 基于经验单元中的观察与当前上下文中的观察之间的相似度为一个经验单元指定一个匹配评分（M-Score）（初始为 0）。
- 若一个经验单元有子节点，则这个经验单元将被指定一个匹配评分的列表，其中包含它的子节点的经验评分（初始为 0）。我们将这个列表称为"子树匹配评分列表（M-List）"。

给定一个 AOH 树，匹配传播算法会把每个经验单元的匹配评分沿着通往根节点的路径传播到它的根节点。传播的规则如下：设定 EU_{parent} 为一个经验单元，具有 n 个子节点 EU_{c_1}，…，EU_{c_n}。EU_{parent} 有一个匹配评分列表（M-List）：$\{w_{TEU_{c_1}},\cdots,\ w_{TEU_{c_n}}\}$。$\forall i\in[1,n]$，$w_{TEU_{c_i}}=w_{TEU_{c_1}}+\sum w_{TEU_j}$ 是在 EU_{c_i} 的匹配评分列表（M-List）中的匹配评分。

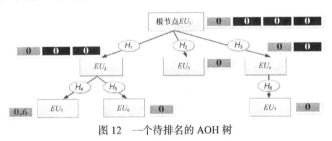

图 12　一个待排名的 AOH 树

图 12 展示了一个待排名的 AOH 树示例[34]。每个经验单元都有一个匹配评分，每个有子节点的经验单元还有一个匹配评分列表。在评分传播之前，所有经验单元的匹配评分都被初始化为 0［见图 13（a）］。假设当前上下文是 P_C，P_C 包含 3 个观察：Obs_{c_1}、Obs_{c_2} 和 Obs_{c_3}。如果 $Obs_{EU_5}\in EU_5, Sim(Obs_{EU_5},Obs_{c_1})\ =0.6$，则

为 EU_5 指定匹配评分为 0.6。然后沿着通往 AOH 树根节点的路径，传播该匹配评分。更新后的匹配评分列表展示在图 13（b）中。如果 $Obs_{EU_6} \in EU_6$ ，则 $Sim(Obs_{EU_6}, Obs_{c_1}) = 0.5$ ；如果 $Obs_{EU_7} \in EU_7$ ，则 $Sim(Obs_{EU_7}, Obs_{c_2}) = 0.2$ 。

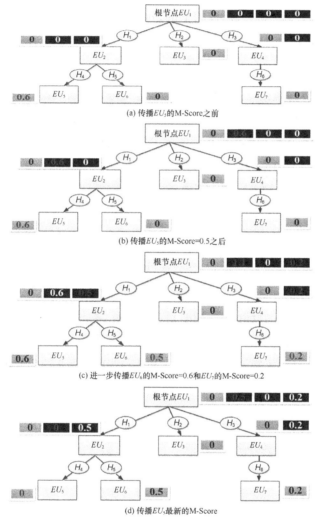

(a) 传播 EU_5 的 M-Score 之前

(b) 传播 EU_5 的 M-Score=0.5 之后

(c) 进一步传播 EU_6 的 M-Score=0.6 和 EU_7 的 M-Score=0.2

(d) 传播 EU_5 最新的 M-Score

图 13　匹配评分（M-Score）的传播（见彩图文件）

我们进一步指定 EU_6 的匹配评分=0.5，EU_7 的匹配评分=0.2，并且传播这两个匹配评分。图 13（c）展示了传播后的结果。一旦当前上下文发生改变，就需要通过重复传播来更新受影响经验单元的匹配评分。在图 13（d）的示例中，由于当前上下文发生变化，导致 $Sim(Obs_{EU_5}, Obs_{c_1})$ 变为 0，因此将 EU_5 的匹配评分更新为 0。这个更新算法的时间复杂度是 O（匹配路径的长度）。

这个例子展示了匹配评分如何沿着 AOH 树上的路径进行传播。给定一批候选的 AOH 树，匹配传播算法更新这些 AOH 树根节点的匹配评分列表。可以进一步根据匹配评分列表对 AOH 树上的路径进行排名。匹配传播算法的时间复杂度是 O（匹配的经验单元的个数 × 匹配的经验单元路径的平均长度）。

7.3 讨论

对分析人员的数据分类分流认知过程进行采集和检索的一个好处是支持对初级分析人员的培训。我们的框架使自动化与检索相关的数据分类分流过程成为可能，从而为分析人员提供其他资深分析人员在与当前上下文相似的情境中分析的经验。检索出来的经验可以向分析人员提供一些关于哪些网络事件需要进一步调查的建议。然而，在未来的研究中还需要评价这种数据分类分流训练系统对初级网空防御分析人员的有效性和实用性。

上下文信息是为了确保检索结果相关性而需要考虑的关键信息。对上下文的当前定义主要聚焦于分析人员数据分类分流过程的观察实例。可以通过更全面的上下文表征和上下文的关联推理，使这个研究工作得到进一步提升。比如，除了观察，所采集的轨迹中也包括分析人员在执行数据分类分流任务时输入的假设。这些假设包含关于分析人员的注意力焦点和心智模型的许多线索，而且这些线索包含重要的上下文信息，可被用于确定这些假设与分析人员当前上下文的相关性。

在一个现实世界的安全运行中心里，可被采集的认知轨迹数量巨大。因此，需要在一个诸如 Spark 和 HDFS 的可规模扩展编程模型和计算基础设施上对基于相似度的轨迹检索进行实现与评价。

8 相关工作

网空态势感知的数据分类分流研究，起源于多个相关研究领域已有的发现和方法。就理论基础而言，这个研究是源自信息搜寻[①]和数据融合研究领域；就

---

① "Information Foraging Theory" 被翻译为"信息觅食理论"或"信息搜寻理论"，是一种用于解释人类信息寻找和理解行为的理论途径。本文选用"信息搜寻理论"的翻译方式，并将"foraging"翻译为"搜寻"。——审校者注

"人在环中"的特质而言,对网空态势感知或相关领域中认知任务分析的研究,也是这个研究非常重要的起点;就提高网空防御分析人员工作表现的终极目标而言,一系列可视化分析方法和智能系统被提出并用于协助分析人员的工作。

8.1 信息搜寻和数据融合

正如第 2.2 节所描述的,网空态势感知的数据通常是海量的,而且随时间快速变化。由于收集自多个数据源的数据是异构的,因此信息搜寻技术和数据融合技术都是必不可少的技术,分析人员能够组合来自多数据源的信息并检测出攻击行为的"真实信号"。Bass 描述数据融合技术,将 OODA 决策支持过程映射至不同的抽象层面,从而获得网空态势感知[13]。表 4 是 OODA 模型和 AOH 模型(见第 3.4 节)之间的对比,其中展示了我们特别强调的迭代过程,分析人员在海量数据上进行过滤、搜索和选择操作,选定所关注的观察,描述他们的假设,进而导向额外的一些观察。这些活动对应 OODA 模型里的"观察""调整"和"决策"构件。

表 4 OODA 模型和 AOH 模型[34]

OODA	AOH	描 述
观察	观察	OODA 里的观察是指进入分析人员参与之前呈现的原始信息。在 AOH 模型的观察组件里采集这些数据
调整		OODA 模型的调整是"融合数据来构建态势感知"[48]。这本质上包含了观察并通过假设的循环
	动作	执行动作以探索监测数据,从而确认或否定每一个假设。这些动作导致出现新的观察
	观察	从动作结果得到对一些关注数据的观察。这些数据可能触发分析人员的新假设
	假设	根据当前观察产生的想法。这可以是对当前态势的解释、脑海中的问题或对未来动作的尝试
决策	假设	对所有假设进行分析的结果,会导致一个最终决策。这本质上就是证实 AOH 模型里的假设
动作		发生在分析人员的分析式推理过程之后,因此并不包含在 AOH 模型的范围里

考虑到网络数据来自多个数据源的情况,许多数据融合模型和方法被演进发展并用于增强网空态势感知。JDL①(Joint Director Laboratory)数据融合工作

---

① 由于在大量相关的中文文献中都直接使用"JDL 融合模型"的提法,而缺少对美国国防部下属 Joint Director of Laboratory 的准确专业翻译,为避免造成歧义,而且考虑到该名称的翻译对本书中的专业论述并无明显影响,因此在本书中将参考相关文献直接使用"JDL"简称的翻译方法。——审校者注

组开发了一个跨多个领域的通用数据融合过程模型。这个过程模型可以接收"在不同层面的信息，从传感器数据，到来自数据库的先验信息，到人类的输入"。该模型把数据融合过程分为 5 个组件：（数据）源预处理、对象精炼、态势精炼、威胁精炼和过程精炼。数据融合算法和技术可以被归类进 JDL 的这些组件里。Lan 等人提出的框架，使用了基于 Dempster-Shafer（D-S）证据理论的数据融合方法，用于获得网空态势感知。

研究人员认识到需要一个模型来指出如何成功地应用数据融合技术以增强网空态势感知。数据融合技术的应用，有助于入侵侦测[41]、态势感知[46]以及高阶多步骤网空攻击的追踪和预测[47]。

意义构建模型的搜寻循环，对应网空态势感知的数据分析过程。根据 Pirolli 和 Card 的意义构建模型，在由探索（增大添加至分析过程的新信息项的跨度）、富集（收窄信息项的集合以生产更精确的数据集合）和开发（通读文档、抽取信息、生成推论、注意模式等）组成的搜寻循环中应有一个折中的平衡点。考虑到大多数网空安全分析工作是信息密集型的，网空防御分析人员需要有一个能够支持信息搜寻和同步调查的工作环境。

8.2 网空态势感知中的认知任务分析

认知任务分析是研究人类工作过程的一种传统方法。一些能够接触到网空防御分析人员的研究人员使用如观察和访谈的多种技术开展了若干认知任务分析研究。大多数研究都聚焦于网空安全分析的宏观层面描述（如数据过滤的阶段和分析人员的角色[2-4]），并在分析人员的认知过程上获得了一些有价值的深入见解。然而，由于在网络安全领域开展认知任务分析时存在着几个现实世界的困难，因此很少有人致力于研究细粒度的认知活动。比如，认知任务分析研究可能太耗时，因为以 7×24 h 的时间安排日夜轮班工作的分析人员很少有时间参加研究项目的访谈。另外，数据分类分流任务是记忆密集型的，并且需要全神贯注地工作，所以很难再要求分析人员通过常用的出声思维方法来给出关于他们的认知过程的完整且准确的报告。

8.3 用于网空数据分析的智能系统

在网空数据分析中分析人员面临的挑战，来自人类处理大量数据和维持工作记忆方面有限的认知能力，以及不同的认知偏见（如在数据分析中的一种常见偏差是确认偏差）。为了应对这个挑战，许多研究人员开发了来自人工智能（AI）和人机交互（HCI）领域的不同方法和技术。大数据分析也是解决网空态势感知中数据分析挑战的有力方法。

案例推理（CBR）是使用"案例"来表征知识的一系列方法，通过进行形式化的推断或信息检索，来解决新问题并达成结论或形成解决方案[49]。案例可以是结构化、半结构化或非结构化的。我们提出的基于上下文的经验检索系统，同时采用了所采集分析人员数据分类分流轨迹的正面和负面"案例"。负面案例（如不成功的经验）可以帮助分析人员避免在调查不相关网络事件上浪费时间。

除了自动化的代理，可以通过更好的交互界面来增强分析人员的数据处理能力。视觉协助已被证明对意义构建过程是有用的。许多可视化分析系统已经被开发出来，能够展现网络空间中数据的多变量特质，从而帮助分析人员发现有意思的模式。4种主要的可视化方法对大量数据的显示和处理非常有用：（i）"概览+细节，在聚焦视图和上下文视图之间使用空间分隔方式展现"；（ii）"放大，使用时间分隔方式展现"；（iii）"焦点+上下文，通过在上下文中显示焦点的方式来将视图之间的缝隙最小化"；（iv）"基于线索的技术，在信息空间中选择性地对信息项进行高亮或抑制"[50]。在可视化分析之外，人机交互系统也帮助分析人员维护替代假设，克服其他认知局限并避免认知偏差。

9 未来的研究方向

我们的研究工作聚焦于分析人员的数据分类分流操作，介于宏观认知任务分析研究和微观认知神经学研究之间。初步的轨迹分析的当前成果，已经表明所采集的轨迹中包含关于分析人员关键认知分析活动的有价值信息。作为回报，它会在两个方面带来重要影响。一方面，轨迹表达了分析人员在数据分类分流操作时使用的分析策略和专业知识，这可以帮助研究人员识别分析人员的认知需求和认知偏差。另一方面，轨迹可以作为重要信息源去帮助解释那些在更细颗粒度的神经数据（如EEG/fMRI数据）中发现的模式。

在采集分析人员认知过程的研究中，我们在认知任务分析的数据采集（采集轨迹）和认知任务分析的数据分析（分析轨迹）之间观察到了一个平衡点。考虑到网空防御分析人员的紧迫时间安排，我们尝试减轻分析人员在认知任务分析数据采集研究中的工作负荷。然而，需要在轨迹分析方面投入更多的努力，因为对轨迹中的操作的解释也是一个复杂的认知过程。幸运的是，基于初期的轨迹分析，我们已经观察到一些轨迹中操作序列的常见模式。因此，很有可能会去开发一些指南或规程，甚至是一个用于轨迹分析的自动化工具。

我们的轨迹检索研究表明，所收集的轨迹数据可以提供一个机会，为初级分析人员提供个性化指导。另外，轨迹中采集的认知活动可以作为评估分析人员工作表现和学习效果的另一个重要度量，用于对分析人员的培训。轨迹中数据分类分流操作的形式化表征，使我们能够开发自动化方法来发现分析人员行为中的模式。

致谢： 这个研究报告由 ARO W911NF-09-1-0525（MURI）、ARO W911NF-15-1-0576、NSF CNS-1422594 和 NIETP CAE Cyberseurity Grant（BAA-003-15）提供支持。

参考资料

[1]   Security Operations: Building a Successful SOC, Hewlett-Packard Development Company, hp.com/go/sioc(2013)

[2]   D'Amico, A., Whitley, K.: The real work of computer network defense analysts. In: Goodall, J.R., Conti, G., Ma, K.-L.(eds.) VizSEC 2007, pp. 19–37. Springer, Heidelberg(2008)

[3]   D'Amico, A., Whitley, K., Tesone, D., O'Brien, B., Roth, E.: Achieving cyber defense situational awareness: a cognitive task analysis of information assurance analysts. In: Proceedings of the Human Factors and Ergonomics Society Annual Meeting, vol. 49, no. 3, pp. 229–233. SAGE Publications(2005)

[4]   Erbacher, R.F., Frincke, D.A., Wong, P.C., Moody, S., Fink, G.: A multi-phase network situational awareness cognitive task analysis. Inf. Vis. 9(3), 204–219(2010)

[5]   Granåsen, M., Dennis, A.: Measuring team effectiveness in cyber-defense exercises: a cross-disciplinary case study. Cogn. Technol. Work 18(1), 1–23(2015)

[6] Yen, J., Erbacher, R.F., Zhong, C., Liu, P.: Cognitive process. In: Kott, A., Wang, C., Erbacher, R.F.(eds.) Cyber Defense and Situational Awareness. AIS, vol. 62, pp. 119–144. Springer, Cham(2014). doi:10.1007/978-3-319-11391-3_7

[7] Etoty, R.E., Erbacher, R.F.: A survey of visualization tools assessed for anomalybased intrusion detection analysis. No. ARL-TR-6891. Army Research Lab Adelphi MD Computational and Information Sciences Directorate(2014)

[8] Barford, P., et al.: Cyber SA: situational awareness for cyber defense. In: Jajodia, S., Liu, P., Swarup, V., Wang, C.(eds.) Cyber Situational Awareness, vol. 46, pp. 3–13. Springer, US(2010)

[9] Dutt, V., Ahn, Y.-S., Gonzalez, C.: Cyber situation awareness: modeling the security analyst in a cyber-attack scenario through instance-based learning. In: Li, Y.(ed.) DBSec 2011. LNCS, vol. 6818, pp. 280–292. Springer, Heidelberg(2011). doi:10.1007/978-3-642-22348-8_24

[10] Endsley, M.R.: Toward a theory of situation awareness in dynamic systems. Hum. Factors J. Hum. Factors Ergon. Soc. 37(1), 32–64(1995)

[11] Boyd, J.R.: The Essence of Winning and Losing(1996). Unpublished lecture notes

[12] Pirolli, P., Card, S.: The sensemaking process and leverage points for analyst technology as identified through cognitive task analysis. In: Proceedings of International Conference on Intelligence Analysis, vol. 5, pp. 2–4(2005)

[13] Bass, T.: Intrusion detection systems and multisensor data fusion. Commun. ACM 43(4), 99–105(2000)

[14] Mahmood, T., Afzal, U.: Security analytics: Big Data analytics for cybersecurity: a review of trends, techniques and tools. In: 2nd National Conference on Information Assurance(NCIA), pp. 129–134. IEEE(2013)

[15] Zuech, R., Khoshgoftaar, T.M., Wald, R.: Intrusion detection and big heterogeneous data: a survey. J. Big Data 2(1), 1–41(2015)

[16] Biros, D.P., Eppich, T.: THEME: security-human element key to intrusion detection. Signal-Fairfax 55(12), 31–34(2001)

[17] Ericsson, K.A., Lehmann, A.C.: Expert and exceptional performance: evidence of maximal

adaptation to task constraints. Annu. Rev. Psychol. 47(1), 273–305(1996)

[18] Chen, P.C., Liu, P., Yen, J., Mullen, T.: Experience-based cyber situation recognition using relaxable logic patterns. In: IEEE International Multi-Disciplinary Conference on Cognitive Methods in Situation Awareness and Decision Support(CogSIMA), pp. 243–250. IEEE(2012)

[19] Grance, T., Kent, K., Kim, B.: Computer security incident handling guide. NIST Spec. Publ. 800, 61(2004)

[20] Information Security: Agencies Need to Improve Cyber Incident Response Practices. GAO-14-354, 30 April 2014. Publicly Released: May 30, 2014

[21] Freiling, F.C., Schwittay, B.: A common process model for incident response and computer forensics. IMF 7, 19–40(2007)

[22] Prosise, C., Mandia, K., Pepe, M.: Incident Response & Computer Forensics. McGraw-Hill/ Osborne, New York(2003)

[23] Dawkins, J., Hale, J.: A systematic approach to multi-stage network attack analysis. In: Second IEEE International Information Assurance Workshop, Proceedings, pp. 48–56. IEEE(2004)

[24] Jha, S., Sheyner, O., Jeannette, M.W.: Minimization and reliability analyses of attack graphs. No. CMU-CS-02-109. Carnegie-Mellon Univ. Pittsburgh PA School of Computer Science(2002)

[25] Thomas, J.J., Cook, K.A.: The science of analytical reasoning. In: Illuminating the Path: The Research and Development Agenda for Visual Analytics, pp. 32–68(2005)

[26] Mancuso, V.F., Minotra, D., Giacobe, N., McNeese, M., Tyworth, M.: idsNETS: an experimental platform to study situation awareness for intrusion detection analysts. In: IEEE International Multi-Disciplinary Conference on Cognitive Methods in Situation Awareness and Decision Support(CogSIMA), pp. 73–79. IEEE(2012)

[27] Giacobe, N.A.: Measuring the effectiveness of visual analytics and data fusion techniques on situation awareness in cyber-security. PhD diss., The Pennsylvania State University(2013)

[28]   Poling, A., Methot, L.L., LeSage, M.G.: Fundamentals of Behavior Analytic Research. Springer Science & Business Media, US(2013)

[29]   Lee, F.J., Anderson, J.R.: Does learning a complex task have to be complex? A study in learning decomposition. Cogn. Psychol. 42(3), 267–316(2001)

[30]   Kukreja, U., Stevenson, W.E., Ritter, F.E.: RUI: recording user input from interfaces under Windows and Mac OS X. Behav. Res. Methods 38(4), 656–659(2006)

[31]   Allopenna, P.D., Magnuson, J.S., Tanenhaus, M.K.: Tracking the time course of spoken word recognition using eye movements: evidence for continuous mapping models. J. Mem. Lang.38(4), 419–439(1998)

[32]   Rabinovich, M.I., Huerta, R., Varona, P., Afraimovich, V.S.: Transient cognitive dynamics, metastability, and decision making. PLoS Comput. Biol. 4(5), e1000072(2008)

[33]   Tom, P., Santtila, P., Bosco, D.: The ability of human judges to link crimes using behavioral information: current knowledge and unresolved issues. In: Crime Linkage: Theory, Research, and Practice. CRC Press, p. 268(2014)

[34]   Zhong, C., Samuel, D., Yen, J., Liu, P., Erbacher, R., Hutchinson, S., Etoty, R., Cam, H., Glodek, W.: RankAOH: context-driven similarity-based retrieval of experiences in cyber analysis. In: IEEE International Inter-Disciplinary Conference on Cognitive Methods in Situation Awareness and Decision Support(CogSIMA), pp. 230–236. IEEE(2014)

[35]   Zhong, C., Yen, J., Liu, P., Erbacher, R., Etoty, R., Garneau, C.: An integrated computer-aided cognitive task analysis method for tracing cyber-attack analysis processes. In: Proceedings of the 2015 Symposium and Bootcamp on the Science of Security, p. 9. ACM(2015)

[36]   Pirolli, P.: Information Foraging Theory: Adaptive Interaction with Information. Oxford University Press(2007)

[37]   Pirolli, P., Card, S.: Information foraging. Psychol. Rev. 106(4), 643(1999)

[38]   Zhong, C., Yen, J., Liu, P., Erbacher, R., Etoty, R., Garneau, C.: ARSCA: a computer tool for tracing the cognitive processes of cyber-attack analysis. In: IEEE International Inter-Disciplinary Conference on Cognitive Methods in Situation Awareness and Decision Support(CogSIMA), pp. 165–171. IEEE(2015)

[39] "VAST Challenge 2012 Mini-Challenge 2", Visual Analytics Community(2012)

[40] Scholtz, J., Whiting, M.A., Plaisant, C., Grinstein, G.: A reflection on seven years of the VAST challenge. In: Proceedings of the 2012 BELIV Workshop: Beyond Time and Errors-Novel Evaluation Methods for Visualization, p. 13. ACM(2012)

[41] Bass, T.: Multisensor data fusion for next generation distributed intrusion detection systems, pp. 24–27(1999)

[42] Lan, F., Chunlei, W., Guoqing, M.: A framework for network security situation awareness based on knowledge discovery. In: 2nd international conference on Computer Engineering and Technology(ICCET), vol. 1, pp. V1–226. IEEE(2010)

[43] Fink, G.A., North, C.L., Endert, A., Rose, S.: Visualizing cyber security: usable workspaces. In: 6th International Workshop on Visualization for Cyber Security, VizSec 2009, pp. 45–56. IEEE(2009)

[44] McClain, J., Silva, A., Emmanuel, G., Anderson, B., Nauer, K., Abbott, R., Forsythe, C.: Human Performance Factors in Cyber Security Forensic Analysis(2015)

[45] Zhong, C., Kirubakaran, D.S., Yen, J., Liu, P., Hutchinson, S., Cam, H.: How to use experience in cyber analysis: an analytical reasoning support system. In: IEEE International Conference on Intelligence and Security Informatics(ISI), pp. 263–265. IEEE(2013)

[46] Giacobe, N.A.: Application of the JDL data fusion process model for cyber security. In: SPIE Defense, Security, and Sensing, p. 77100R. International Society for Optics and Photonics(2010)

[47] Yang, S.J., Stotz, A., Holsopple, J., Sudit, M., Kuhl, M.: High level information fusion for tracking and projection of multistage cyber attacks. Inf. Fusion 10(1), 107–121(2009)

[48] Vandenberghe, G.: Visually assessing possible courses of action for a computer network incursion. In: SANS Institute, InfoSec Reading Room(2007)

[49] Aamodt, A., Plaza, E.: Case-based reasoning: foundational issues, methodological variations, and system approaches. AI Commun. 7(1), 39–59(1994)

[50] Cockburn, A., Karlson, A., Bederson, B.B.: A review of overview+detail, zooming, and focus+context interfaces. ACM Comput. Surv.(CSUR) 41(1), 2(2009)

认知科学

网空安全的认知科学：一个推进社会－网络系统研究的框架

Michael D. McNeese，David L. Hall

美国宾夕法尼亚州立大学帕克分校

摘要：传统上，主要是从计算技术的角度来定位和开发网空安全，但这非常没有远见，因为据此产生的解决方案未能考虑其背后许多与人相关的认知和社会因素，而这些因素是至关重要的。虽然技术发展对解决问题已经大有帮助，但仍需要用一种更全面、有效的方法：（i）探索认知科学和协作系统，作为对发现和预测进行具体化的实质性基础；（ii）产出透彻的研究成果，为积极使用场景下的网空工具和界面设计提供指导；（iii）建立对网空态势感知的新认识，能够将用户的分布式认知活动、威胁和环境的动态多变角色、协同的团队合作以及创新认知技术的前景等多个方面结合在一起加以实现。本文概述了社会－网络系统①的研究框架，是一种跨学科方法，旨在加强信息保护，减少错误和不确定性，发挥团队合作的优势，以及促进透彻理解态势感知和集体归纳（collective induction）对网空防御和安全的意义。实况实验室框架（Living Lab Framework）被用于描述我们的方法，以实现社会－网络系统研究的某些具体内容，从而影响感知和归纳的不同维度。本文提出了基于网空态势感知的认知探索，涉及理论基础、模型与模拟、问题界定等理论元素，对实践行动的人种志方法研究、知识获取、设计的分镜（storyboarding）和技术的原型验证等实践元素。这些重要元素的整合，提供了将个体认知处理拓展至协同团队合作和集体归纳的基础，从而支撑社会－网络系统中获得就绪度和可恢复能力的目标。最后，本文对持续有效保护重要资源和服务所必需的未来需求进行了展望。

---

① "Social-cyber system" 或 "socio-cyber system" 是一个比较新的概念，在中文文献中鲜有提及。与其相关的 "socio-cyber-physical system" 概念被翻译为 "社会信息物理系统"，而根据部分英文文献中的描述，"socio-cyber" 是其中的一部分，由此类推可以将其翻译为 "社会信息系统"，但这与经典的 "social information system" 概念的翻译存在混淆。另一方面，如果翻译为 "社会网络系统"，则会因为不少国内文献把 "social network" 误称为 "社会网络" 的情况而出现歧义。因此，此处采用 "社会–网络系统" 的翻译形式。——审校者注

1 引言

网空安全对不同的人有不同的含义，但它显然是当前影响社会的一个严峻问题。网空安全问题，不仅与美国和其他国家的军事或情报资产相关，而且一旦出现网空安全防护缺失导致的灾难性后果，还可能会威胁到人类的生存安全。网空安全问题以前所未有且无所不在的方式威胁着我们的生活方式和生命。因为网空安全问题，我们的银行账户可能会失窃并造成大量损失，我们的身份可能会被盗用，我们使用的交通系统的安全可能会受到威胁，我们的能源基础设施可能会被严重破坏，甚至我们用于阻止核战的防御机制可能会被归零。事实上，网空安全防御存在崩溃的可能性，是当今困扰人类的非常棘手的问题（wicked problem）① [3]。

当今世界上网空安全攻击的事件和事态会常态化，其中的一些后果会很严重。自 2015 年初以来，已经发生了多起严重的网空安全事件。2015 年 7 月，某网站被一个黑客团伙攻击，约 3100 万客户信息的数据库被曝光。这使个人信息极易被恶意利用，并引出其他问题。问题之一就是，该数据库中包含部分政府/军事部门工作人员的客户信息。据推测，这些工作人员信息泄露所造成的潜在敲诈勒索事件，可能已经危及国家安全，将敏感项目暴露在风险之下，甚至可以帮助敌人发动进一步网络攻击来窃取情报数据。这个例子表明，黑客攻击不仅仅是表面存在的一次性攻击，而且是真实地创造了一个有许多深入层面的复杂新态势。对于网空安全的认识，不应非常僵化地只局限于计算机、架构和数据，而应该以更广阔的视角考虑围绕人、行为、犯罪和社会等更广泛概念的"感知"，从而开发出优秀的解决方案。要实现网空安全的感知，不能简单地局限于开发新技术或新算法，还必须对智能、行为方式和动作背后的认知科学进行研究。

网空安全理念、策略和操作的核心是对抗性的规则（adversarial imperative），而对于攻击方来说，这个规则会推动一个威胁去夺取保存着重要数据、信息和知识的计算机基础设施、系统和/或文件的所有权。由于计算智能以多种方式（智能手机、预订系统、导航、相机和军事系统等）分布存在，因此网空威胁变得更为严重，并可能具有毁灭性。网空行动是针对技术目标进行攻击的，但这些

---

① "wicked problem"是由 Churchman 提出的一个社会学概念，是指由于不完整、相互矛盾、不断变化甚至难以识别或定义而无法简单解决的问题。——审校者注

行动是由人类智能发起的，旨在控制或接管人员组织体、社会实体或政治实体，以及摧毁我们作为人类所珍视的事物。相应地，网空安全是由人针对人策划的，以获得控制、执行、权力或支配权的"先手地位"。由于这是强加给我们的，因此必须以极大的创造力和创新力来建立和维持强大的防御计划以免受其影响。要达到这一目标的主要困难是闪电般快速的"状态变化"，在此变化中网空安全的效果可以被清除和消散。雪上加霜的是，还有大量存在的诈骗、欺骗和破坏行为，这也是我们需要正视的一个棘手问题。

本文的研究内容是从态势感知的角度来理解网空安全的含义，是我们在宾夕法尼亚州立大学与一组其他大学的团队一起努力的成果。多年来，我们一直致力于开展多学科大学研究计划（MURI），旨在提升我们对网空安全中态势感知的了解。该研究项目得到了美国陆军研究办公室（ARO）提供的资助，并出现了一种基于感知（或缺乏感知）进行预测并挫败威胁行动的宽带方法。

在此说明一点，本文所呈现的定位是围绕认知科学世界观，而观点和应用必须是以人为中心的。从信息、技术、人员和上下文环境的交集来研究网空安全，以推导出关于动态感知及其随时间演化情况的认识。虽然我们重视技术的价值和实用性，但是在人为因素相关的领域，技术的开发通常没有考虑人类、社会或上下文环境①因素，这种情况对技术的使用会有重大影响。本文并不是反技术，而是基于一条跨学科的联系纽带，来开发能够实现态势感知的技术，从而使人们可以充分获得信息，以一种能够形成战术或战略优势的方式在环境中开展行动，并最终达成目标。通过本文的研究，我们希望为读者介绍一些对网空安全中的感知做出解释的替代方法，其中的创新性思维和创造性设计可以改变我们的日常工作。

2　简介

我们在此将网空安全概念化为一个跨学科的超系统②（system of system），其中的转化性工作既可以是本地的，又可以是分布式的，在经常变化的环境上

---

① 在认知科学研究的文献中，常常使用"语境"来翻译"context"。在本书中考虑到跨学科的场景以及读者普遍的信息技术背景，依然采用在 IT 领域常用的"上下文环境"翻译。——审校者注
② "System of Systems"通常翻译为"超系统"或"巨系统"，是系统工程（System Engineering）领域的重要概念。——审校者注

下文中由人员代理与其他（人员或计算机的）代理配合承担。从这个视角来看，网络安全是以人员为中心的，需要"人在环中"式的处理过程，基于变化的上下文环境驱动，因此必须通过基于问题的学习法来处理和解决。作为我们 MURI 项目进展（过去 6 年）的一部分，我们坚持一个基本的看法，即如果分析人员或分析团队能够在解决问题的过程中获得并保持态势感知，他们就能在保护系统时取得成功，并加强网空防御的就绪度。及时整合信息、技术、人员和环境，对于将网空安全概念化为跨学科的系统的系统（超系统）和组的团队，都是非常重要的。网空安全是一个非常具有挑战性的问题，包含多个层次的复杂性，而且会以许多不同的形式出现并快速演变。网空安全问题空间内的活动可以被视为是非粒度（dis-granular）且非线性的，而该问题空间包含虚拟的非物理空间（如黑客攻击一个用于保护计算机安全的软件系统）和物理的网空安全元素，通常它们都通过人类的认知与动作联系在一起。当联合考虑这些元素的时候，就形成了迫切需要建立态势感知的上下文环境，并产生了所谓的棘手问题[3]。

将网空安全概念化为分布式认知

为了达到本文的研究目的，有必要从我们对网络安全的认识（一个基本定义，将网空安全描述为在特定上下文环境中真实存在的具体关注领域）开始。我们将从以下定义[26]开始。

我们所指的网空安全是由大量分布式的计算机、服务器和分析人员所组成的社会－技术系统，旨在保护用户的系统免于因漏洞被攻击利用而被敌对威胁攻击控制，以及保护用户免于被使用计算机工具的人员定为目标并采取行动。

虽然这个定义是直接且具体的，并且描述了网空安全"是什么"，但这个定义距今已经有 9 年了，可能已经是一个过时的定义。为了更新这个定义，我们认为，网空分布式认知正在我们可能称之为网络空间世界的地方发生，这个虚拟的互动式世界可能是被遮盖和隐藏的，并且经常具有欺骗性。该世界由多个动态层面组成，这些动态层面可能在尺寸上、形态上、数字上以及以许多其他方式在几毫秒内（闪电般迅速）发生改变。网空世界包含着由一系列人与环境的交互作用（human-environment transaction）组成的社会－网络系统，其中一个组的团队（team of teams）可以使用多种工具和基础设施，包括作为队友的智能计算代理、传感器网络的数据融合、物联网、网空视觉分析和社交网络预测。社会－网络系统正是网空分析人员解决、管理和处置①工作的上下文环境，而对手们也在不断寻求机会进入这个环境并破坏数据、攫取信息和/或掌握控制权。

传统的认知概念或模型在网空世界中得到延伸并发生改变，因为其中存在着独特的信息－上下文环境相互依赖关系，它们会在社会环境和物理环境中的时间和空间上迅速出现并变化。这种上下文环境中的空间不同于典型的物理学，在物理环境中，自然规律发挥作用。考虑到在这种独特的概念空间中的软件边界和数据伪装，以及状态迅速变化的闪电速度，网空世界中的空间仅会被限制在"可能做到"的范围内。这与追踪战场上的物理威胁不同，因为战场上目标的运动服从 $D = R \times T$ 的物理原理和其他约束条件。如此巨大的变化，意味着关于当前网络运行状态的认知和感知将是更加难以理解的，而且可能也是难以学习的。信息的半衰期（新近度）变得非常难以破译，特别是在非常规情况下。而这个世界正是我们期望一个分析人员能够了解和理解的，从而阻止以不同模式和在不同环境中（如智能手机、银行系统）显现出来的网空威胁。如上文的定义所表明，网空世界必须包括人员的阐释，并且这种阐释需要得到技术的辅助。这些技术会产生新的工具、界面和模拟，从而增强我们成为积极响应者的能力，增强以不同方式"看到"的能力，以及增强在造成后果前对模式进行预测的能力。对认知的要求不仅仅是分析式的，还包括归纳的能力、学习网空世界中所形成模式的深层元素的能力、创造和直觉理解的能力，以及辨别欺骗何时发生的能力。

认知理解的世界观。网空安全的世界发生在一个复杂的环境中（如上面所表述的网空世界），可以从许多不同的世界观（数学、计算和信息科学、商业智能、生态系统、恐怖主义犯罪学研究、社会信息学、信息融合、大数据分析、认知心理科学等）来进行概念化。从历史上看，态势感知[7]主要是从认知主义世界观出发的研究，其中分析人员运用"他头脑中的认知"，然后恰当地加以应用。这种观点建立在较古老的人类信息加工认知方法[32]之上，其中认知理解是等价或类比于将数据读入中央处理单元（如图像翻译、记忆存储），然后通过输出机制做出适当的响应的计算机元件。认知模型已经存在了接近 60 年[31]，如果考虑哲学领域的前辈（如笛卡儿），可能还要长得多。认知主义观点被质疑为过于微观（微观认知通常过于静态，依赖于头脑中的"小矮人"，但谁在指挥这个主控制器?）。

---

① 原文为"attack"，但结合上下文翻译为"处置"。——审校者注

微观认知低估了提供行动的环境或上下文所带来的影响，并且微观认知通常不能从涌现动力学（emergent dynamics）的角度考虑认知的社会/团队协作方面。

相应地，出现了另一种观点，可被称为生态－语境主义（ecological-contextualistic）世界观。从历史上看，这种观点是从 James Gibson[22] 的早期研究工作发展而来的，基于他对直接知觉（direct perception）的研究，继而关注于人与环境交互作用，以及关注可供性（affordance）和效应（effectivity）在特定指示信息方面的作用。动作和知觉是由一个上下文环境中的行为体一起决定的[12]。语境主义方法[15]认为认知也被分布在头脑之外的环境中。人类经常在工作的上下文环境中构建或拾取信息（直接知觉），并通过对可供性和效应（恒常性，invariance）的反复使用来学习。Mace[22]描述了生态－语境主义世界观的本质，他说："不要问你脑子里面是什么，而是问你的脑子在什么里面。"如果一个人有正确的效应（effectivity）可在可供性（affordance）存在时对其做出动作（action），那么问题可以被看作是在环境中按照信息所指定的机会。这将问题解决明显地置于生态的"情境认知"视角下[2,45]。Hutchins[16]提出的观点是一种类似观点的代表，被称为"分布式认知"，表明了认知在上下文环境中形成的方式，并提供了一个可以将网空安全活动整体地界定为分布式网空认知的基础。

分布式认知，与在特定指示信息的上下文环境中对变化的察觉是紧密耦合的。其中，大多数方法强调了知觉与知觉差异的作用，并强调了人们从代理完成其意图所必需的交互作用（transaction）的角度来对网空世界中变化所代表含义的理解能力。知觉器官被绑定在身体（如眼睛、耳朵、肢体）上——被称为具身认知（embodied cognition）[47]，并且是在上下文环境逐渐展现时动态地在其中移动并对其体验的基础。Cooke 等[4]采用了一种类似想法并使其适用于交互式团队认知，为团队活动提供了生态学（ecological）的基础，尤其是与网空安全应用相关的团队活动。类似地，McNeese[24]首先使用了宏观认知（macrocognition）和宏观感知（macroawareness）来描述被广泛地定义并与自然环境互动的认知活动。更近期的 Klein 等人[19]扩展了宏观认知理论，将其作为对存在于许多实践领域的自然决策问题的解决方案进行理解和设计的基础。本文所采用的世界观与这些针对个人、团队和"团队的团队"活动的方法保持密切一致。

当知觉本身不能直接从环境中拾取信息①的特定指示②时，那么一个人自己的认知，特别是元认知（关于思考的思考），就会更多地发挥作用来理解情境并做出回应。对取得成功有意义的环境还包括分布在团队内或跨团队间的社交互动（social transaction），其中生态语义主义世界观必然倾向于社会连通性（connectedness）和虚拟交互（virtual transaction），而其中团队中的信息的特定指示（specification）是普遍的（或可能是普遍的）。

感知的含义。作为历来专注于认知技术的社会－生态学发展的研究人员，有责任思考在网空安全/网空防御的实践领域中的态势感知或感知意味着什么。有人认为，当可访问数据的容量增大时就能找到答案。也有人认为，通过构建在计算机算法中的"智能"，或者通过概率计算或机器学习计算来减少不确定性，就能出现感知。与此同时，其他的世界观表明，通过可视化与可视化分析显示，或者通过隐藏在"大数据"中等待被挖掘的大量信息，可以获得感知的提升。其他观点，如通过对注意力和记忆激活过程（传统认知）的考虑，将认知完全置于头脑之中。近期，研究人员认为感知涌现自团队思维[38]。虽然我们在 ARO MURI 项目的 6 年研究中对上述这些观点都有涉猎，但我们也发现如果孤立地考虑每一个观点，则会有重大的缺失，因为这样无法描绘出全局图景（big picture）[28]（有些人称之为安全领域的网空态势感知通用作战图③）。

社会－网络系统中存在着多个种类的感知，跨越时间与空间涌现出来，以不同的方式向人类和代理展现，并分布于认知之中。这是我们对网空世界中感知的含义的集体观点。因此，我们将这个细分领域称为网空分布式认知。基于我们的研究，以下要素是这个细分领域中的研究重点。

- 网空运行中的机会型问题解决（Opportunistic Problem Solving）。
- 关于威胁的元认知反思（MetaCognitive Reflection）。
- 在上下文环境中对知识的学习和自发性访问。

这些任务彼此之间是整体地互动和迭代的。因为我们认为网空态势感知是

---

① information pickup（信息拾取）也是 Gibson 提出的认知科学概念。——审校者注
② 此处的"specification"概念应当是来自 Gibson 的生态心理学理论，该理论中主张任何能量列阵（光、声音、作用力等）的结构都是特定物理事实的结果，因而能量列阵能够特定地指示该物理事实。中文文献中较少涉及此领域，在部分文献中将此翻译为"特示"。——审校者注
③ "Common Operational Picture（COP）"是来自军事领域的概念，军语翻译为"通用作战图"。——审校者注

一种沉浸式且不断演化的状态，这种状态是从对环境的认知中提取出来的，而不仅仅是头脑中的静态知识状态，所以我们的任务指向了对随着网空分布式认知逐步展现的感知的不同思考方式。我们的任务还为一些发现形成了主干基础，而且这些发现是在 MURI 项目过程中的实际研究目标的基础。

网空安全的运行不时被多变的事件和大量的数据交换所打断，并且充斥着高度不确定的环境情况。虽然许多程序都是简单直接的，并且已知新的数据可以流入环境，这使得评估和感知成为高度优先事项。这种环境为分析人员提供了充足的机会（但也有相关的风险）来进行机会型问题解决[14]。网空世界也可能在细微方面千差万别，其中可能存在高度的相互依赖性、重叠的层面，分布式的信息和其他的同构形式。然而，经常出现的情况是，当个体的分析人员试图进行意义构建（sensemaking）并将模式组合起来以确定可供性和效应时，他们的注意力可能会被分散到探索发现的"黑洞"之中。这呈现出一种与协作相对立的偏差。当个体的分析人员不在同一物理区域中（分布）时，可能尤其如此。可能会存在进行集体归纳（collective induction）[20]的机会，但知识仍然可能是隐藏的，而不能被共享以实现最大限度的运用[42]。如果出现这种情况，某项独特的知识就是隐藏的而且对其他分析人员是不可见的，而这些分析人员原本可以用该知识来"连点成线"以形成大局图景。当集体归纳受到限制时，机会型问题解决方式可能会受到影响，继而得到的解决方案也可能过于简单，甚至可能根本无法被生成。如果协作涉及整合型角色，并由其在网空运行中将分布式信息联系起来（通常都是这样），则可能会因为上述问题而发生更有害的影响，尤其是如果分布式信息具有时间上的突发性和相关联的后果。

分析人员或团队不能在没有任何经验的情况下面对一个问题或情境。通常他们会接受一定程度的培训，然后再投入工作，而且很多情况下分析人员可能各自具有从入门级到专家级之间的不同经验水平。作为他们的经验的一部分，学习是非常重要的，因为学习使分析人员能够接触一些具有一定相似度或相同元素的不同情境，进而能够在其中自动地（自发地）访问先前的知识，并以机会主义的方式运用其来解决问题。这种类型的信息可以通过知觉拾取来特定指示，其中分析人员或分析团队会识别出一些线索，由这些线索回想起案例、故事或先前经历的片段。对故事、案例或片段经历的理解，可能依赖于元认知活动，因为分析人员可能会看到一些提醒他们在过去如何解决类似情境的事物。关于他们如何思考的思考，被称为元认知活动，并且可以在任何时候发生。但是在知觉拾取激发出部分识别的时候，元认知活动是比较显著的。

如果在网空分布式认知中没有感知，那么分析人员可能会有模糊的知觉，进而导致缺乏一个基础来适应涉及网空活动的情境或对其做出反应。我们将这种状态称为无意识的（mindless），与有意识的（mindful）相反。当情境是不明确、非常规和不确定的时候，这可以产生类似于"极度模糊，叽叽喳喳的混沌"状态[17]，这种状态是模糊朦胧的，而且其中的焦点是分散的。导致这种状况的原因包括：（i）没有注意环境中的主要和次要线索，其中缺乏由识别启动的决策制定（recognition-primed decision making）[18]；（ii）经历了信息过载，其中焦点被零星分散；（iii）压力或情感水平导致神经器官停止运作；（iv）要求非常快速反应的时间压力。当以上两个原因组合出现时，分析人员可能会陷入我们称为认知细节碎片化①（cogminutia fragmentosa）的状态[29]，随之注意力被引导至多个细小的分支，以零碎的方式被察觉，永远不会获得有意识状态（mindfulness）。如果在某个实时事件期间发生这种情况，那么各种失误、错误甚至失败都有可能会出现。因此，网空世界应该促进以人为中心的互动，防止无意识状态（mindlessness）发生，促进有意识状态产生，以将感知演化到较高水平。

问题空间框架构建——实况实验室框架（LLF）的应用。如上所述，一个人的世界观可以直接确定从一个研究人员的角度来看什么事情称得上问题，什么称不上问题。因为我们将网空态势感知视为分布式的，认知工作与动作的上下文环境相互影响并相互实现，所以我们应当利用自己提出的实况实验室框架②[25]来发现和探索网空分布式认知中的问题。图 1 显示了实况实验室框架。我们利用这个

---

① "cogminutia fragmentosa" 是本文作者 McNeese 提出的概念，甚少被引用，因此也不存在较权威的中文翻译。经分析，该词是作者创造的概念，其中 "fragmentosa" 是西班牙语的 "fragment（碎片）"，而 "cogminutia" 是 "cognitive（认知的）"与 "minutia（细节）"的拼接词语。——审校者注

② 从对相关文献的调研情况来看，此处应用于认知科学研究领域的 "living lab" 方法是由本章作者 McNeese 在 1996 年提出的，而通过知网等平台搜索，在该领域的中文文献中未有发现提及。另一方面，由于在创新与设计领域，近年来 "Living Lab" 已成为一个热词（并且在绝大多数文献中保持英语原词），但是其含义（生活实验室或体验实验室）与 McNeese 的研究方法完全不同，因此如果在本书中直接使用英语原词会造成较大歧义。综合考虑这些情况，我们在本书中采用"实况实验室"的暂时翻译方法，取自 "living" 在 "live broadcast（实况直播）"中的翻译。希望随着国内在态势感知相关认知科学方面研究的深入，专业学者会提出权威的中文翻译。——审校者注

跨学科的框架，通过多层次的分析和设计进行研究。该框架强调了工作的理论与实践约束间的相互关系和循环性特质。实况实验室强调了一种想法，即通过理解复杂操作过程中涌现的以工作者或团队为中心的问题，来探索现实世界上下文环境。这是一种反映生态 - 语境主义世界观的方法。它之前就被分类为一种认知系统工程方法框架[29]。图 2 显示了对 LLF 更具体的实例化，因为我们将其用于 MURI 项目。

实况实验室方法

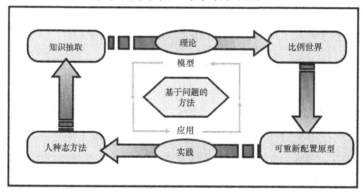

图 1　实况实验室框架

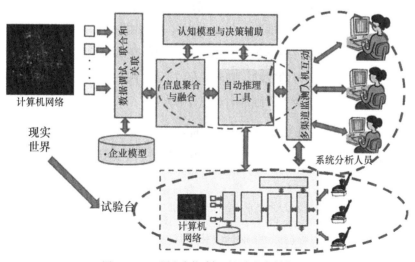

图 2　MURI 网空态势感知项目中的实例化 LLF

201

我们可以看到该框架的核心是发现－定义－探索问题，从而学习解决问题的新方法。显然，这个框架可以使能一种基于问题的学习方法[1]，其中该方法可用于以人为中心的网空态势感知，可通过各种方法使问题成为焦点。在这个框架中，由 4 个要素组件的相互作用来描述：人种志方法①（ethnography）、知识抽取、按比例缩小的世界模拟（scaled world，以下简称为"比例世界"），以及可重配置的原型。问题既可以通过理论定位自上而下地获知，也可以通过实践自下而上地获知。据我们所知，现实世界中的实践与发生的现存问题耦合在一起，而用户会以不同方式经历这些问题。这激发了 LLF 中自下而上的过程，聚焦于网空安全（尤其是网空态势感知）中完成的工作，以及聚焦于人们如何运用技术完成工作。如前文所述，这项工作的大部分内容都是分布式且复杂的。同时，问题也与研究人员所采用的理论或理论立场相耦合。

通过提出关于人－认知（human-cognitive）代理如何改变世界的假设，理论可以提供一个关于网空安全中可能发生什么的观点。因为我们的世界观必须纳入网空安全的"人在环中"式处理，所以通常可以通过代理（分析人员、操作人员或用户）在参与分布式工作时所遇到的经历来认识（注意到）实践。LLF②的核心是理论－问题－实践的耦合，以及它们从可以提供更多数据/信息/知识的 4 个要素组件的反馈中获得信息的方法。随着学习在一个特定的要素组件中产生，它也会通过正向馈送在其他要素组件中设置过程，并且可以提高理解水平。与这些要素组件之间耦合的研究，也可能产出在使用和建模方面的二次提升。通过循环遍历这些元素，该框架为分布式的认知工作提供了一种实况（living）的生态系统方法。这种方法能够促进以一种跨学科变革性的系统层级的思维，来推动在网空世界中获得的成功。随着我们在后文中进一步深入介绍 MURI 项目的具体活动，我们还会更详细地讨论这个框架。

融入问题空间－分布式认知工作。 下面回顾一下我们所知道的一些问题空间的属性。我们对问题的框架构建，已经在相关论文[26]中得到了很好的讨论，其也

---

① "ethnography"即人种志，是对人类特定社会的描述性研究项目或研究过程，强调研究者努力深入某个特殊群体的文化之中。该方法逐渐被引申至许多领域，从原有的人类学研究概念拓展至指代一种主要包括参与性与非参与性观察法、访谈和其他常见的问卷法的研究方法。因此，本文根据上述广义含义，采用该词汇在大部分文献中的翻译方法，即"人种志方法"。——审校者注

② 原文此处为"LLH"，疑似"LLF"的笔误。——审校者注

是根据我们的 MURI 项目工作直接发展而来的。该论文提供了一种理解网空世界的独特认知工程视角，这是我们在整个 MURI 项目期间一直进行的研究。第一个前提是，网空世界中的感知属于在特定上下文环境中密切结合认知的工作，其中技术发展使意义构建、决策制定、问题解决和/或潜在动作等方面得到提升。

这与以人为中心的方法相吻合，其中网空安全首先被视为分布式认知工作，工具和技术被用于支持认知工作以提高工作表现（消除问题、增强能力、移除限制、调整响应）。以此为基准，我们可以更深入地探究其意义。我们发现人作为参与复杂上下文环境中的代理所面临的困难，具有嵌入网空安全世界的属性。图 3 在通用层面上概括总结了这些问题的属性，以及给人员造成的后果。

遇到的典型问题

- 时间和空间中不断变化的背景
- 信息过载
- 信息相互依存
- 共同基础薄弱
- 理解不确定性
- 文化-本体性冲突
- 可视性被削弱
- 当下的态势感知在压力中消失

可能导致的后果

- 信息表达和共享不足
- 决策质量低下
- 执行混乱和失败

图 3　分布式工作环境中遇到的问题

运用实况实验室框架探索网空分布式认知

考虑到上述在网空安全运行中的相关问题和议题，我们需要了解 3 个具体的领域（假设前提）。

（1）网空态势感知作为执行于给定上下文环境和实践领域中的分布式认知工作。

（2）认知工作将聚焦于人与系统的整合（human-system integration），其以软硬传感器数据的信息融合为中心。

（3）适当的团队合作（团队内和跨团队的工作表现）可以提升网空安全运行的潜力。

鉴于我们在实况实验室框架中的理论路径是分布式认知，并且我们已经定义了实践中的一些问题，接下来将介绍过去几年探索过的该框架的其他组成部分：知识的抽取、人种志方法的探索、比例世界的开发以及技术的原型验证。LLF 并没有被预先指定一个假定的线性顺序，而是可以适应于研究人员必须在其中工作的环境。通过对两个独立但相关的研究轨迹（定性研究和定量研究）上的成果进行总结，本文回顾了与分布式网空安全、社会 - 网络系统和感知相关联的结果。作为 LLF 的一部分，这两个研究轨迹之前能够相互提供有用信息，并随着更多结果的出现，为进一步推进"知识作为设计"（knowledge as design）提供反馈循环。虽然每个方向都有多项研究成果，但本文将聚焦近期的研究工作。我们从定性研究开始介绍。

3 定性研究：知识抽取/人种志方法研究的数据

网空安全方面的研究挑战之一，是与专家的接触渠道问题。由于网空安全运行中的许多工作都是保密的，因此也是无法获知的。为了在 MURI 项目早期就克服这一问题，我们做了以下事情：（i）与一些网空分析人员共同参加了亚利桑那州立大学的一个研讨会，他们根据经验提供了关于网空分析人员工作思维通用层级的宝贵信息，以及关于网空态势感知是什么的看法；（ii）由不同场景（大学、商业机构）以及通过一个战棋推演演习来访谈/观察不同的网空分析人员；（iii）收集对 112 名网络安全专家的调研结果；（iv）对我们学院的学生进行访谈（他们近期参加了一个地区性的学生网空安全演练）。此外，我们还有一批网空/网络分析人员和具有专业经验的教职员工，这使我们的研究工作能够从中获益。

我们通过前述的多次不同形式的接触联系，得出了有关网空工作的初步认识，并进一步阐释了现存的和相关的各种问题。我们之前已经发表了关于上述前 3 个方面的研究成果[44]，因此不再重复那些内容。前面提到的许多问题都存在于网空活动之中，我们通过分析这些数据来源进行定位分析，发现网空安全存在以下问题：（i）包含一些隐藏的（通常也是难以明确定义的）威胁；（ii）发生于存在大量上下文切换的概念环境（notional environment）；（iii）强调位置和空间认知（注意计算机中的空间不同于物理空间）；（iv）（发生网空攻击的）位置的表征，尤其是在有时间约束的情况下，这通常会是问题（这促使我们开发了一个视觉分析的工作台）；（v）从可被翻译（数据 - 信息 - 传感器的翻译）为语义描述的位置 - 时间－空间表征中追踪问题—情境的组合；（vi）通常存在预设的协作推理和直觉推理，其中与态势感知相关的人员和机器工具可能会是最有用的；（vii）数据越多并不一定越有用，因为可能产生过载并对理解造成混淆；（viii）工具不是很好用，并不一定能达到预期效果（通常与规模扩展问题有关）；（ix）过多地理解和处理更多信息可能导致精神疲劳和透支（导致进入无意识状态）；（x）经常存在孤立情况，即不存在共识，导致无法以有效的方式解决问题。

考虑到上述问题的存在，我们发现与感知相关联的可能影响是非常重要的。态势感知的出现和消失，取决于在给定时间点已知晓或未知晓的信息，这充当着团队环境中成员之间的隐藏知识。随着复杂性的增加，人们的注意力焦点可能变得模糊、支离破碎和分散（更多表明运行中无意识状态的证据）。当攻击行为次数较多且时间分散时，以及当态势感知时有时无时，理解攻击会是令人困惑的工作。虽然还有更多能够代表重要发现的各种见解，但本文的定性研究部分更侧重于最近对学生进行的定性研究。（参见 Tyworth 等人[44]的论文，了解更多关于其他涉及个人和团队分布式网空认知的定性研究信息。）

地区性的学生竞赛。近期在网空分布式认知方面的主要研究目标之一，聚焦于我们的安全和风险分析（SRA）学生作为学生团队参与的区域性网空威胁演练。该目标代表着对通过知识抽取访谈形式直接获取的定性数据的更多需求，进而可以使用这些数据来填充初始的基于概念图的模型。

准备和开发。我们得到了与信息科学与技术学院安全俱乐部的一个项目接触机会，该俱乐部成员参加了中大西洋地区大学生网空防御竞赛。因此我们作为研究人员能够制订一个定性研究方案，以确定这些学生在面对高度吸引注意力的网空安全威胁情境时如何解决问题并做出决策。作为竞赛的一部分，他们被要求参与解决一个挑战问题。

挑战问题。以下内容描述了他们在区域性竞赛中为解决挑战问题所做的工作。

他们所做的工作是典型的网空防御活动。他们被给予了两个 Linux 服务器和两个 Windows 服务器的远程访问权限，以防御在现场的"红队"攻击者。他们还被要求执行动态插入的任务：典型的系统管理任务、账户创建、数据库更新等。他们对所保护的系统拥有完全的管理访问权限，因此可以做任何想做的事情。典型的任务包括列举和保护具有管理访问权限的账户（修改默认口令）、识别并使用补丁程序更新软件、修改软件配置以关闭不需要的服务等。在演练期间，学生需要识别出什么（配置、补丁、账户和服务）出现了错误，弄清楚攻击者是否能利用这些漏洞来攻击控制系统，并且在能够定位到攻击者所获得访问权限的情况下关闭攻击者的权限。

方法。定性研究的参与者是从参加全国大学生网空防御竞赛（CCDC）的学生团队中招募的。给学生们描述了该项目之后，他们签署了知情同意书，并接受了研究人员的询问，包括他们的团队经验、参加过的培训和准备活动，以及对竞赛及其队友的理解。访谈过程会被录制下来，同时也做了手写记录作为对数字录音的补充。

当所有访谈完成后，通过转录服务将数字录音逐字转录为数据。在录音无法听见的情况下，就使用访谈主持者的手写笔记来进行说明。两位研究人员合作分析了所有这些数据。关键短语从转录文档中被抽取出并放入一个电子表格。一旦识别出关键短语，相同的研究人员就会共同识别出主题（theme）和类别（category），以创建编码表（coding scheme）（见表 1）。这套编码表会再次被两位研究人员协同地用于对先前识别的每个关键短语进行分类。在分类不存在的情况下，编码表会被修改，然后该过程继续如常进行。

表 1　用于分析访谈的编码表

4	问题解决	识别、应对和解决问题所必需的活动
4.1	行动计划的策略	—
4.1.1	在团队中分享	—
4.1.2	个人策略	—
4.2	进程	明确表达应对问题所必需的书面或非书面计划
4.2.1	过程本身	问题解决的过程是什么
4.2.2	适应性	出现新信息或发现故障时过程的灵活性
4.3	问题监测	跟踪和记录问题的活动和技术
4.3.1	问题的初步识别	—
4.3.2	问题的更新	—
4.4	过程监测	跟踪和记录问题解决的过程
4.4.1	策略	对用于问题解决的活动是否有监测

续表

4.4.2	结果	是否是期望的结果，或适合于任务的结果
4.5	再评估	—
4.6	错误	出现错误时发生了什么
4.7	工具	—
4.7.1	信息技术	—
4.8	优先项	—
4.8.1	更新至	—
		—
5	计划	以具备成功所必需的技能、人员和知识为目的的活动

结果。编码表应用的结果使得在所有访谈中有特定的代码出现频率。这凸显了分布式认知、态势感知以及个人和团队认知的特质，因为它与学生对挑战问题的识别、探索和解决有关。

除了理解整套访谈和编码表的内容，研究中还制订了一个计划，以产生学生分布式认知的描述性模型，从而确定态势感知如何在知识、上下文环境和过程中涌现出来。选择使用概念图[48]作为一种灵活的轻量级的认知模型，由对访谈进行编码的相同研究人员，通过利用访谈的原始文本和编码表结果产生的出现频率，来协作制订该概念图，并且为产出一个整合的认知叠加模型（an integrative,overlay model of cognition）（见图 4）制订整体计划。

为了启动这个计划，完成的第一阶段工作包括创建一个声明性（declarative）概念图来表示在编码表（适用于实际的访谈文本短语）中的一些主要发现，从而为构成网络运行团队合作中分布式认知的基础的知识，提出一个第一级模型。声明性概念图进而代表了整体叠加层中的第一要素——意图。其他要素（解决方案路径、证据中的团队合作、所展示的认知过程）也需要在下一阶段的未来工作中得到充分开发，以填充整个认知叠加模型。第一级模型（见图 4）在很大程度上受到了计划和重新计划活动的影响，并明确了不确定性在完成整体挑战问题中所起的作用。通过仔细研究这个初始的概念图，我们发现，关于个人和团队如何界定挑战问题由什么构成，进而如何着手解决它，还有很多内容需要进一步研究。所有这些内容既有助于了解网空威胁活动的理解能力，又有助于提升了解如何使用能够促进信息融合和团队协作的新认知技术。

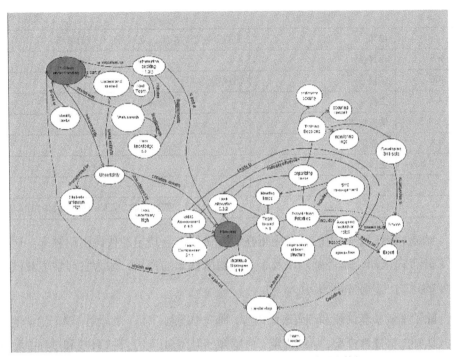

图 4　意图－解决方案路径的声明性概念图（见彩图文件）

启示。很明显，在团队中一起工作的学生往往绞尽脑汁地去理解如何解决所面对的问题，或如何在协作中获得集体智慧所带来的好处。对于组建的团队而言，这是一个困难的过程，因为它需要将团队合作过程中的策略性知识与解决当前问题所需的具体知识融合在一起。

此外，对他们注意力的管理也成为一个具体化的议题，他们不得不花时间确定作为个人该如何工作，而作为一个互动的团队又该如何合作，包括确定"职能分配"（谁将使用什么工具在何时做什么？）。这是更多地具体聚焦于计划的第一级概念图，而且它是可以作为层次化表征的部分而被生成的若干个概念图中的第一个。

4　定量研究：模拟、设计原型和试验

这个研究轨迹中的大部分工作是相互关联的，因为我们经常设计比例世界（以及其中的场景）用于"人在环中"模拟，以进行问题－议题－约束的具体研究，其中该过程是由参与在特定问题空间中的新手和/或专家所揭示出的（如在前文定性研究部分所介绍的参加美国中部地区演练的安全和风险分析的学生新手）。因此，在最基础的层面上，比例世界被设计用于反映实践中存在的广泛问题空间，并将其缩小为在试验中可驾驭的模拟仿真，并能够根据试验目标来进行控制和操纵。这样做的目的是进行试验模拟，使其既能够代表网空运行环境中的许多要素（因此看起来像一个真实的工作环境），又能够适用于测试和评估目的。为此，我们的大多数模拟场景，或者适用于对基于理论的理解（分布式网空认知和感知）进行测试，又或者适用于对比例世界（社会－网络系统）中创新原型的干预效果进行评价，看它是否会影响个人或团队的表现。一旦某个原型经过测试而且其设计能够对比例世界产生正面的影响，就说明它已经处于就绪状态，能够应用于其设计的现实世界上下文环境。如果 LLF 将技术演化到这种程度，那么它们将被放入现实世界上下文环境中进行实际应用测试，并且再次开始理解循环。目前我们还没有将原型放入实际的实践工作中，因为它们仍需要在不同条件下进行进一步的测试。

这些模拟仿真体现了人－环境的交互，并具有强烈的生态性和语境主义特点，因而在某种意义上绝对是根据我们的世界观而设计的。当某种形式的"状态变化"从上下文环境中涌现出来，并需要人员以某种方式做出动作，以引起正面变化来对问题－计划－子问题－结果的过程进行处理时，这种交互就会发生。实际上，我们设计的所有模拟仿真都代表着一个人员或团队所必须应对的在认知－语境连续体中的变化。可以基于在各种状态中产生变化的涌现事件创建出动作的可供性，然后可以通过应用不同类型和数量的资源（效应）来加以解决。某些团队角色会限制谁可以在什么时间做什么，但这种句法结构（syntax）共同创造了复杂性，其代表着通常具有时效性的现实世界网空情境。感知来自对涌现情境的理解，其中这种理解基于对情境内事件的评估，而且也来自对资源在解决事件时所产生正面影响程度的理解。社会－网络系统的发展往往源于对新技术的开发，这些新技术能够特定指示关于可供性的信息，以使其更加可见或可知，延展适合于效应的条件，促进基于状态变化预期的感知，并共享隐藏的知识以在任何时间点都能创建具有更大影响的通用运行图景（common operational picture）。任务可能需要个人层面的分析式调查过程，但也可能需要信息共享和集体归纳。通过模拟现实世界事件，可以获知许多以前没有考虑过的情况。这就带来了"知识作为设计"的情况，并产生了与网空安全关注问题相关的新思想和新概念。

模拟仿真具有内建的依赖测量（dependent measures）机制，就是根据个体或团队所解决发生在模拟中的情境－事件总数，以根据它们被解决的程度或水平，对工作表现接近最优水平①的程度进行累积。这些模拟需要对问题的理解、需要对涌现出的变化的了解、需要与团队成员就正在发生的事情的各个方面所进行的沟通，并且需要大量代表他们所负责的特定角色的个人工作。由于模拟中经常会呈现动态发生的网络事件，因此必须重新制订和修订精心布置的计划。这模拟了不可避免的重新计划活动，这通常会是在面对复杂性和进行问题解决时所遇到的非常棘手的难题之一。当重新规划成功时，人－环境交互会取得进展并且问题也会消散。在许多情况下，分布式的社会性相互依赖关系是需要注意的重要的考虑因素（网空感知会发展并发挥作用，体现在工作表现是会提升还是下降），因为它们会造成不确定性以及对分析式推理的需求，同时这种依赖关系也会严重依赖于对时间的感知。模拟设计提供了对实际试验的实现，其中会操控试验的自变量（independent variable）以观察对因变量（dependent variable）的影响效果。通常，模拟中还要管理必要的控制变量（control variable），以免引入新的额外变量（extraneous variable）。通常如上文所述，比例世界模拟可以测试从待检验理论中得出的给定假设，但它也可以测试新技术的不同状态，从而作为整体研究的一部分，以了解新技术如何与其他试验变量相互作用。其中，比例世界、试验和技术原型紧密地耦合在一起，用于对代表现实世界问题详述的领域内的观点和概念进行评估。

已开发的特定网空模拟。在 MURI 项目的前 4 年，其中一个重点领域是指定、创建和构建模拟，以模拟网空分布式认知中的显著元素、网空态势感知的显著元素以及社会－网络系统中创新的显著元素。这些模拟的目标是提供一定程度的灵活试验控制，其中这种控制会对场景的设计生成产生影响，并提供可被激活的用于"人在环中"试验的定量测试平台。相应地，我们通过开发 4 个特定的世界模拟器来实现我们的目标：CyberCITIES、teamNETS、idsNETS 和 NETS-DART。CyberCITIES 模拟是我们在网空领域的第一个模拟器，其任务聚焦于识别和利用网空安全中围绕访问控制的信息[36]。因为这些

---

① 原文为"optical level"，与整体上下文语境偏离极大，因此怀疑此处为"optimal"的笔误。——审校者注

模拟器已在别处有报道和描述，所以我们不会在这里详述，具体参见 Tyworth 等[44]的研究。从各方面来看，这些模拟器都成功地为网空安全运行的不同方面提供了充足的经验，尽管其中有一些限制并基于一些假定。所有模拟要解决的基本问题之一是确定为学生提供多少培训。实际上，培训和学习的主题是可能由模拟延展开的领域，因为随着时间的推移在培训中会产生以前不存在的见解、专业知识和感知。这就需要实际开展纵向研究，强调对元认知活动的学习，在需要时对知识的自发获取，以及如何作为一个团队有效地操作和整合知识。虽然大多数试验都侧重于单次研究（一次完成），但我们认为 LLF 最适合在进行纵向模拟时实施。

所有模拟都聚焦于涌现场景设计中对个人和团队的认知要求，而且必须以严格的方式对场景中的不同事件进行评估和处理。这些模拟绝对需要跨信息 – 角色 – 上下文背景耦合的相互依赖关系，并且所有模拟都代表了对分析式思维的要求，以及代表了与队友进行沟通以获得可接受成绩的需要。模拟还提供了一个双向测试平台，其中定性研究的输出可被作为开发基于现实的场景的基础。虽然这些模拟中的每一个都被限定于它们自身所能做到的，但它们为在特定的网空分布式认知上下文环境中产生出态势感知和情境行动（situated action）提供了基础。同样，模拟的设计使得可以在模拟中对新的原型进行配置。这使得能够对新的创新进行"人在环中"测试，并将其与控制案例和显著的试验变量进行比较，其中这些试验变量代表了我们之前识别出的一些问题状态和议题（如时间压力）。

模拟都是基于客户 – 服务器技术，其中在试验者的工作站上实现指挥控制。图 5 中的图片显示了一些模拟的实验室装置。个人工作站显示在顶部和底部图片上（在进行试验时，参与者作为个人、紧密联系和互动的团队成员或者伪分布式团队环境的成员参与试验）。图 5 中间的图片显示了我们的极端事件实验室，它支持三维可视化试验，支持对三维声音的利用，即声化数据（sonified data）交互实验，以及支持可视化/声化组合的交互。

这些模拟可以提供分布式空间（团队成员通过界面和聊天室连接在一起，但彼此间相距很远）、分布式信息（信息必须在个人和团队层级融合在一起才能解决任务需求）和分布式上下文环境（在某些模拟中，必须发生上下文切换，使其给感知造成困难）。因此从这个意义上说，这些模拟被设计为绝对分布式的。

图 5　网络操作的实验室环境

"人在环中"试验研究

　　作为 LLF 中理论－问题－技术的反馈循环之间联系纽带的一部分，我们利用这组模拟进行试验，这些试验有助于在总体上了解和理解网空分布式认知，以及具体地了解和理解社会-网络系统中的感知如何演化。"人在环中"试验的目标是在不同约束条件下测试个体和团队的认知，从而对理论观点，以及对旨在发现机会型问题解决中新可能性的假设进行评价，并且对困难问题的创新解决方案进行开发与测试。我们设计并实施的这组试验，仅仅是给定模拟能力所能实现的各种试验的一部分，但是这也是我们迄今为止有相关数据的试验。这些研究作为一个整体表明，认知－上下文环境－沟通－计算－团队合作都以不同程度在成功的问题解决中发挥作用。我们使用 teamNETS、idsNETS 和 NETS-DART 模拟产生的设计、实施和评估已在 Tyworth 等人[44]的论文中描述过，但还是在这里被引述，以便为我们如何使用新的模拟提供更多的启发。以下内容描述了为进一步理解网空运行中的认知科学而进行的试验。

"我们使用比例世界模拟进行了试验。一组试验对交互记忆和 CDA 进行了检验。为了进行这些试验，我们更新了 NeoCITIES 比例世界模拟（Jones 等人，2004；McNeese 等人[28]），以更好地支持网空安全环境的动态性和（信息）丰富性特质。NeoCITIES 试验任务模拟（NETS）作为一个新的模拟，已经扩展到支持更丰富的场景和复杂的决策制定。目前 NETS 的实现（称为 idsNETS）已经使用入侵检测数据来实施，以模拟入侵检测分析人员的角色。我们计划扩展 NETS 的功能，从而能够模拟未来从其他运行领域识别出的方案。

对于我们自己的研究，我们正在解决同步的分布式协作中交互记忆系统的形成和维护问题。为了研究这一问题，设计了一个新版本的 NETS（teamNETS）来模拟网空环境中的协作式问题解决任务。我们通过许多增强功能来扩展了此版本的模拟，以更好地支持我们的研究问题，其中大多数是交互记忆研究。在此研究中，每个团队成员都被分配了一个特定的专长，而且为了实现较高的工作表现，他们有必要进行沟通和分享相关信息以解决不同类型的事件。从这项研究中，我们希望了解这些交互记忆系统是如何在分布式协作中形成的，以及如何能够设计出新系统以更好地支持此过程。

交互记忆首先被 Wegner[46]概念化为"对其他人员知识的人际意识（interpersonal awareness）"，并且可以概念化为网空态势感知的一种特殊形式，而不是关注或意识到网空环境中的一些方面，即你的意识是基于你的协作者的网空知识、活动和行为。一个有效的交互记忆系统可以让人们快速且协调地访问另一个人的专业领域专家知识[21]。大量研究表明，团队的交互记忆系统与其在协作任务中的工作表现之间存在正相关关系[6,30,33]。

虽然交互记忆是团队研究中的一个重要方向，但主要是从管理或组织心理学角度来看，通常只考虑人员。自该方向创立以来，技术和信息已经发生了巨大的演变，尽管交互记忆一直保持不变。研究主要集中在探索其在新领域的效果，并将这一概念扩展为一种研究工具，但没有人研究过新技术会如何改变我们人类使用这种交互记忆的方式。为了将交互记忆带入 21 世纪，我们必须了解交互记忆是如何通过同步的分布式协作系统、社交网络和众包知识库来进行改变的。

正在进行的第二组试验，以研究任务负荷对参与者建立和维护网空态势感知并确定任务优先级的能力所产生的影响。维护网空态势感知在某种程度上取决于确定注意力优先级的能力。网空防御分析人员必须处理与潜在威胁相关联的告警，并在时间限制内对其做出响应，这需要根据威胁级别来确定事件的优先级。但是，高水平的认知工作量可能会限制分析人员将注意力集中在优先任务上的能力。某些事件中威胁级别的意外激增可能无法被及时注意到。提供有关预期威胁级别信息的界面，可以促进分析人员应对意外激增情况的能力。

在这组试验中，我们使用 NETS-DART 比例世界模拟来探索工作负荷预览（workload-preview）对双任务网空安全事件监测上下文环境中的工作表现的影响。模拟提供了一个双任务环境。主要任务和次要任务代表着机构组织中的内部网络和外部网络。向所有参与者呈现了两种类型的场景：常规场景和激增场景。两者之间的区别在于，激增场景包括次要任务的事件，这些事件随着威胁级别提高而增长并超过并发的主要任务的事件。试验结果有望提供关于工作负荷预览对多任务网空安全上下文环境中注意力分配、任务管理和网空态势感知效果的深入见解。

完成之前的模拟（teamNETS、idsNETS 和 NETS-DART）后，我们开始对被设计为与实际网空安全运行强相关的模拟进行开发和测试。这产生了全新的被称为控制论团队模拟（CYNETS）的比例世界模拟开发成果。以下部分描述了使 CYNETS 成为现实的持续工作。

CYNETS 模拟器概念验证

在本文的这一部分，我们转向最新的模拟的概念验证，即 CYNETS。

准备和开发。在我们的 CYNETS 模拟中内在地存在着对基于现实的硬数据创建场景的期望，从而提供坚实的比例世界感觉，而其中对分布式团队的集体需求将会被绑定至对硬数据和软数据的整合。此外，我们需要一个具有场景的模拟器，其中场景需要包含发现－信息的搜索、团队的沟通/协调、认知的处理，以及其中一个定义不清且不确定的任务，而且该任务能够达到一个程度，使其对网空态势感知来说变得不可或缺。

CYNETS 任务。模拟演练分析人员所开展的工作是典型的网空防御活动。他们被给予了两个 Linux 服务器和两个 Windows 服务器的远程访问权限，以防御现场的"红队"攻击者。他们还接受了被动态插入并被要求执行的任务，即典型的系统管理任务、账户创建和数据库更新等。他们拥有对他们所保护系统的完全管理访问权限，因此他们可以做任何他们想做的事情。典型的任务包括列举和保护具有管理访问权限的账户（修改默认口令）、识别并使用补丁程序更新软件、修改软件配置以关闭不需要的服务等。在演练期间，学生需要确定什么（配置、补丁、账户、服务）出现了错误，弄清楚攻击者是否能利用这些漏洞来攻击控制系统，并且在能够定位到攻击者所获得访问权限的情况下关闭攻击者的权限。

模拟数据。为了开发硬数据融合要素组件，试验模拟数据是在实验室环境中从一个类似角度来创建的。模拟数据是由实验室中的计算机网络所制造的，其模拟了由名为"ABC"的虚拟机构组织中的计算机所组成的一个活跃网络（见图 6）。ABC 网络包含 3 个服务器和 25 个工作站。提供给模拟演练分析人员的数据来自一个被用于整个网络的 Windows 2012 服务器上 24 h 的登录/登出日志数据。

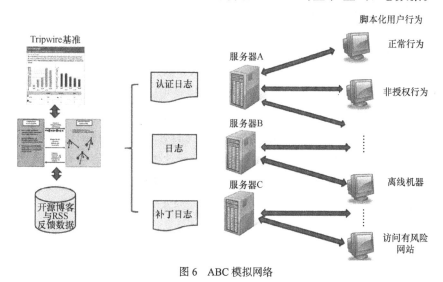

图 6　ABC 模拟网络

在此 24 h 周期内，通过在计算机系统上登录或登出账户，从而在服务器的 Windows 安全日志（Windows Security Log）中创建实际的日志条目。虽然成功登录和登出事件的实际事件被输入至身份认证服务器的安全日志，但这些事件并不是通常在那里被显示的仅有事件。Windows 域对待用户的方式，与对待计算机的方式类似，因为都必须登录和登出。但是，系统的身份认证会更加自动化。此外，当用户认证和访问网络服务时，也会在日志中出现其他的认证记录，以包含联网用户每次访问一个不同的网络设备时所产生的认证记录。这种相对于正常活动的噪声经常掩盖了身份认证失败和账户滥用的真正问题。呈现给模拟参与者的数据集具有一定程度的正常噪声，但总体上仅限于成功登录、成功注销和不成功登录事件。一系列失败的登录尝试被嵌入在所提供的身份认证数据集中，跟随着一个最终成功登录的事件。这模拟了可能导致账户盗用的密码猜测行为。

此外，模拟中使用了同样的 24 h 周期，并将一些病毒复制到计算机上。允许使用防病毒程序，以检测这些文件并采取适当的措施，即删除或隔离这些具有恶意代码的文件。与新的防病毒定义的更新记录一起，这两种类型的记录进入防病毒数据集中。为了模拟不成功的防病毒操作，在一个系统上重复制造防病毒告警。这模拟了某些防病毒应用程序的行为，即一套恶意软件被安装在系统上，而且一旦删除它们，该套件的其他部分就会重新安装。这表明存在未被检测到的恶意软件，因为出现了对该套件的若干组其他部分的反复成功删除。与一组过期的病毒定义结合在一起，分析人员可以得出的结论是，系统肯定感染了恶意软件，但是没有被旧的病毒定义所检测到。

最后的一组数据是补丁管理数据集。在这种情况下，我们创建了一组正常进行应用更新的记录。然而，我们也故意让一个系统离线一段时间，以显示出缺少可被用于该系统的更新的情况。此外，我们对另一个系统的硬盘驱动器进行了填充，以防止它安装补丁程序。该系统显示"更新失败"，主要是因为驱动器已满。从这些系统中查看记录的网空分析人员能够将其解释为这些系统需要得到关注，并通过上手操作来确定它们没有收到补丁的原因。

方法。我们通过宾夕法尼亚州立大学信息科学与技术（IST）学院的信息科学与技术（IST）课程招募了 3 个三人团队。每个人被随机分配到一个模拟的角色：（i）Windows 身份认证分析人员（WAA）；（ii）反病毒分析人员（AVA）；
（iii）Windows 更新分析人员（WUA）。如上文所述，每个角色都会负责通过
此前描述的模拟日志来识别出反作用机器（reactionary machine）和问题。

当进入实验室并签署知情同意书后，参与者将会接受随机选定的角色，并
接受一个"预审式"的人员基本信息调研。随后，他们被指示要求通读角色特
定的 PowerPoint 演示文稿以进行培训。在所有参与者完成阅读培训演示文稿之
后，开始 5 min 的培训场景，从而使参与者能够熟悉界面和任务。当培训场景
完成后，参与者将参与一项调研，以使用 NASA-TLX[13]、SART[43] 和 MARS[23]
等评估工具来量化他们的个体态势感知。

调研完成后，参与者将接受一个额外的培训场景，然后是另一个态势感
知调研。在两种培训场景之后，参与者会接受一个关于场景和适当响应的快
速情况报告。接下来，再开始第一个场景，完成之后是相同的个体态势感知
度量，但添加了共享态势感知清单（Shared SA Inventory，SSAI）[39]。随后，
要求参与者再次完成第二个场景以及相同的态势感知调研和 SSAI 调研。完
成最后的调研后，参与者会就虚构的场景本质进行汇报，并获得致谢。

结果。首先对 3 个团队进行了模拟仿真的测试，以评估可行性并获得上述
工作表现度量指标。模拟仿真进展良好，参与测试的学生能够以个人的身份和
团队成员的身份发挥网空分析人员的职责，并作为任务的一部分，识别出常规
网空活动和威胁活动。虽然初始的概念验证已被概念化、实施和测试，并且达
到了试验者的预期，但还期望进行更稳健的测试和试验。这将作为下一阶段的
工作在后文中讨论。

启示。CYNETS 的比例世界模拟代表了一个具有挑战性的网空运行环境的
开发成果，能够仿真现实世界的威胁评估，而且这种评估涉及跨个人和团队合
作职能的分布式认知。因此，它提供了在新兴环境中对硬数据融合（和潜在的
软数据融合）的理解进行扩展的能力。其启示是，本报告开头提到的研究问题
可以被带入实验室环境进行研究，以进一步阐明在网空防御中的态势感知。关
于在设计上以人为中心的认知技术，对其的进一步研究工作可以被嵌入模拟器
底层的信息架构中，该架构被设计用于进行精确的"人在环中"测试，以确定
它们如何提高人员/团队的工作表现。

创新的原型技术

视觉分析测试平台。在关于网空态势感知的多学科大学研究计划（MURI）的研究期间，我们对辅助网空分析人员的工具和可视化技术进行了研究。已经开发出了许多的可视化技术来辅助对网络系统的可视化展现和分析[40,41]。特别是，N. Giacobe[10]开发了一个原型的网空分析人员工作台，如图 7 所示。该工具扩展了提供网络类型（network-type）显示的典型概念（如在地理地图的显示上叠加计算机网络拓扑图、网络"交通流量"显示、攻击地图、连接图等），以联系至基于文本的数据（如网空 - 网络传感器数据，以及关于网空攻击活动的报告）与社交网络信息（表明潜在的威胁犯罪者）、时间轴信息以及持续由分析人员产生和维护的假设与说明。其目的是探索网空分析人员如何进行态势评估，可类比于分析人员对传统非网空军事行动进行态势分析的概念。实际上，Giacobe 探索了 JDL 数据融合过程模型在网空安全应用中的适用性[8]。

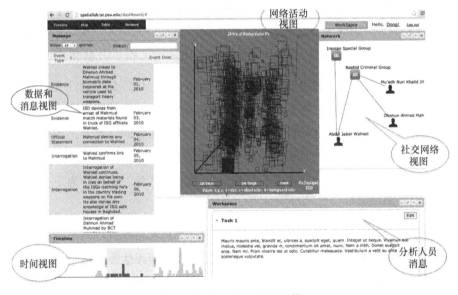

图 7　原型的分析人员工作台[9]

复杂事件处理

除可视化辅助工具之外，在 MURI 项目的研究工作中也探索了用于检测网空事件和活动的自动化工具。复杂事件处理（CEP）的概念已经从商业社区和危机管理领域涌现出来。针对为涌现活动或事件提供证据的条件、可观察对象和上下文信息，该概念涉及为其开发一种显式和隐式的表征。Rimland 和 Ballora[39]探索了 CEP 在网空攻击检测中的应用。他们的架构方法如图 8 所示。除考虑 CEP 方法之外，他们还探索了将网空数据转换为声音（可听化）以改善分析人员的使用界面（将网络状况转换为声音，这样分析人员可以更容易发现异常情况）。

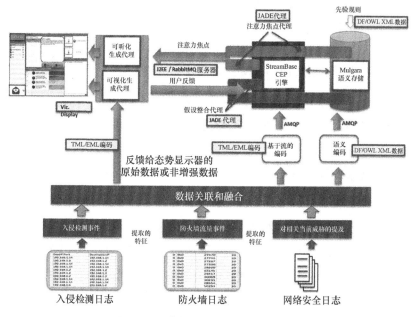

图 8 网空态势感知中的 CEP 处理架构

讨论/未来研究工作

现在所开展的工作是为了进一步发现、理解和预测态势感知是如何在分布式网空运行（个人和团队合作）中出现的。虽然这是一个宏大的目标，但上述研究（结合我们前 5 年的 MURI 研究）已经开始在这些领域取得了一些必要的成效。特别是我们设计、实施并提供了 CYNETS 比例世界模拟的初步概念验证，其中涉及围绕着一个涌现的对抗性威胁情境的分布式信息融合。虽然模拟的第一个试验的设计和测试仅包含了硬数据融合，但是在未来的研究中，比例世界被设计为包含软数据融合，以进一步外推（extrapolate）出网空态势感知的细微差别，因为网空运行总是被用于常规和非常规的机会性问题解决（方案）集合。

在信息科学与技术学院安全与风险评估（SRA）专业学生的帮助下，通过使用涉及"人在环中"试验的场景，我们验证了比例世界的使用与测试可以创建出一个网空安全的真实仿真，其中使用了来自网空安全人员日常活动的典型数据表达和数据运用。该模拟可以提供对个体认知过程和团队认知过程的分析，以理解和发现特定的问题与议题，进而预测正确的答案或复杂的解决方案。这种类型的模拟还可以用作额外的工具，来区分个人和团队没有提出完全正确答案的原因。这体现了"失败驱动的学习"（failure-driven learning）的方法，其中随着时间的推移可以通过使用和交互发现正确的答案。

同时，它还能够评估和分析，从而理解为什么错误的答案或程序，可能引起对认知模型中的错误和/或网空态势感知产生方式的学习障碍，并进行检测和隔离。了解为什么态势感知不会被包含在个体以及群体中，可以提供以人为中心的认知技术的开发基础（而不是盲目地将技术都试用一遍，再看哪些是好用的）。

除开发和测试 CYNETS 模拟之外，我们还获得了一个额外的特殊机会，可以接触参与地区性网络安全演练的 IST 学生。这个接触机会使我们能够询问学生相关问题，特别是关于处理网空威胁情境的计划（无论是个人还是团队），这使我们能够从与基于试验设计和模拟的方法不同的替代理解模式的角度，以一种不同的方式来探索学生如何识别、定义、调查和解决（或没有解决）问题。其重要性在于：（i）它被视为是学生团队中的最高水平（大约在 2015 年）；（ii）它由完全意识到内在问题和约束的政府官员所提供，并且在其中展现出了棘手问题[3]存在的迹象；（iii）这些学生很快就会成为网空分析人员，因此了解他们如何解读网空世界，分析他们在分布式认知和网空态势感知方面存在什么不足，都是非常重要的，因为他们代表着将要对抗未来威胁的新一代。

决策中许多上下文的且与人相关的要素会发挥作用（如他们如何组建团队和运用专业知识，他们如何计划和重新计划问题，即元认知动作），他们如何判断在一个给定的解决方案路径上应当跟进到什么程度，他们如何做出团队决策等），这些要素会真正影响他们整体的感知，包括他们是谁、事物如何共同运作，以及涌现的上下文环境如何限制他们在有限的时间内（时间压力）能够做些什么。像许多复杂问题一样，不确定性和对不确定性的推理会影响相互依存的问题要素的方向性，以及影响他们如何意识到威胁是什么、存在于何处，以及是否是当前的。

我们对学生进行定性访谈的目的，是对访谈结果应用一种编码表，相对于我们过去 6 年来在研究工作中的方向，即主要致力于分布式认知的世界观，其强调学习以及代理（人员或计算代理）和环境之间不断演化的交互。一旦我们的编码表被应用于访谈结果上，我们就可以使用它来开发基于概念图的初始描述性模型（主要关注计划以及人们如何解决演练中存在的问题）。概念图提供基于描述的认知模型，其能够以不同的方式被灵活地使用，但主要是作为源自知识抽取活动的轻量级知识表征分类（knowledge representation typology）[48]。我们将在后文的"未来的研究工作"部分中进行更多讨论。

不过，我们使用实况实验室（Living Lab）方法中的建模部分的总体目标是生成一个被我们称为分层式声明性概念图的模型。这对在特定上下文环境中面对特定挑战问题的初级或专家级网空分析人员的声明性的（以及某些程度上是策略性的）知识进行了建模。因此，当一个人或团队通过解决出现的问题而演进时，会采用认知和语境主义层面的理解和思考。因为概念图是分层的，并且在概念－关系－概念的句法结构中根深蒂固，所以它是最大限度灵活的，而不是过度约束的。学生的访谈所产生的编码表和概念图，可以用来与专家的概念图进行比较，以获得进一步的阐释，并激发对培训的具体要求。

概括地说，我们在研究中有许多发现。然而关于分布式认知、信息融合和团队合作，还有更多需要被发现，因为它有助于在网空防御中建立态势感知。这里采取的方法是对实况实验室的各个组成部分不断进行循环，以便最终实现影响现实世界中实践的意图：（i）真正有改善作用的有效的认知技术；（ii）面向涉及复杂网空安全问题的个人和团队的创新型培训。下面我们将讨论在过去几年的研究基础上的未来的研究工作。

未来的研究工作。如果我们从已经完成的研究工作往后退一步来看，就很容易发现新的研究方向和对可能产生效果的扩展。我们将简要讨论下一阶段需要做些什么，以进一步确立这一研究方向。

　　首先，对于试验研究，我们认为下一步将是包含 CYNETS 的全面的试验研究。我们希望运行一种试验设计，其中硬融合与软融合的访问交叉结合。在这种情况下，软融合代表了所搜集的关于在场景过程中出现的威胁的具体情报。这将与硬融合元素组件形成互补，并增加团队合作组件的动态性。这将为发布（假设能够获得显著的效果）提供更全面的测试和实际的试验评估。对软融合元素组件的编排，可以是在给定时间点仅向一位团队成员提供的信息（简单的软数据融合），或者可以在不同的时间点向所有的 3 位团队成员提供的独特信息（复杂的软数据融合）。有试验证据表明团队成员只会分享他们认为独特的信息，如果是这样，那么网空上下文环境中集体归纳的可能性就真的会受到限制。我们的目标是尝试利用 ROTC 学生（作为一种更具美国国防部背景的学生群体）进行试验，并与 IST／SRA 学生（他们可能更了解网空系统中关于技术和安全风险方面的知识）进行比较。

　　其次，编码表数据可以被进一步填充成更完整的概念图，其采用的层次的表征将把构成态势感知和分布式认知过程的知识的不同观点结合在一起。第一步是根据所计划的叠加概念映射类型（the planned overlay concept mapping typology）（见图 4）生成其他基于知识的声明性、程序性和策略性概念图。按照 AKADAM 技术的传统理念[48]，计划使用轻量级概念图模型作为基础：（ⅰ）确立用户需求；（ⅱ）定义新的界面或认知技术，以获得 Perkins[34]所称的"知识作为设计"。研究轨迹是在每个要素上使用被完全填充的层次化概念图，将其作为原型设计的基础，以改善个人和分布式认知活动中的态势感知。

　　然后，试验结果可以与定性研究合并，以将我们研究的各个方面结合起来（如研究的自变量可以直接来源于对定性数据的推导），同样试验结果可以为参与态势感知的网空分析人员和分析团队更好地认知模型提供信息。

　　最后，另一个未来的目标是阐述描述性轻量级模型，并以抽象层次结构（abstraction hierarchy）和认知决策阶梯（cognitive decision ladder）[35]的形式创建新的中量级模型。这些模型比概念图更强调结构和功能，但是给出了现存的实际语境变体，并为在学习过程中的见解提供表征。这很重要，因为这两种模型都建立了网空运行中自适应可弹性恢复感知系统的认知系统工程，这是在高度分布式环境中演变的不确定信息融合所需要的。最后，我们的目标是通过学生演练中的发现，以及通过试验设计，学习新的知识，以真正强化认知模型，并由此开发下一代技术。

参考资料

[1] Bransford,J.D.,Brown,A.L.,Cocking,R.R.: How People Learn: Brain,Mind,Experience,and School. National Academy Press,Washington,DC(1999)

[2] Brown,J.S.,Collins,A.,Duguid,P.: Situated cognition and the culture of learning. Educ. Res. 18(1),32–42(1989)

[3] Churchman,C.W.: Wicked problems. Manage. Sci. 14(4),B141–B142(1967)

[4] Cooke,N.J.,Gorman,J.C.,Myers,C.W.,Duran,J.L.: Interactive team cognition. Cogn. Sci. 37(2),255–285(2013)

[5] Descartes,R.(1664). L'Homme(treatise of man). Facsimile of the original French,together with an English translation by Hall,T.S.: Harvard University Press,Cambridge(1972). An abridged translation,by Stoothoff,R. is also available in Cottingham,J.,Stoothoff,R., Murdoch,D.(Trans. & eds.) The philosophical writings of Descartes,vol. 1. Cambridge University Press,Cambridge(1985)

[6] Ellis,A.P.J.: System breakdown: the role of shared mental models and transactive memory in the relationship between acute stress and tem performance. Acad. Manag. J. 49,576–589(2006)

[7] Endsley,M.R.: Toward a theory of situation awareness in dynamic systems. Hum. Factors J. Hum. Factors Ergon. Soc. 37(1),32(1995)

[8] Giacobe,N.A.: Application of the JDL data fusion process model for cyber security,in Multisensor. In: Braun,J.(ed.) Proceedings of the SPIE Multisource Information Fusion: Architectures,Algorithms and Applications,vol. 7710(2010)

[9] Giacobe,N.A.: A picture is worth a thousand alerts. In: Proceedings of the 57th Annual Meeting of the Human Factors and Ergonomics Society,San Francisco,CA,pp. 172–176(2013)

[10]   Giacobe,N.,Hall,D.-L.: Research opportunities and challenges for cyber systems risk management,30 June 2015,27 p.,technical report for Penn State Applied Research Laboratory(2015)

[11]   Gibson,J.J.: The Ecological Approach to Visual Perception. Houghton Mifflin Company,Boston (1979)

[12]   Greeno,J.G.: Gibson's affordances. Psychol. Rev. 101(2),336–342(1994)

[13]   Hart,S.,Staveland,L.: Development of NASA-TLX(Task Load Index): Results of empirical and theoretical research. In: Hancock,P.,Meshkati,N.(eds.) Human Mental Workload,vol. 52, pp. 139–183. North-Holland(1988)

[14]   Hayes-Roth,B.,Hayes-Roth,F.: A Cognitive model of planning. Cogn. Sci. 3,275–310(1979)

[15]   Hoffman,R.R.,Nead,J.M.: General contextualism,ecological science and cognitive research. J. Mind Behav. 4(4),507–559(1983)

[16]   Hutchins,E.: Cognition in the Wild. MIT Press,Cambridge(1995)

[17]   James,W.: The Principles of Psychology. Harvard University Press,Cambridge(1981). Originally published in 1890

[18]   Klein,G.: Sources of Power: How People Make Decisions. MIT Press,Cambridge,MA(1999)

[19]   Klein,G.,Ross,K.G.,Moon,B.M.,Klein,D.E.,Hoffman,R.R.,Hollnagel,E.: Macrocognition. IEEE Intell. Syst. 18(3),81–85(2003)

[20]   Laughlin,P.: Collective induction: Twelve postulates. Organ. Behav. Hum. Decis. Process. 80(1),50–69(1999)

[21]   Lewis,K.: Knowledge and performance in knowledge-worker teams: a longitudinal study of transactive memory systems. Manage. Sci. 50(11),1519–1533(2004)

[22]   Mace,W.M.: James J. Gibson's strategy for perceiving: Ask not what's inside your head,but what your head's inside of. In: Shaw,R.E.,Bransford,J.(eds.) Perceiving,Acting,and Knowing. Erlbaum,Hillsdale(1977)

[23]   Matthew,M.D.,Beal,S.A.: Assessing situation awareness in field training exercises. US

Army Research Institute for the Behavioral and Social Sciences(2002)

[24] McNeese,M.D.: Humane intelligence: a human factors perspective for developing intelligent cockpits. IEEE Aerosp. Electron. Syst. 1(9),6–12(1986)

[25] McNeese,M.D.: An ecological perspective applied to multi-operator systems. In: Brown,O., Hendrick,H.L.(eds.) Human Factors in Organizational Design and Management - VI, pp. 365–370. Elsevier,The Netherlands(1996)

[26] McNeese,M.D.,Cooke,N.J.,Champion,M.: Situating cyber-situational awareness. In: Proceedings of the 10th International Conference on Naturalistic Decision Making(NDM 2011),31 May–3 June,Orlando,FL(2011)

[27] McNeese,M.D.,Mancuso,V.F.,McNeese,N.J.,Glantz,E.: What went wrong? What can go right? A prospectus on human factors practice. In: Proceedings of the 6th International Conference on Applied Human Factors and Ergonomics(AHFE 2015) and the Affiliated Conferences,AHFE,Las Vegas,NV,July 2015

[28] McNeese,M.D.,Pfaff,M.,Connors,E.S.,Obieta,J.,Terrell,I.,Friedenberg,M.: Multiple vantage points of the common operational picture: Supporting complex teamwork. In: Proceedings of the 50th Annual Meeting of the Human Factors and Ergonomics Society,San Francisco,CA,pp. 26–30(2006)

[29] McNeese,M.D.,Vidulich,M.(eds.): Cognitive systems engineering in military aviation environments: Avoiding cogminutia fragmentosa. Wright-Patterson Air Force Base,OH: Human Systems Information Analysis Center(HSIAC)(2002)

[30] Moreland,R.L.,Myaskovsky,L.: Exploring the performance benefits of group training: Transactive memory or improved communication? Organ. Behav. Hum. Decis. Process. 82(1),117–133(2000)

[31] Newell,A.,Shaw,J.C.,Simon,H.A.: Elements of a theory of human problem solving. Psychol. Rev. 23,342–343(1958)

[32] Newell,A.,Simon,H.: Human Problem Solving. Prentice-Hall,Englewood Cliffs(1972)

[33] Pearsall,M.J.,Ellis,A.P.J.: The effects of critical team member assertiveness on team

performance and satisfaction. J. Manag. 32,575–594(2006)

[34] Perkins,D.N.: Knowledge as Design. Erlbaum,Hillsdale(1986)

[35] Rasmussen,J.,Pejtersen,A.M.,Goodstein,L.P.: Cognitive Systems Engineering. Wiley,New York(1994)

[36] Reifers,A.: Network access control list situation awareness.(Unpublished doctoral dissertation). The Pennsylvania State University. University Park,PA(2010)

[37] Rimland,J.,Ballora,M.: Using complex event processing(CEP) and vocal synthesis techniques to improve comprehension of sonified human-centric data. In: SPIE Proceedings,vol. 9122. Next-Generation Analyst II,22 May 2014

[38] Salas,E.,Fiore,S.M.,Letsky,M.: Theories of Team Cognition: Cross-Disciplinary Perspectives. Routledge,New York(2012)

[39] Scielzo,S.,Strater,L.D.,Tinsley,M.L.,Ungvarsky,D.M.,Endsley,M.R.: Developing a subjective shared situation awareness inventory for teams. In: Proceedings of the Human Factors and Ergonomics Society Annual Meeting,vol. 53,p. 289(2009)

[40] Shiravi,H.,Shiravi,A.,Ghorbani,A.: A survey of visualization systems for network security. IEEE Trans. Vis. Comput. Graph. 18(99),1(2011)

[41] Stall,D.,Yu,T.,Crouser,R. J.,Damodaran,S.,Nam,K.,O'Gwynn,D.,McKenna,S.,Harrison, L.: Visualization evaluation for cyber security: trends and future direction. In: Proceedings of the Eleventh Workshop of Visualization for Cyber Security,pp. 49–56(2014)

[42] Stasser,G.,Titus,W.: Pooling of unshared information in group decision making: Biased information sampling during discussion. J. Pers. Soc. Psychol. 48,48–1467(1985)

[43] Taylor,R.M.: Situational awareness rating technique(SART): The development of a tool for aircrew systems design. Situational awareness in aerospace operations,AGARD-CP- 478. Neuilly Sur Seine,France: NATO-AGARD,3/1-3/17(1990)

[44] Tyworth,M.,Giacobe,N.,Mancuso,V.,McNeese,M.,Hall,D.: A human-in-the-loop approach to understanding situation awareness in cyber defense analysis. EAI Endorsed Trans. Secur. Saf. 13(2),1–10(2013)

[45]   Young,M.,McNeese,M.: A situated cognition approach to problem solving. In: Hancock,P., Flach,J.,Caid,J.,Vicente,K.(eds.) Local Applications of the Ecological Approach to Human Machine Systems,pp. 359–391. Erlbaum,Hillsdale(1995)

[46]   Wegner,D.M.: Transactive memory: a contemporary analysis of the group mind. In: Mullen,B., Goethals,G.R.(eds.) Theories of Group Behavior,pp. 185–205. Springer,New York(1986)

[47]   Wilson,M.: Six views of embodied cognition. Psychon. Bull. Rev. 9,625–636(2002)

[48]   Zaff,B.S.,McNeese,M.D.,Snyder,D.E.: Capturing multiple perspectives: a user-centered approach to knowledge acquisition. Knowl. Acquisition 5(1),79–116(1993)

团队协作对网络安全态势感知的影响

Prashanth Rajivan，Nancy Cooke

美国亚利桑那州立大学人类系统工程系

摘要： 信息的复杂性和网络安全空间的广阔性让个体安全分析人员无法靠个人的认知能力真正实现态势感知。网络安全中的团队级别态势感知可以被描述为所有团队成员对重大网络事件的协同感知和理解，这是有效响应行动的基础。有效的团队合作对将个体安全分析人员的差异化认知和态势感知转化为团队层面的集体认知和态势感知至关重要。我们采用一种混合式研究方法，机会性运用现场观察、模拟、建模和实验室试验相结合的方法，对网络安全领域的团队态势感知进行研究和改善。本章总结的试验结果证明了团队合作在网络安全防御的各个层面的重要作用，以及团队流程损失对整体网络防御效果的不利影响。

1 引言

态势感知是对环境中正在发生或即将出现的相关变化的认知[15]。态势感知的概念最初用于描述飞行员对飞行相关变化的意识。在网络安全防御环境中，态势感知指的是个体网络防御分析人员（保护组织免受网络攻击的操作人员）对可能构成攻击/破坏的网络/系统活动变化的意识。

态势感知是一种动态的认知过程，个体或团体需要使用来自环境的新信息不断修改和更新他们的态势感知[16]。然而，即使是中型或中大型组织通常也必须管理大规模互连的（移动和非移动）系统网络以及包含若干已知（未修补）和未知漏洞的软件服务。计算机网络主要通过基于签名的监测设备进行安全攻击监控。这些监测设备会产生大量可能充满误报的告警。除了不可靠的攻击事件数据，大量系统日志和网络流量数据也被收集起来，用于分析和攻击检测。

因此，对必须处理大量信息的检测攻击的分析人员来说，网络安全中的信息环境可以被描述为一个大数据问题。高复杂性、信息过载和网络安全空间的广阔性使得任何一个分析人员或系统都无法仅依靠自己的认知能力，持续处理和更新信息，以实现真正的态势感知。

因此，网络安全检测任务需要大量的人工分析人员和众多技术手段进行全天候分工配合，以有效保护大型计算机网络免受持续的网络攻击/破坏。在信息过载的网络安全环境中，技术解决方案对实现良好的态势感知和攻击检测无疑是至关重要的，但目前想通过开发一些安全解决方案（如主机/网络入侵监测设备、网络映射软件、安全分析和可视化）就完全具备可靠的安全感知和威胁响应能力，仍是无法实现的。分析人员必须借助技术手段进行工作，才能对大量威胁信息进行分类分析，以检测攻击。在提出关于新威胁的假设，利用上下文知识根据严重性确定威胁优先级，然后以适当手段应对攻击方，分析人员的人工分析尤为重要。一定要认识到，态势感知中的"感知"既不是来自单个分析人员，也不是来自单个技术，而是来自人工和技术相结合的系统[25]。

攻击方不断发展，尤其是每天都在越来越多的硬件和技术上检测到新的漏洞。即使是借助高度智能化技术的专业分析人员，一个人所拥有的知识和专业技能是无法应对这些高度差异化的威胁载体的。因此，需要一个具有不同知识、技能和经验的高度协作的分析人员团队，才能使组织了解不断变化的威胁。此外，攻击活动的步骤越来越多（包含用于传递、利用、命令和控制等技术组合），因此不同的分析人员观察到的事件可能是跨越网络不同部分的更大攻击的一部分，或者可能是不同的分析人员在网络不同部分观察到的冗余攻击事件。攻击活动可能非常隐秘，具有战略性，可以包括非技术攻击媒介，如社会工程。检测此类攻击所需要的相关信息通常跨越时间和空间（不同的网络端点和系统），并且需要来自许多其他团队的输入才能成功检测和响应。因此，实现检测高级威胁所需的态势感知难度很大，需要团队的成员轮流值守，彼此协作和共享信息。这就需要了解这种工作体系的不同组成部分（操作员个人、操作员团队和技术手段）如何相互依赖地协同工作以实现态势感知，以及影响协作互动的因素。仅通过个体分析人员与他/她的技术之间的交互，不可能或难以实现完全的安全态势感知。团队和组织内的分析人员，在有利于人员协作的技术的支持下，需要有效地进行沟通，并相互分享信息和知识，以检测当前和可能发生的高度复杂的网络攻击。

此外，分析人员和技术不是在真空中工作运行，而是在组织安全这一复杂的社会技术系统的背景下运行。除大型计算机网络和多种威胁检测软件之外，该社会技术环境还包括若干操作人员和利益相关者（如安全防御分析人员和响应员），他们有不同的职责、能力和工作时段。比如，分析人员通常必须与系统管理员、数据管理员、物理安全团队、安全培训团队、软件供应商、最终用户、员工、隐私团队甚至法律团队合作，以维护组织的安全状况。

最后，组织之间关于新兴威胁载体的信息共享和协作对抑制新型攻击（如零日漏洞和攻击）向不同组织的传播也至关重要。组织之间的信息披露可能涉及披露新发现的漏洞、披露攻击/违规行为或披露主动阻止已发现攻击的举措。利用基于 Web 的工具，可以在组织之间进行信息披露。此外，政府还建立了信息共享和分析中心，以鼓励网络安全信息交换。但是，机密性、法律影响、披露成本和品牌声誉在很大程度上抑制了组织之间的信息共享。尽管如此，组织之间和政府机构之间的信息共享和协作举措对大规模安全态势感知仍是十分必要的。反过来，大规模安全态势感知对整个国家的整体安全状况也至关重要。

1988 年的伊朗空客惨案中满载乘客的民航班机误被美国文森斯号[6]击落，这是一个典型的团队合作失败案例。虽然到目前为止还没有公开有关由于内部分析人员之间缺乏团队合作而导致攻击检测失败的报告，但通过观察网络防御演习，已经有一些初步证据指向了这个方向[19,21,37]。通过积极主动地改善分析人员之间的团队合作，可以避免因缺乏人员协作而导致发生网络环境中的负面事件。虽然这方面的改进工作仍然微乎其微，但已经有一些改善组织之间信息共享的工作在进行，其中部分原因是因为这涉及公开的政策问题。如前文所述，在网络防御过程的各个层面进行有效的人员协作和信息共享对建立更安全的互联网生态系统至关重要。因此，在网络安全的各个层面衡量和提高团队级别的安全态势感知非常重要。在本文中，我们将探讨人员协作和信息共享在网络安全系统中的作用，以及协作对实现安全态势感知的影响。

2 团队认知

团队认知可以被定义为认知过程，如学习、决策和团队层面发生的态势感知[34]。显然，团队认知对个人表现有很大的影响，特别是在复杂的社会技术环境[7,10,34]中，如网络安全环境中。用于解释团队认知的 3 个主要理论：共享认知模型或共享心理模型、交互记忆和交互式团队认知。

2.1 共享心理模型

共享认知模型或共享心理模型观点已经存在了 20 多年，是用于解释团队认知的最广泛采用的方法[1,7,22,34]。它采用心理模型（个体）的概念，并将其扩展到用于解释团队中的认知。心理模型可以定义为"一种人类能够用于描述系统目的并解释系统功能和所观察到的系统状态，并预测未来系统状态的机制"[33]。Cannon-Bowers、Salas 和 Converse 根据他们对专家团队的研究，首先提出了团队心理模型的概念："当我们观察专业的、高绩效团队的行动时，明显发现他们经常无须沟通就可以良好地协调行动"[1,2]。共享认知[1,7]理论表明，团队绩效取决于团队成员对任务和情况在认知和理解上的相似程度。简单来说，它要求团队成员能够达成共识。共享认知模型经常因其简单的团队认知观而被批判，因为不可能所有个体都拥有相同的知识结构[10]。同样，由于计算机网络的庞大和网络安全防御中固有的信息复杂性，团队中的所有分析人员（即使是在小团队中）也不可能对网络威胁有相同的了解和感知。分析人员之间可能存在重叠的知识和信息，这可能在整体团队表现中发挥作用，但仍需要成员之间大量互动，以将个人水平认知转化为团队水平认知。

交叉训练通常用于培养共享型团队认知，因为团队成员将接受认识彼此团队角色的培训[34]。然而用交叉培训的方式提高网络防御分析人员团队的共享认知程度并不现实，因为网络威胁形势瞬息万变，分析人员无法了解、学习并掌握所有新出现的漏洞、威胁、对抗性工具和技术。此外，交叉训练网络防御分析人员将很困难，因为分析人员的职责通常几乎是同质的，在技能和经验方面只存在细微差别。此外，考虑到这些职责的高度技术性，对分类分析、相关性分析和取证分析等不同角色的分析人员进行交叉训练也很难。因此，对网络防御团队进行交叉训练是不切实际的。

2.2 交互记忆

在日常生活中，我们经常使用头脑之外的记忆系统（如日历、笔记和记事簿）来记住会议时间和电话号码之类的事情。对这种个体和系统中都存在的记忆内容，Wegner[42]引入了交互记忆的概念。交互记忆将一个小组中的每个个体视为具有不同信息和知识的记忆系统，并了解组中其他人所掌握的知识。交互记忆类似于外部记忆，我们只需记得我们的队友是某个领域的专家，通过向队友提问就可以快速获得全面的信息，无须自己去查阅书本来获取某些信息。因此，分析团队成员可以利用彼此的专业知识来实现他们的目标，而不是训练每个分析人员了解所有事情。但是，这种类型的团队行为也取决于良好的团队互动——主要是团队沟通。

2.3 交互式团队认知

Cooke 及其同事提出了一种交互式团队认知理论（ITC）[8,10]，指出团队认知可以在团队互动中观察到。这与早期的共享团队认知理论[1]形成反差，后者认为团队认知是个体团队成员知识的总和。然而，ITC 并不质疑个体知识对高效工作的重要性，而是认为团队认知不仅仅与团队中个体成员的知识联系在一起。ITC 进一步提出，团队认知不是最终结果，而是持续不断更新和厘清个体和团队认知的活动。这与共享心理模型理论形成对比，后者将团队认知视为来自个体的相对静态的知识结构，认知和表现的衡量是从个体层面汇总的。因此，根据 ITC，团队认知必须通过观察团队层面的流程（如沟通）在团队层面进行研究和衡量。沟通是团队形成关系、协作和共享信息的关键方式，可以通过各种形式进行通信，如面对面通信、非语言通信，甚至通过电话和因特网之类的虚拟媒体来通信。无论形式如何，沟通都是团队流程中的关键因素。网络安全防御团队的沟通也是多模式的。根据 ITC 的理论，不同背景下的团队认知都具有独特性，因此需要针对每个背景进行研究，不脱离具体环境非常重要。ITC 非常适合作为衡量和改善网络防御环境中团队认知的驱动理论，因为网络空间中的威胁形势不断发展，分析人员之间的团队级互动应该是一项持续的活动。这种一致的交互将使分析人员能够对其网络具有良好的安全感知并采取适当的响应，最终将带来良好的网络防御效果。需指出的一点是，分析人员之间的互动尽量避免偏见，这样才能获得良好的安全态势感知[27]。

3 基于团队的态势感知

态势感知有几种定义，但广泛使用的定义是"态势感知是指在一定的时间和空间范围内观察环境要素，理解它们的意义，预测它们在不久的将来的状态"[15]。

团队层面概念化的态势感知称为团队态势感知（Team SA）。团队态势感知被视为设计人机系统和接口时需要考虑的重要因素[36]。Endsley 将团队态势感知定义为"每个团队成员拥有其职责所需的态势感知的程度"[17]。根据这种观点，团队的表现取决于每个团队成员的态势感知水平，而一个成员的不良态势感知可能会影响团队的工作效果。然而，只有这个团队态势感知模型还远远不够[18]。它可能适用于同质化群体，但不适用于异质化团队，随着团队规模的增大，这种观点可能更不适用[9]。如果一个团队确实是一个相互依赖的团队，那么每个成员对某种态势都会有不同的、但可能重叠的观点。在一个复杂而充满变化的环境中，可能需要融合两个或多个团队成员的观点，才能形成超越某一个分析人员所掌握告警的态势感知。这种融合通过某种形式的团队互动沟通来实现。比如，一位分析人员可能意识到网络服务器上的拒绝服务攻击，并且一旦该信息与另一位分析人员了解的另一个网络上的另外两个类似攻击信息相结合，就会呈现更大的态势情况。如果没有交互和整合，那么整个团队就无法察觉、理解所有威胁，然后制订适当的响应措施。

简而言之，团队态势感知远远超过个人态势感知的总和[35]。这是从交互式团队认知[8]的角度出发的。该理论认为团队层面的认知处理是通过位于丰富环境中的团队互动来实现的。这种团队认知观可以与关注个体知识总量的其他观点形成对比[24]。通过将重点放在团队互动上，团队态势感知可以被描述为作为有效行动的基础的团队成员对环境变化的协调感知[18]。根据这种观点，团队态势感知意味着，团队成员意识到网空态势的不同方面，并通过沟通或其他互动将各个部分组织在一起，以实现团队级态势感知并采取适当的行动[35]。这种观点[11]表明团队成员通过团队互动将个人知识转化为集体知识，并在此过程中实现团队态势感知。因此，通过研究团队级别的交互过程，以检测团队级别的流程缺点，以及网络分析人员的认知偏见，对切实提高团队级别的态势感知效果非常重要。

在其他领域，团队认知及其过程得到了大量研究，如医疗团队、空中交通管制和情报分析，因此有大量关于认知偏见的研究文献，这些文献会影响这些复杂领域的团队认知活动。相比之下，网络安全领域的研究主要集中在问题的技术方面，尽管它已被广泛地描述为社会技术问题[14,23]。探索网络问题的人性方面的研究很少，并且主要集中在个体分析人员身上，因为乍看起来，态势感知任务似乎是一项个体认知任务。Champion 等人[3]发现，沟通和协作等团队流程对检测潜在的网络攻击这项工作的成效发挥着重要作用。目前几乎没有关注网络防御中团队认知各个方面的研究。由于网络防御的复杂性、异构性和动态性，研究分析人员的团队级别交互活动，找出能够提高团队级别交互和团队工作成效的促进因素，是十分有必要的。

4 实况实验室方法

我们用于研究网络安全团队级流程的方法是一种混合方法，可以机会性地使用现场观察、模拟、建模和实验室试验。该方法以使用合成任务环境[12]或模拟为中心，是现场观察和实验室试验两种方法的折中。我们用于研究网络防御团队流程的总体方法如图 1 所示。多种方法综合使用，一种方法的结果为另一种方法提供了输入。这种方法的核心是使用合成任务环境（Synthetic Task Environment，STE）进行实验室试验。

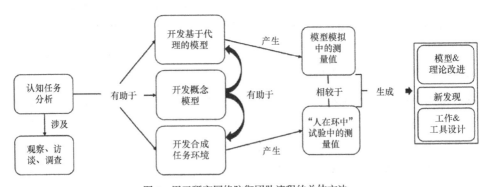

图 1　用于研究网络防御团队流程的总体方法

4.1　认知任务分析

该方法从认知任务分析（CTA）开始。了解现实中的操作员如何执行网络防御任务对在现实世界的环境中进行研究至关重要。CTA 用于理解个人和团队级别的任务以及认知过程和要求。如图 1 所示，CTA 的结果为所有其他方法步骤提供了输入，包括建模、STE 开发、测量开发和基于模拟的"人在环中"试验。CTA 也是研究问题和假设的良好来源，将在以后的试验中进行测试。

由于保密政策以及工作时间限制，访问其工作场所的网络防御分析人员通常受到限制。因此，通过在学术（学生）和组织（防御组织）层面进行的网络防御演习的实地观察，实现了理解网络防御中不同角色、责任和团队过程的实地研究。在美国国防组织的演习中，团队成员的角色和责任被发现具有结构性和严格性，而团队成员在学术界网络防御演习中的角色则被宽松地定义（责任随着演习的发展而交换）。但是，在这两个场地中，我们观察到团队成员协助的团队领导要么监控网络入侵，要么对已经发现的入侵采取响应行动。在以学术为基础的网络防御演习中，领导角色经常被分享，而在其他非学术界的防御演习中，领导力是集中的。两个场地的大多数防御活动都是现场活动，如监视攻击、分析活动日志和对攻击的响应。代码和恶意软件分析等离线活动只是这些演习的一小部分。观察到网络防御演习的团队规模通常是一个较大的 10 人团队。我们对 130 名从事网络防御（主要是在学术环境中工作）的人员进行的一项调查表明，网络防御团队规模在 3 人团队和 5 人团队之间有所不同，团队成员担任不同的角色。

在网络防御演习中，团队之间的团队互动量差异很大，不可否认，由于这些演习的竞争性，一些基于学术的演习团队表现出更高的互动水平。然而，现实世界网络防御分析人员团队之间的沟通和协作量仍然不明确，因此我们通过访谈寻求专家（网络防御经理）的意见。某些事实表明，虽然分析人员分组工作，但网络防御分析人员团体之间缺乏沟通和协作（在团队中工作并不意味着团队合作）。他们假设现有的奖励政策和缺乏团队培训可能是促成因素。Jariwala 及其同事[21]进行的观察性研究得出了初步证据，即团队合作可以提升网络防御分析的性能。由于缺乏试验控制以及当前网络防御演习缺乏改善人为因素和团队流程的优先权，很难从网络防御演习中收集有效的团队绩效和团队流程测量指标。因此，需要来自对照试验的证据来验证团队合作在网络防御环境中的有效性。

在网络防御分析人员和安全管理人员中，人们发现其对网络安全防御团队合作的认知是积极的。安全管理人员报告表示，重视团队合作将促进任务和协作的自动化，从而检测到之前未见过的攻击特征[40]。团队合作的积极情绪报告表明团队合作在网络防御中受到高度重视。然而，与紧急医疗支持（EMS）等其他应急响应团队相反，安全方面的协作必须由个体分析人员发起，即分析人员发起协作以检测需要不止一个人的知识或专业知识才能解决的攻击[4]。在许多其他领域，任务结构合理，团队中的每个成员都扮演着特定的角色，并被要求从一开始就作为一个团队完成任务。然而，即使网络安全社区认为团队合作是积极的，但它目前还不是任务的一部分（协作和团队合作在网络防御中最小化的部分原因）。通过团队培训和协作工具，需要大量的额外工作来促进安全方面的协作。

4.2 EAST

作为 CTA 的一部分，我们对网络安全系统进行了系统团队的事件分析（EAST）[41]。该框架以任务、信息和社会系统的形式表征组织。分析的输出采用图形的形式，代表系统的各个方面，可以定性和定量地进行检查和比较。EAST提供了大型社会技术系统的高级视图。我们的假设是，通过适当的网络安全系统模型，我们可以了解不同的系统配置（团队协调、管理结构、任务分配、信息需求和社交网络实践的变化）如何影响网络状况意识，最终影响网络安全。3 个组织参加了 CTA 的这一部分。组织 A 是军队内的网络安全组织，组织 B 是大型信息技术公司内的网络安全部门，组织 C 是小型信息技术公司内的网络安全部门。

模型由一个或两个数据源提供信息。在所有 3 个案例中，每个组织的主题专家（SME）同意接受有关其单位的访谈。每个采访约 1 h。访谈结果用于定制针对 3 个组织中每个组织的分析人员的调查。调查问题与每个组织的任务、信息或社会方面保持一致。没有从组织 A 返回的调查答复，分别有 7 条和 1 条来自组织 B 和组织 C 的调查答复。访谈（由现有调查补充）有助于推导出此处显示的 EAST 模型。

（1）面试结果：组织 A。组织 A 的访谈显示，50 名网络安全分析人员大多是独立工作，他们之间几乎没有团队合作或协作（见图 2）。但是，分析人员确实使用聊天和轮班变动会议相互交换信息。此外，分析人员在分层的指挥链下运作，并担任经理、团队领导和分析人员的角色。一般而言，分析人员与同一客户保持联系，因此不会轮换作业。分析和报告事件的过程是固定的，分析人员收集信息，记录调查结果，并向网络指挥部（官）（用于审查、实现）及其客户（其他国防部网站）报告。最后，分析人员离开组织 A 团队主要是因为倦怠（平均周转率为 1 ~ 1.5a）。组织 A 团队的主要目标是发现并报告所有可能违反现行政策的入侵。为了实现这一目标，分析人员的主要任务是切换会议、分配客户、审查事件、收集批量告警、查看告警、发送告警，然后收集新批告警。这些任务按顺序完成，其中一项任务不比另一项重要（见图 3）。分析人员使用在线帮助、字典、工作流程系统和其他资源收集所需信息。

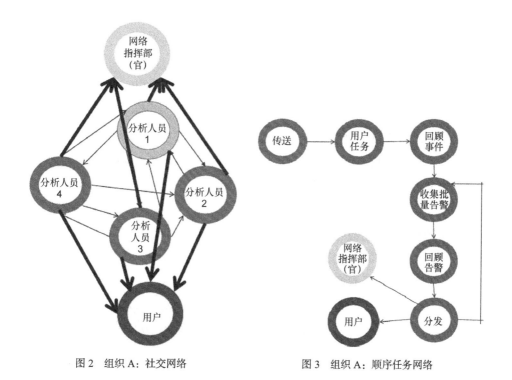

图 2　组织 A：社交网络　　　　图 3　组织 A：顺序任务网络

（2）面试结果：组织 B。由 14 名分析人员组成的组织 B 团队由检测员（6）、响应员（6）、威胁分析人员和与运营团队密切合作的经理组成（见图 4）。检测员和响应员之间的通信是最常见的，但总体而言，团队似乎在所有级别进行通信。主题专家还表示，分析人员经常在团队层面进行合作。此外，一些分析人员的角色是可以互换的，而其他人则不行。比如，响应员可以执行检测员的工作，反之则不行。

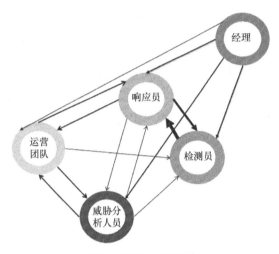

图 4　组织 B：社交网络

　　该团队的总体目标是确保零数据丢失，采取相互关联的措施来消除网络攻击。这些措施包括检测、监控、响应、主动性、安全性和可用性设计以及服务器处理（见图 5 和图 6）。特别是，检测员负责将告警分类为好的、坏的或中性的，而响应员则进一步调查告警（先是坏的，然后是中性的）。威胁分析人员模拟网络中正在发生的事情，运营团队回答响应员可能遇到的问题（困难告警）。他们还训练检测员和响应员。该调查揭示了一些有趣的发现（见图 7）。比如，虽然分析人员表达了团队合作的重要性，但这并不是他们日常生活的一部分。此外，分析人员没有在时间限制下工作，这是一个 24 h 的操作，如果在前一班次没有完成某些事情，那么下一个班

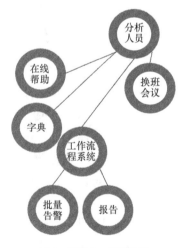

图 5　组织 B：信息网络

次就会接手它。此外，分析人员报告称，在评估关键事件时，他们在处理和整合信息方面没有遇到任何困难。

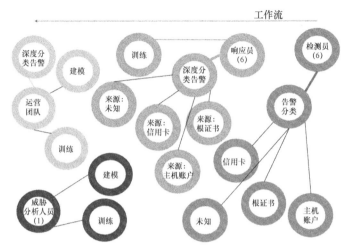

图 6　组织 B：顺序任务网络

组织B总结：计算机事件响应小组（CIRT）调查结果

社交问题
- 检测员和响应员每天沟通最多
- 倾向面谈或聊天
- 询问告警情况是最常见的交流
- 体现出团队合作重要性，但是大多数人没有以团队形式工作

任务问题
- 告警是最常见任务
- 进程都得到良好记录
- 处理告警没有时间限制——24h运营，下一位分析人员接管上一位没有完成的任务
- 检测员和响应员似乎可以处理具体告警（在其专业领域内）

信息问题
- 日志文件（是）最常见的过往信息（记录）形式；使用Notepad跟踪记录分析威胁时的IP地址
- 检测员和响应员之间传递的信息最多

关键事件问题
- 证据是决策的关键，因此并不困难
- 可以写下规则（实现自动化的机会）
- 所有分析人员都报告说在评估关键事件时处理和综合信息没有困难

特殊角色问题
- 响应员和检测员协作紧密
- 升级告警：
  - 检测员和响应员商讨
  - 响应员可以实施改变
  - 威胁分析人员与响应员和工程师商讨

图 7　组织 B：摘要

（3）面试结果：组织 C。该响应团队由 4 名安全专家组成（见图 8）。他们的角色和责任是信息安全专员（监控日志、审计等）、信息安全工程师（漏洞扫描、分析信息和响应安全升级）、信息安全架构师（设计）和首席安全官（政策制定、流程和程序、客户）。分析人员每天进行协作，一些分析人员可以执行双重工作，但总的来说，他们不会轮换出他们的职位。但是，他们确实随着经验

向上移动。此外，分析人员的任务是相互关联且并行完成的，并且几乎不断重复。信息安全专员使用日志文件、Wiki 和其他工具（见图 9）与其余分析人员进行沟通。

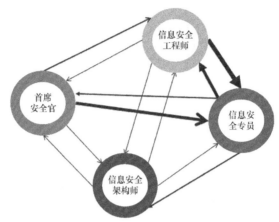

图 8　组织 C：社交网络

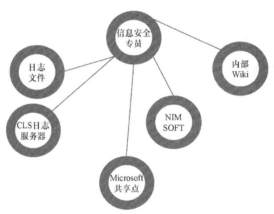

图 9　组织 C：信息网络

（4）总结。组织 A：计算机事件团队和两个私人安全团队之间存在一些明显的差异。正如预期的那样，与其他两个团队相比，军队计算机团队的组织结构要严格得多。比如，组织 A 的分析人员通常不会轮换分配或切换角色。然而，两个私人安全团队都这样做（在某种程度上知识允许）。同样，大多数组织 A 的任务按顺序完成并且彼此依赖，而其他两个团队中的许多任务是不断并行地完成的。这种严格性——与组织和任务相关——可能是组织 A 安全分析人员更快崩溃的原因之一。3 个安全团队之间也存在一些相似之处。首先,大多数任务不受时间限制,因为安全监控是全天候的。因此,未归类于一个班次的告警将在下一个班次中进行分类。此外,3 个安全团队都报告说所有任务都同样重要。最后,通过观察团队合作和协作,我们可以找到广泛的答案。组织 A 分析人员不与组织合作或团队合作;组织 B 分析人员合作,但几乎没有团队合作;组织 C 分析人员似乎合作并团队合作(见图 10)。

组织C总结:计算机事件响应小组(CIRT)调查结果

社交问题
- 信息安全官和所有人谈话,尤其是信息安全专员
- 就优先级高的、未知的和有难度的告警进行沟通;直觉判断/推测, 商议和最终报告
- 发现团队工作非常重要
- 大多数时间是当面交流
- 打电话的形式优于Chat和Wiki等形式

图 10 组织 C:调查结果摘要(只有首席安全官回答一些调查问题)

4.3 综合任务环境

团队互动的试验需要在背景下(通过实地研究)或使用模拟环境进行。由于对现实世界网络团队的访问受到限制,并且目前对网络防御演习中的团队流程指标缺乏重视[19],因此可以在实验室中使用重建现实用户的模拟系统进行团队互动的试验,研究参与者之间的互动和工作流程,反之又要求参与者在现实世界中进行网络防御时进行一些相同的认知过程[12]。合成任务环境(Synthetic Task Environment,STE)是这样的模拟环境:其目的是以尽可能高的保真度重建现实世界任务的认知方面,更少关注现实世界环境的外观[12]。STE 倾向于具有混合保真度,任务和认知要求比设备和界面更高的保真度。

我们进行的认知任务分析的结果和发现为 STE 的开发提供了输入,称为 CyberCog[29]。STE 提供了一个保留网络防御任务环境的试验环境。整个网络防御任务流程没有在 STE 中复制,因为目标也是提供一个比现场更好控制的试验环境,它可以被认为是一个抽象的网络防御环境。除了在 CTA 的指导下,从现场提取并被带入实验室的特征选择基于研究问题和技术限制。随着 STE 本身的开发,还开发了作为试验任务的任务场景以及在此背景下的性能、过程

和认知度量。CTA 数据为这些发展活动提供了输入，并与 STE 一起成为基于实验室的试验环境，我们从中收集了人类循环数据。我们试验的参与者使用此合成任务环境（CyberCog）执行不同的网络防御任务。然而，使用 STE 来收集措施带来了额外的负担，培训研究参与者的特定任务必须进行简化、精心设计并测试。

4.4　基于代理的建模

认知任务分析和"人在环中"试验的结果为开发计算模型和模拟提供了输入。它们与试验一起使用，以将经验结果扩展到难以根据经验测试的情况（如100 个操作员在较长时间段内发生的团队交互）以及用于解释实证结果的理论构建。多智能体仿真系统[28]用于模拟分析人员之间的动态、团队级别的交互，因为多智能体模拟通常用于研究从代理之间的微观层次交互中产生的宏观层面社会现象（可以是基于简单规则的代理或更复杂的基于认知模型的代理）。对宏观层面互动的关注与交互式团队认知理论是一致的。

CTA 和实验室试验为多智能体模拟提供了理论上的基础参数。使用不同的参数值组合进行模拟，这对通过基于实验室的团队试验进行研究是不可行的。所开发的模型通过将"人在环中"试验结果与多智能体模型模拟的结果进行比较来验证，这导致出现最终可以在实际领域中应用的结果。此外，建模和试验的结果可以反过来改进模型并提出新的试验问题。

所描述的这些实况实验室方法用于衡量分类分析期间缺乏协作（协作丢失）的影响以及在网络防御性能的相关性分析期间团队过程损失的影响。如前所述，重要的是研究和衡量团队级别的交互，以检测团队级别的流程丢失和可能影响到的网络防御中的态势感知的偏差。在分类分析和相关性分析期间的团队互动是专门研究的，因为它们是网络防御中的基本任务和常见任务[13]。分类分析是网络防御任务层次结构中的第一级任务，大多数上层防御分析和决策都是基于分类分析人员提供的信息。分类分析之后涉及通过分类分析发现的威胁和可疑事件的相关性分析。分类和相关分析级别的团队绩效的提高将对整体网络防御性能产生积极影响。接下来，我们总结了这些试验中使用的试验和模型。

5　团队协作损失

5.1　团队协作中的"人在环中"试验

　　分类分析通常是网络防御分析过程的第一步。在分类分析期间，分析人员监控监测设备标记的大量网络事件，以确定事件是否确实可疑或者它们是否只是错误告警[13]。来自分类分析的结果提供了进一步分析以响应攻击。因此，必须提高分析人员在分类分析方面的表现。分类分析需要持续监控大量事件，这些事件可能对应一系列已知和未知的攻击，需要分析人员拥有广泛的安全专业知识并不断获得新的专业知识。一组分析人员经常负责执行分类分析，但他们不一定需要协作并作为团队工作。该任务通常被视为个性化任务，每个分析人员处理标记的网络事件数据集的部分。但是，我们假设即使在分类层面上也可以为团队合作带来好处。为了证明团队合作在分类分析中的重要性，我们调查了团队/合作与个人/竞争对分类分析绩效的影响[31]。合成任务环境（STE）CyberCog[29]最初是为这个试验而构建的。CyberCog 系统的构建是为了重新创建分类分析任务的不同方面，因为它是在现实世界中执行的，但是处于受控模式。CyberCog 是一个 3 人合成任务环境，模拟了网络防御分析中的分类过程。CyberCog 系统提供了一组模拟的网络和系统安全告警，参与者必须将其分类为良性或可疑。

　　分类基于其他模拟信息源，如网络和系统活动日志、用户数据库、安全新闻网站和漏洞数据库。此系统中使用的告警是其真实世界对应物的简化版本，以使我们对不熟悉的邻域或任务的试验参与者理解它们。简化并不意味着告警易于分析，而只是意味着它们以不受技术术语影响的形式呈现。简化数据用于使参与者轻松地通过培训快速学习。

　　在这个试验中，团队成员接受了多样化和重叠的分类分析知识的培训，这样每个团队成员都有一些独特的分类分析专业知识，需要在试验中获得最佳的整体网络防御性能。团队成员要么被激励单独工作，要么通过分类分析协作检测尽可能多的攻击。所有团队成员都可以访问描述彼此专业知识的信息。

　　我们发现参与者在团队/合作条件下难以分析告警（或硬告警）的表现明显优于参与者在个人/竞争条件下的表现。在易于分析的告警上没有检测到性能差异。与其他告警相比，参与者必须在分析硬告警时投入更多的认知努力。为了准确分析硬告警类型，必须在试验开始之前提供专门培训。非专家学习（通过提供的资源）并在分析过程中分析硬告警是困难且耗时的（并非不可能）。相比之下，即使对非专家，剩余的简单告警类型也是直观的，因此在分析简单告警时，与团队/合作条件中的参与者相比，个人/竞争条件下的参与者能够展现出相似的表现。因此，我们假设团队合作可能导致必要的点对点学习，这使得团队/合作条件的参与者能够更好地发挥作用。

通过改善网络防御分析人员之间的团队合作，可以提高网络防御性能。通过奖励分析人员进行协作，通过团队培训和提供量身定制的协作工具，可以提高分析人员之间的团队合作。然而，团队合作并非在所有情况下都是理想的，但在新的事件中，如在零日攻击和大规模攻击期间，如果不进行团队合作而单独反击，则是复杂且压倒性的。

新型攻击（如零日攻击和高级持续性威胁）不是日常事件，难以预测，但需要协调一致的团队合作。因此，在网络防御分析人员团队中衡量和改进团队流程的持续努力是使团队在需要时能够有效合作的必要条件。网络安全分析人员应该意识到协作不仅对整个组织的安全状况很重要，而且还可以在自我奖励、知识扩展和减少工作量方面带来互惠互利。

5.2 基于代理的模型

在网络安全中开发基于实验室的团队过程的"人在环中"试验是一项漫长而艰巨的任务。这主要是由于任务的技术性质所致。因此，构建了基于代理的模型来复制和扩展第 5.1 节中介绍的试验，以探索不同协作策略和团队规模对分类分析性能的影响[32]。该模型的参数基于 CTA 的发现、"人在环中"试验和认知科学的文献，通过将模拟结果与试验结果进行比较来验证模型。模型模拟的结果表明，在新的分类分析情况下，协作可以通过低成本的知识交换加快所需的学习过程。此外，模型模拟的结果表明，与同类群体（具有相似知识结构的人）之间的协作相比，异构群体（具有不同知识结构的人）之间的协作可以获得更好的分类分析性能，因为不同的知识可能有助于分析多种攻击。团队规模也被发现在分类分析性能中发挥重要作用。一大群异构团队成员可能会产生过多的知识交流，这可能会在获得专业知识方面产生反作用。因此，可以推断，培养和奖励小组异构（在背景知识和经验方面）分析人员协作和分类告警可以改进分类分析性能。通过频繁的团队培训，可以维持团队协作。

6 团队流程损失

6.1 团队流程中的"人在环中"试验

分类分析之后通常是攻击关联任务[13]，其中被标记为可疑的攻击/事件被关联，以检测可能在时间上或空间上分布的事件之间的模式和关系，并且这些攻击/事件可能是大规模攻击的一部分。攻击相关性是分析整体网络情境意识的重要因素，因为它有助于理解情境意识。由于计算机网络的广泛性和网络安全的信息复杂性，因此攻击关联是一项认知上难以进行的任务。攻击关联对检测高级形式的威胁，即高级持续性威胁（Advanced Persistent Threat，APT）至关重要，如多步攻击、零日攻击和隐身攻击。

目前，缺乏主动检测多步攻击和 APT 的技术，即使网络中出现的攻击的面包屑可用、可观察，并且通常由分析人员报告。目前，对专家系统进行编程以关联和整合这些看似不同的信息并检测新兴的大规模攻击也是不可行的。然而，分析人员可以合作，共享信息并整合必要的上下文信息，以关联和整合看似不同的事件，这些事件是大规模新兴攻击的一部分。另外，人类具有偏见和认知限制，这阻碍了他们进行如此复杂的相关和整合。

培训、激励和奖励分析人员单独工作可能无法确保有效的团队工作和信息流，尤其是在相关任务中。汇集个体分析人员的专业知识对攻击检测至关重要，特别是在新型攻击情况（如零日攻击）和检测多步攻击类型中。然而，过去的组织心理学和认知科学文献告诉我们，团队在汇集新信息方面被默认为是无效的。众所周知，团队会反复讨论和汇集大多数团队成员都知道的信息，他们在使用每个团队成员可用的独特知识做出决策时无效。这种过程损失通常被称为信息池偏差或隐藏的轮廓范例[38]。医疗团队[5]、军队[26]、情报分析团队[39]和陪审团[20]等众多团队都观察到了这种效应。

因此，我们以网络防御分析人员团队进行攻击关联任务的信息池偏差的形式调查了团队流程损失的存在[30]。我们还证明，考虑到人类认知过程而设计的协作可视化可以有效地减少这种偏见并提高网络防御分析人员团队的绩效[30]。此外，基于代理的建模被用于推理分析人员的内部认知搜索过程，这些过程在团队讨论中导致了这种偏见[30]。

结果表明，参与试验的所有团队在执行相关任务时都表现出偏差。他们被发现花费大部分时间讨论团队中其他成员也观察到的攻击，而他们只花了很少的时间来讨论每个团队成员独有的攻击，但这些独有的攻击是相互关联的并且属于大规模多步攻击。在攻击相关性方面这种偏见的团队讨论可能会导致无效的检测，因为有时整合看似不同的独特和孤立事件对检测大规模多步攻击，如高级持续性威胁，至关重要[30]。

在讨论中使用认知友好的协作可视化工具的团队中观察到检测性能得到改善[30]。与具有可视化的团队相比，没有可视化的团队平均检测到的攻击减少了30%。检测性能的差异来自具有可视化的团队对增加的独特攻击类型数量的检测和关联。这些研究结果表明，通过使用根据网络防御分析人员的认知要求而开发的量身定制的协作工具，网络防御分析人员团队可以最大限度地减少信息汇集偏差[30]。

6.2 基于代理的模型

一个基于代理的模型（ABM）被开发用来建立一个关于认知搜索过程的理论。该理论在一个试图搜索信息以促进正在进行的讨论[30]的分析人员的头脑中被使用。认知搜索过程尤其被选择用于理论探索，因为它们被怀疑是偏见背后的关键组成部分。如果团队成员进行深度优先搜索，则会导致大部分时间都在进行相同主题的狭隘的讨论，而对其他潜在的大规模攻击视而不见。因此，假设人类默认使用基于本地搜索/上坡搜索过程的启发式方法[30]来搜索其记忆中的信息，以便为正在进行的讨论做出贡献，从而导致信息汇集偏差。此外，当正在进行的讨论主题没有出现在当前搜索邻域中时，它可能导致人们不能识别存储空间的其他部分中可用的相关信息的存在。因此，需要以视觉干预的形式提供帮助，以激发识别记忆，帮助找到相关信息，以便进行讨论。

开发并探索了3种搜索模型：随机搜索模型、局部搜索模型和记忆辅助局部搜索模型。随机搜索模型是零模型，在该模型中，代理随机搜索信息以促进讨论，并且为了比较而开发，以评估感兴趣的模型（本地和记忆辅助）是否不产生随机行为。结果表明，局部搜索模型和记忆辅助局部搜索模型都明显偏离零模型（随机搜索），因此可以推断局部搜索模型和记忆辅助局部搜索模型不以随机方式表现[30]。在局部搜索模型中，代理进行了本地邻域搜索，并以上坡方式移动搜索信息以促进讨论。在记忆辅助局部搜索模型中，代理帮助在其存储空间中找到相关讨论信息所在的区域，一旦知道要检查的区域，他们就在该区域进行本地/上坡搜索以寻找有助于讨论的信息。据观察，局部搜索模型中的代理比记忆辅助局部搜索模型中的代理花费更多时间讨论共享信息。类似地，与局部搜索模型中的代理相比，记忆辅助局部搜索模型中的代理花费更少的时间讨论独特信息。

模型本身并不传达太多信息，因此必须与互补的"人在环中"试验进行比较和验证。局部搜索模型中的代理展示了在"人在环中"试验中观察到的有偏见的团队讨论。此外，记忆辅助局部搜索模型中的代理展示了在"人在环中"试验中具有可视化的团队中观察到的较少偏见的团队讨论。这些结果特别有见地，因为我们现在可以怀疑分析人员可能在团队讨论中使用简单的基于启发式的认知搜索过程，从而导致他们产生这样的偏见。另外，由于低识别记忆，他们可能缺乏全局视野，然而全局视野对看到看似不同但相关的信息之间的联系是必不可少的。因此，在这种情况下，我们需要量身定制的、认知友好的协作工具和可视化，以增强人类的认知搜索对攻击相关性分析至关重要的过程。

7 总结

网络防御是复杂的、动态的、信息过载的，这使事情充满了不确定性。在网络防御过程的各个层面进行有效的人员协作和信息共享对维护组织的安全态势至关重要。简单地将一组分析人员聚集在一起并不能自动确保团队合作，必须通过适当的工具对分析人员进行激励、培训和帮助，以促进他们之间的有效合作。此外，必须通过试验研究网络防御分析人员团队和其他密切相关的团队，以检测团队级别的流程损失。

改进团队合作和团队互动可以增强安全状况意识，这对整体网络安全防御性能至关重要。时间限制和保密政策限制了对网络防御团队的实地研究。利用实地研究机会来研究网络防御分析人员的工作流程和支持其工作流程的认知过程将是有益的。来自此类现场研究的结果可以促进合成任务模拟开发（合成任务环境），以便在实验室中进行受控的人体循环试验。通过多智能体建模和仿真，可以进一步探索、扩展和验证这些试验的测量和结果。我们展示了使用这些方法进行的试验，用于研究两种不同网络防御任务的团队合作：分类分析和相关分析。

现实世界中的网络防御分析人员必须对大量安全事件进行分类。个别分析人员可以分析定期的已知安全事件，而不需要团队工作。新颖、难以分析、非直观（如与零日攻击相关的事件）和自然界中出现的事件（预警事件包括更大的多步骤或 APT 类型的攻击），由于缺乏先验知识和证据，因此通常很难准确分析。为了分析这些困难和不确定的事件，需要各种专业知识，这可以通过异构的分析人员团队之间的团队合作来快速有效地实现。付出额外的努力与其他团队成员进行沟通和协作以分析不确定和新颖的事件可能被视为不便或甚至作为额外的成本。但是，正如我们从结果中看到的那样，分析人员可以通过与其他合适的分析人员交换不确定的告警/事件来利用彼此独特的专业知识，而不是试图推理和分析所有告警。如我们的结果所示，协作分析所有告警也可能对分类分析性能有害。因此，精心设计的团队培训方法将帮助分析人员确定何时开始协作、与谁合作以及何时单独进行分析。最后，试验结果还表明，团队合作和信息共享可以显著减少分析人员的工作量。分类分析之后的攻击关联涉及不同攻击信息的融合（如攻击源、漏洞和被利用的系统、攻击路径等）。除与任务相关的固有认知负荷之外，识别相关攻击模式所需的众多参数将在时间上和空间上分布。这样的任务超出了单个分析人员有效制作攻击关联以检测攻击的能力。因此，通过使用分析人员团队在攻击关联阶段进行协作来简化关联任务。然而，组织心理学和认知科学文献表明，团队在汇集新信息方面被默认是无效的。众所周知，团队会反复讨论和汇集大多数团队成员通常都知道的信息[38]。

我们的试验结果表明，执行相关任务的网络防御团队也会受到这种偏差的影响，导致次优决策[30]。因此，虽然分析人员之间的协作对有效的攻击关联是必不可少的，但是还必须利用工具来促进团队减轻或减少这种认知偏差（如确认偏差和信息汇集偏差）。可以进一步推论，这些协作工具可以增强信息搜索过程，从而产生较少偏见的决策，如我们的模型结果所示。较少偏见的信息交换将显著增强团队级别的安全状况意识。

本文总结的研究结合了"人在环中"试验和基于代理的建模，研究了网络防御中的团队认知，展示了这种多方面、多学科的方法对网络安全防御的团队研究如何有效和富有洞察力。本文通过探索团队互动和团队层面的认知偏差两个方面不同的网络防御任务演示了团队合作在网络防御中的好处。但是还有许多其他因素，如信任、机密性和组织安全政策，这些因素都会影响团队合作，需要进一步探索。

参考资料

[1]   Cannon-Bowers, J.A., Salas, E.: Reflections on shared cognition. J. Organ. Behav. 22(2), 195–202 (2001)

[2]   Cannon-Bowers, J.A., Salas, E., Converse, S.: Cognitive psychology and team training: training shared mental models and complex systems. Hum. Factors Soc. Bull. 33(12), 1–4 (1990)

[3]   Champion, M., Rajivan, P., Cooke, N.J., Jariwala, S., et al.: Team-based cyber defense analysis. In: 2012 IEEE International Multi-Disciplinary Conference on Cognitive Methods in Situation Awareness and Decision Support (CogSIMA), pp. 218–221. IEEE (2012)

[4]   Chen, T.R., Shore, D.B., Zaccaro, S.J., Dalal, R.S., Tetrick, L.E., Gorab, A.K.: An organizational psychology perspective to examining computer security incident response teams. IEEE Secur. Priv. 5, 61–67 (2014)

[5]   Christensen, C., Abbott, A.S.: 10 team medical decision making. In: Decision Making in Health Care: Theory, Psychology, and Applications, p. 267 (2003)

[6]   Collyer, S.C., Malecki, G.S.: Tactical decision making under stress: history and overview. In: Making Decisions Under Stress: Implications for Individual and Team Training. American Psychological Association, Washington, DC (1998)

[7]   Converse, S.: Shared mental models in expert team decision making. In: Individual and Group Decision Making: Current Issues, p. 221 (1993)

[8]   Cooke, N.J., Gorman, J.C., Myers, C.W., Duran, J.L.: Interactive team cognition. Cognit. Sci. 37(2), 255–285 (2013)

[9]   Cooke, N.J., Gorman, J.C., Rowe, L.J.: An ecological perspective on team cognition.

Technical report, DTIC Document (2004)

[10] Cooke, N.J., Gorman, J.C.,Winner, J.L., Durso, F.: Team cognition. In: Handbook of Applied Cognition, vol. 2, pp. 239–268 (2007)

[11] Cooke, N.J., Salas, E., Kiekel, P.A., Bell, B.: Advances in measuring team cognition. In: Team Cognition: Understanding the Factors That Drive Process and Performance, pp. 83–106 (2004)

[12] Cooke, N.J., Shope, S.M.: Designing a synthetic task environment. In: Scaled Worlds: Development, Validation, and Application, pp. 263–278 (2004)

[13] D'Amico, A., Whitley, K., Tesone, D., O'Brien, B., Roth, E.: Achieving cyber defense situational awareness: a cognitive task analysis of information assurance analysts. In: Proceedings of the Human Factors and Ergonomics Society Annual Meeting, vol. 49, pp. 229–233. SAGE Publications (2005)

[14] Dutta, A., McCrohan, K.: Managements role in information security in a cyber economy. Calif. Manag. Rev. 45(1), 67–87 (2002)

[15] Endsley, M.R.: Toward a theory of situation awareness in dynamic systems. Hum. Factors J. Hum. Factors Ergon. Soc. 37(1), 32–64 (1995)

[16] Endsley, M.R.: Level of automation effects on performance, situation awareness and workload in a dynamic control task. Ergonomics 42(3), 462–492 (1999)

[17] Endsley, M.: Final Report: Situation Awareness in an Advanced Strategic Mission (nor doc 89–32). Northrop Corporation, Hawthorne (1989)

[18] Gorman, J.C., Cooke, N.J., Winner, J.L.: Measuring team situation awareness in decentralized command and control environments. Ergonomics 49(12–13), 1312–1325 (2006)

[19] Granåsen, M., Andersson, D.: Measuring team effectiveness in cyber-defense exercises: a cross-disciplinary case study. Cognit. Technol.Work 18(1), 121–143 (2016)

[20] Hastie, R., Penrod, S., Pennington, N.: Inside the Jury. The Lawbook Exchange Ltd., Clark (1983)

[21] Jariwala, S., Champion, M., Rajivan, P., Cooke, N.J.: Influence of team communication and coordination on the performance of teams at the ICTF competition. In: Proceedings of the Human Factors and Ergonomics Society Annual Meeting, vol. 56, pp. 458–462. SAGE Publications (2012)

[22] Klimoski, R., Mohammed, S.: Team mental model: construct or metaphor? J. Manag. 20(2), 403–437 (1994)

[23] Kraemer, S., Carayon, P., Clem, J.: Human and organizational factors in computer and information security: pathways to vulnerabilities. Comput. Secur. 28(7), 509–520 (2009)

[24] Langan-Fox, J., Code, S., Langfield-Smith, K.: Team mental models: techniques, methods, and analytic approaches. Hum. Factors J. Hum. Factors Ergon. Soc. 42(2), 242–271 (2000)

[25] McNeese, M., Cooke, N.J., Champion, M.A.: Situating cyber situation awareness. In: Proceedings of the 10th International Conference on Naturalistic Decision Making (2011)

[26] Natter, M., Bos, N., Ockerman, J., Happel, J., Abitante, G., Tzeng, N.: A c2 hidden profile experiment (2009)

[27] Puvathingal, B.J., Hantula, D.A.: Revisiting the psychology of intelligence analysis: from rational actors to adaptive thinkers. Am. Psychol. 67(3), 199 (2012)

[28] Railsback, S.F., Grimm, V.: Agent-Based and Individual-Based Modeling: A Practical Introduction. Princeton University Press, Princeton (2011)

[29] Rajivan, P.: CyberCog a synthetic task environment for measuring cyber situation awareness. Ph.D. thesis, Arizona State University (2011)

[30] Rajivan, P.: Information pooling bias in collaborative cyber forensics. Ph.D. thesis, Arizona State University (2014)

[31] Rajivan, P., Champion, M., Cooke, N.J., Jariwala, S., Dube, G., Buchanan, V.: Effects of Teamwork versus group work on signal detection in cyber defense teams. In: Schmorrow, D.D., Fidopiastis, C.M. (eds.) AC 2013. LNCS, vol. 8027, pp. 172–180. Springer, Heidelberg (2013). doi:10.1007/978-3-642-39454-6_18

[32] Rajivan, P., Janssen, M.A., Cooke, N.J.: Agent-based model of a cyber security defense

analyst team. In: Proceedings of the Human Factors and Ergonomics Society Annual Meeting, vol. 57, pp. 314–318. SAGE Publications (2013)

[33]   Rouse, W.B., Morris, N.M.: On looking into the black box: prospects and limits in the search for mental models. Psychol. Bull. 100(3), 349 (1986)

[34]   Salas, E., Cooke, N.J., Rosen, M.A.: On teams, teamwork, and team performance: discoveries and developments. Hum. Factors J. Hum. Factors Ergon. Soc. 50(3), 540–547 (2008)

[35]   Salas, E., Prince, C., Baker, D.P., Shrestha, L.: Situation awareness in team performance: implications for measurement and training. Hum. Factors J. Hum. Factors Ergon. Soc. 37(1), 123–136 (1995)

[36]   Shu, Y., Furuta, K.: An inference method of team situation awareness based on mutual awareness. Cognit. Technol. Work 7(4), 272–287 (2005)

[37]   Silva, A., McClain, J., Reed, T., Anderson, B., Nauer, K., Abbott, R., Forsythe, C.: Factors impacting performance in competitive cyber exercises. In: Proceedings of the Interservice/ Interagency Training, Simulation and Education Conference, Orlando, FL (2014)

[38]   Stasser, G., Titus, W.: Pooling of unshared information in group decision making: biased information sampling during discussion. J. Pers. Soc. Psychol. 48(6), 1467 (1985)

[39]   Straus, S.G., Parker, A.M., Bruce, J.B.: The group matters: a review of processes and outcomes in intelligence analysis. Group Dyn. Theory Res. Pract. 15(2), 128 (2011)

[40]   Sundaramurthy, S.C., Bardas, A.G., Case, J., Ou, X., Wesch, M., McHugh, J., Rajagopalan, S.R.: A human capital model for mitigating security analyst burnout. In: Eleventh Symposium on Usable Privacy and Security (SOUPS 2015), pp. 347–359 (2015)

[41]   Walker, G.H., Stanton, N.A., Baber, C., Wells, L., Gibson, H., Salmon, P., Jenkins, D.: From ethnography to the east method: a tractable approach for representing distributed cognition in air traffic control. Ergonomics 53(2), 184–197 (2010)

[42]   Wegner, D.M.: Transactive memory: a contemporary analysis of the group mind. In: Mullen, B., Goethals, G.R. (eds.) Theories of Group Behavior, pp. 185–208. Springer, New York (1987)